가정의례연구

가정의례 연구

김인옥 著

한국학술정보(주)

머리말

가정의례연구는 가정생활사적 의례연구들을 수록한 책이다. 의례에 관한 학계 다양한 분야의 연구들은 가정의 의례를 공적 행위과정에 초점을 맞추어 기술하는 예가 많다. 고대사회의 의례는 그렇다 할지라도 중세 이후 근현대사에서 의례는 가정에서 가족의 주도로 진행되었음은 자명한 사실이다. 오늘날 다양한 생활양식의 공존, 현대인들의 빠른 움직임들은 복합적인 구조를 띠며 의례의 사회화현상을 가속시키며 존속하고 있다. 의례관련 산업은 현대사회의 특징적 단면을 반영해 주는 문화적 현상으로 보아야 할 것으로 한국사회 의례문화를 통시적으로 관찰해 보았을 때 앞으로 가정의례는 다각적 측면에서 논의되어야 할 영역이다.

고대사회 제천의식에서부터 우리 의례의 근원을 찾아본다면 예(禮)의 의미를 먼저 밝혀야 할 것이다. 예(禮)는 내재적 본질과 외적 형식의 일체적 통합과정을 거쳐야 한다. 불변의 본질을 상례(常禮)라 하고 시대상황에 맞추어 새롭게 정립되어 나아가야 할 부분을 변례(變禮)라 한다면 내·외적 본질과 형식이 일치되는 경우에라야 진정한 예라 할 수 있는 것이다. 의례의 형식은 문헌상 수록된 내용들이 절차 중심으로 서술되어 있으므로 커다란 맥락은 유추해 나아갈 수 있으나 그 형식 속에 내재된 상징적 의미와 본질 부분은 문헌내용의 기술이 부족하고 구전적(口傳的) 답습이 섞여 있어 그 해석이 분분하다. 본서에서는 객관적 사료와 조사된 내용들을 근거로 기술한 기존의 논문들을 엮어, 될 수 있으면 보다 투명하고 명확한 자료를 제시하고자 노력하였다.

본서 제1장에는 의례의 본질과 의례연구의 방향을 잡아 줄 연구방법론에 대한 각론을 다루고 있다. 의례를 보는 관점과 접근하는 다양한 방법론적 기술은 현대사회 의례연구의 기초적 토대가 될 것으로 안다.

제2장에서는 한국 의례 중 가례서(家禮書)를 통해 문헌적 탐구가 가능한 冠·昏·喪·祭의 四禮와 다분히 풍속사적 관습이 지배하는 출산례(出産禮), 수연례(壽宴禮)에 관한 연구들을 다루었다. 의례 각 항목의 역사적 변천과 발달과정 그리고 행례과정들을 서술한 내용들이다.

제3장에서는 사회변화와 더불어 오늘날 재정립이 요구되는 관혼상제례 등 사례(四禮)의 경향을 분석하고, 사회화의 과정을 거치면서 현대사회 적합한 의례 프로그램 모델을 제시하고 실태조사를 통해 얻어진 현대적 시각의 평가, 전망 등이 소개된다.

본서는 의례의 광범위한 영역을 생활문화 속 가정의례에 초점을 맞추어 서술되었다는 특징적 제한점이 있다. 의례를 학문적으로 연구하고자 하는 이들에게 이론적 근거를 마련해 주고자 하는 의지가 있으므로 더러 미흡한 부분이 있더라도 널리 양지하길 바라며 한국 생활사나 의례연구방법론, 관련 분야 세미나 강좌에 후학들의 참고가 되었으면 한다.

끝으로 본서를 엮으면서 10여 년의 시간을 쉬지 않고 탐구한 보람을 한 권으로 묶어 버리려 하니 만감이 교차한다. 지나온 시간을 정리하며 이제 새 학문의 지평을 열어보고자 하는 출발선상에서 이 책의 출간은 본인에겐 남다르다. 지나온 시간만큼 머릿속을 스쳐 지나가는 부모님과 남편, 민서, 은영에게 감사 할 뿐이다.

2007년 4월
놀뫼 연구실에서 김인옥 씀

목 차

제Ⅰ부 서 설

제1장 의례의 본질

I. 의례의 개괄적 정의

1. 의례와 예의문화

일반론적 정의로서 의례는 「일상생활과는 달리 일정한 시간과 공간에서 규칙화된 절차와 양식화된 표현방식에 의해서 사회적으로 공유된 가치, 이상, 신념, 전통 등을 사람들의 마음속에서 생성시키거나 재부흥시키려는 행위들의 집합」이라고 하였다. 따라서 의례는 개별 인간들 밖에 외재하며 강제력을 행사하는 '집합의식'의 존재가 있으며 이것이 개인들이 따르고 있는 '도덕'의 기반이 된다고 보는 Durkheim은 의례가 상징하는 바는 바로 보이지 않고 일상생활에서는 쉽게 느낄 수 없는 집합의식이라고 하였다.(박선웅, 1999)

한국인에게 있어 의례란 인간이 태어나서 임종을 맞이하고 그 이후에까지 삶을 지배해 온 생활문화적 구심체로써 기능하였다. 연간 수회(數回) 반복되는 제례를 비롯하여 출생 시의 출산의례, 성년의식인 관례 그리고 혼례, 수연례, 상례까지 통과 의례로서 형식과 내용의 전 과정에 걸쳐 상징적 의미를 부여하고 있다. 통과 의례는 가족 및 친족 간 결속과 유대강화의 원동력으로서 생활의 중심이 되었다. 또한 자손과 조상을 이어 주는 매개체이자 충효를 바탕으로 한 가족 간 조화 및 질서를 바로잡아 주는 교육적 기능을 하기도 하였다.

한편, 한국사회 예문화는 우리 조상들의 인간관계와 사회생활을 규제한 행위규범으로 그 시대의 사회적 상황에서 겪은 체험의 표현으로 보아야 하나, 오늘날 조선조의 정신문화유산에 대한 부정적 견해도 간과할 수 없다.(남상민, 1996)

중요한 몇 가지 이유로, 첫째로 조선조는 현대와 직결되는 시대로서 일제에 강점되는 비극적 종말을 가져왔으므로 그 시대의 관학(官學)이었던 유교는 비판의 대상이 되지 않을 수 없다.

둘째, 급속한 핵가족화로 전통적 가족제도의 해체에 따른 유교적 가족의식의 폐쇄성이 부정된다.

셋째, 현대 산업사회에서 유교는 산업 그 자체를 경시했다는 관념에서 유교윤리의 존속적인 가치에 회의하는 경향이다.

한말의 유학자들도 조선조의 유교사상을 비판하는 이유 중 하나로 유교가 윤리와 도덕을 강조하지만 이익과 재화를 천시한 까닭에 산업발전의 저해요인이 되어 오늘날 과학문명에 후진성을 초래하게 되었다는 것이다. 이 점은 유교사상의 본말론(本末論)에서 비롯된다고 본다. 즉 유교는 인간의 정신적인 가치를 근본으로 삼고 재물은 지엽으로 본다. 이것은 재물은 없어도 좋다는 뜻이 아니고 오히려 대중을 중심으로 말할 때 부(副)와 식(食)과 재화를 강조하고 있다.

예는 당시 문물제도의 핵심이 되는 동시에, 현대사회에 있어서 가장 중요시되는 경제와도 상관되는 것이다. 다만 당시 농경중심 경제와 현대 산업사회와 차이를 헤아려 보아야 할 것이다. 역사는 변한다. 변천하는 역사와 더불어 문물제도도 함께 변한다. 역사가 아무리 변천한다 해도 예는 변하는 부분과 변하지 않는 부분이 있다. 외형적 · 표면적 제도는 시대의 변천과 더불어 달라질지라도, 그 제도를 밑받침하는 내면적 · 본질적 요소는 달라지는 것이 아니다. 산업사회가 되면서 가정의 역할과 기능 중 많은 부분이 사회로 이관되는 현상은 자연발생적으로 나타나고 있다. 오늘날 새롭게 등장하고 있는 예식문화도 그중 하나로 전통사회 가정 안에서 수행되었던 의례가 현대사회로 접어들면서 점차로 사회화의 양상이 두드러지고 있다.

전통사회 의례양식의 변형 내지 변용의 원인에 대한 분석은 다양한 각도에서 지적되고 있다. 예컨대 구한말 단발령 시행으로 인한 관례의 소멸과 최근 새롭게 시도되고 있는 성년례, 서양식 혼인예식의 도입이 가져온 신구혼례의 절충적 대안, 기독교를 비롯한 신종교의 유입은 제례에 대한 인식을 새롭게 하는 계기가 되었다. 따라서 우리의 관혼상제는 근대화의 과정에서 변혁을 위한 홍역을 앓았고 오늘날에는 산업사회의 지배를 받으며 새로운 형태로의 변화를 시도하고 있다.

2. 용어 정의

의례라 함은 일정한 형식과 절차를 포함한 儀式 禮節로서 한 사회의 역사 문화적 배경과 민족의식을 반영한다. 사회가 변화하면서 儀禮에 대한 관념과 의식은 달라질 수 있다. 이는 사회변화에 따른 구조적 원리로 받아들여야 할 부분이다. 고대사회에서는 국가의 주도로 儀禮 의식을 싹틔웠고 역사적 변천을 거듭하면서 국가적 儀禮는 가정의 생활 속으로까지 자리 잡기에 이르렀다.

오늘날 상용되고 있는 가정의례라는 용어는 허례허식으로 의례의 중심을 찾지 못하자 1969년 정부 주도로 '가정의례준칙(Family Rite Rules)'을 제정할 때 처음으로 쓰였다. 이전에는 이를 「家禮」라 하였다.

가정의례(Family Rite)는 통과 의례(passage rites), 사례(四禮)의 용어들과 다소 구별되어 쓰고 있다. 통과 의례는 인류학자이며 민속학자인 A. V. Gennep에 의해 처음 사용된 용어로, 인간이 태어나 죽을 때까지 통과해야 할 관문과도 같은 출산의례, 관례, 혼례, 상례를 일컫는다. 사례(四禮)는 조선조 예학자들에 의해 예서(禮書)에 제시된 관례, 혼례, 상례, 제례 등으로 구분하고 있다.

산업사회 들어서면서 의례는 과거와 달리 더 이상 가정에서 전담하여 행해지지 않고 있다. 사회가 이들의 많은 부분을 대행해 줌으로써 현대인들은 새로운 형태로 가정의례를 존속시켜 나간다. 과거에 가정에서 전담되어 행해지며 때로는 집안의 큰 행사로 때로는 종교의식과도 흡사하였던 가정의례가 공적 산업기관으로 전환되어 가정 외부의 다양한 서비스로 대체되는 현상을 가정의례 서비스 산업(Family Rite Service Agent & Industry)이라고 한다. 여기에서 서비스란 기존의 가정 속에서 전적으로 수행되었던 의식주생활의 사회적 지원, 손님접대 및 피로연의 품앗이를 대신해 줄 노동력 서비스 등 가정의례의 주체자는 여전히 가족으로 의례 시 부분적으로 사회적 지원을 받게 되는 개념이다.

그러나 서비스산업에는 일손 도움을 비롯하여 단순 봉사나 지원의 개념이 함축되어 일련의 행위와 의식이 요구되는 상례(常禮)로서 의례의 본질을 왜곡시킬 수 있으므로 의례행위의 의식과 절차를 포함한 예식문화산업(禮式文化産業, a rites cultural industry)이라는 통합적 의미의 개념정의가 있을 수 있다.

II. 의례의 다양한 측면

한국의 의례를 해석하기 위한 이론적 모티브로서 전통사회 한국인의 생활 속에 내재된 의례의 함축적 논의가 선행되어야 할 것이다. 한국의 의례는 본질적 측면, 제도적 측면, 상징적 측면, 구조적 측면에서 설명될 수 있다.

1. 본질적 측면

예(禮)의 기원을 거슬러 올라가면 상고시대 제천의식에서 시작되었다고 보는 관점이 지배적이다. 예(禮)라는 글자를 풀이해 보면 說文解字(설문해자)에 「示」와 「豊」으로 「示」는 二(上)와 小(上天으로부터 계시한다)의 합자이고, 「豊」은 曲(제물)과 豆(제기)의 합자이다. 따라서 「示」는 신 또는 절대자에 대한 숭배를 나타내고 「豊」은 제물을 제기에 담은 형상이라 절대자인 신께 제사지내는 것을 뜻한다. 즉 예의 근원은 신을 섬기는 제사형식에서 비롯되었다고 할 수 있다. 농경사회에서 나약한 인간은 대자연에 대한 경외지심(敬畏之心)으로 자연신을 숭배하며 일련의 형식을 갖추어 제사를 지냈던 것이다.

공자는 예의 근거를 인간의 본질에 두고 내면적 본질은 인간의 본성이 어느 시대에서나 동일하기 때문에 불변적이나, 외적 형식은 시대 상황에 따라 변할 수 있다고 하였다. 예의 불변의 본질과 가변의 형식을 인정하여 상례(常禮)와 변례(變禮)를 변별하여 때와 장소에 맞춰 변화가 가능함을 암시한다.

예(禮)의 하위영역으로 가정의례(家庭儀禮)는 유교적 윤리규범이 강조되었던 조선조의 가정생활 속에서 가족 간 질서와 조화를 정당화시켜주는 생활 지침이었다.

한편, 장철수(1995)는 우리나라의 관혼상제는 조상숭배 관념의 기본원리로 형성되었다고 보고한 바 있다. 예컨대 관례는 반드시 부모가 기년복(朞年服)[1] 이상의 상사가 없어야만 행할 수 있었던 것이다. 왜냐하면 상사(喪事)는 곧 조상숭배이든 사자의례든 그것의 이전 단계이기 때문이다. 또한 관례를 행하기 전후에 사당에 올리는 고사나 관례 후에 사당에 알현하는 절차, 그리고 혼례 시 납채(納采), 납폐(納幣), 초례(醮禮), 현구고례(見舅

---

1) 기년복(朞年服): 상례 복제(服制) 중 하나.

姑禮)의 전후에 반드시 사당에 고사하는 절차도 모두 조상에게 중요한 일들을 보고한다는 의미로 해석된다.

2. 제도적 측면

한국의 의례는 고대사회에서 출발하여 주자가례(朱子家禮) 전래 이후 한 때 의례 정립의 계기를 마련하게 되나 개화기와 근현대사를 거치면서 제도적 개편과 변화가 반복되어 왔다. 원시 종교의 유물론적 제천의식의 예(禮)가 고유한 의례로서 자리매김하여 한국의례의 원류로 형성될 즈음 고려 말 주자가례가 도입된다. 주자가례 전래가 한국 의례제도에 영향을 끼친 것은 틀림없는 사실이다.

혼례를 예로 들면, 오랫동안 유지해 온 남귀여가(男歸女家)의 혼인풍속은 신랑이 혼인 후 1년 이상을 처가에 머무는 혼인방식을 말한다. 고구려의 서옥제(婿屋制)도 이에 해당된다. 이는 주자가례의 친영방식과는 대조적이다. 본래 친영은 신부가 신랑 집에 와서 혼례를 올리는 중국의 풍속에서 비롯된 것이기 때문이다.

조선 초 정도전은 여성들의 생활태도, 특히 남편에 대해 교만한 자세를 갖는 것에 비난한 적이 있다. 당시 여성들이 여가(女家) 중심으로 혼인제도에 힘입어 교만한 태도를 가지고 있다는 것이다. 이는 남귀여가혼의 영향 때문이다. 조선 초기에는 혼인제도에 대한 논란이 적지 않으며 이를 친영제도로 바꾸어야 한다는 주장이 강하게 제기되었다. 태종도 "우리의 혼인제도가 혼인하면 남편이 부인 집에 거주하여 웃음거리가 되니 고금의 제도를 참작하여 정하라"라고 할 만큼 혼인제도 개혁에 적극적이었다.(조선 시대 생활사, 2000) 이후 한국의 혼례로 정착하게 된 것이 반친영제(半親迎制)이다.

가례 전래 이후 예학의 중흥기를 맞이하여 형식과 절차를 중시한 사대부가의 가도(家道) 이데올로기 형성에 기여하게 되나 조선 후기 들어 실용주의적 관념과 갑오개혁, 일본의 문화말살정책, 외래문화의 유입 등 근대화의 과정에서 한국의 의례문화는 격변을 맞이하게 된다. 유학의 지나친 문치주의는 물질적, 경제적 가치를 배제하고 천시하였으며 더불어 한국의 경제발전을 저해하는 요인이 되었다고 보는 실사구시(實事求是)의 유학자들은 개화기를 맞이하여 전통적 가례(家禮)의 복잡한 형식과 절차를 간소화시키고자 하였다.

일제 강점기에 이르러 1934년 조선총독부가 반포한 '의례준칙(儀禮準則)'은 관례를 제외한 혼·상·제례의 형식과 내용이 대폭 간소화하였다는 점에서 의례 변천사에 중요한 사건이다. 또한 일제 통치 기간 중 1912년 반포된 규칙에 의해 생긴 화장장과 공동묘지도 상례의 한 부분에 변화를 가져온 사건으로 주목할 만하다.(장철수, 1995)

산업사회의 자본주의적 제도로 접어들면서 허례허식(虛禮虛飾)의 의례는 정부의 주도로 1969년 가정의례준칙이 마련되기에 이르렀다. 가정의례준칙은 1973년 가정의례에 관한 법률로 개명되었다가 1980년 전문 개정이 되었는데 그 내용은 혼례, 상례, 제례, 회갑연 등을 다루고 있다. 몇 차례의 개정을 거쳐 1999년 건전 가정의례에 관한 법률이 시행 공고되었다. 이때 그동안 가정의례에 포함되지 않았던 성년례에 관한 준칙내용이 포함되고 회갑연은 넓은 의미의 수연례(壽宴禮)로 개정되었다. 오늘날 후기 산업사회가 되면서 의례의 사회화 현상은 다양하고 복잡한 구조를 띤 문화산업으로서 새로운 변모를 시도하고 있다.

3. 상징적 측면

한국인의 생활문화로서 의례가 가치 있는 문화로 인식되고 있다면 그것은 의례의 형식과 절차에 내포되어 있는 의미 있는 행위들 때문일 것이다. 모든 의례과정이 엄숙하고 경건하게 이루어졌던 만큼 절차 전반에 걸쳐 심오한 내용을 담고 있다.

전통적으로 우리나라에서는 사람이 죽으면 조상일지라도 무섭고 두려운 존재가 된다고 여겨 사람이 죽었을 때 하는 자리걷이나 지노귀굿 등의 무당굿에서 조상거리가 등장한다. 가례의 유입은 이와 같은 관념의 변화를 가져온다. 즉 죽은 사람은 무섭고 두려운 존재가 되는 것이 아니라 살아 있을 때와 마찬가지의 존재라고 인식되기 시작한다. 따라서 조상은 돌아가 셨을지라도 후손을 알뜰히 보살펴 주고 복을 주려고 노력한다는 것으로 생각할 수 있다. 이러한 조상숭배의 관념에서 묏자리가 자손의 길흉화복과 깊은 관계를 갖고 있다는 풍수신앙이 생겼다.

이와 같이 유교적 의례규범에서 나타나고 있는 상징적 의미부여는 의례 시행의 당위성을 보다 명확히 해 주며 본질적 근거로 제시될 수 있다.

다른 예로 사람이 죽음에 이르러서는 천거정침(薦居正寢)을 한다. 말하자면 돌아가신 분을 안방으로 옮기는 것이다. 사랑방에서 기거하던 남자도 정침은 안방으로 하는 것이니 엄격하게 말하여 안방에서 임종하지 않는 것을 객사(客死)로 본다. 또한 상례의 절차 중 고복(皐復)을 하는 것은 육신을 떠나는 영혼을 다시 불러 재생시키려는 일종의 초혼의례(招魂儀禮)이다. 고복에 이어 사자상(使者床) 또는 사잣밥을 차린다. 사자는 3명이라 하여 밥 세 그릇에 짚신 세 켤레를 놓는다. 때로는 반찬에 간장을 놓는 곳도 있으니 이것은 사자가 간장을 마시고 짜서 목이 말라 물을 마시기 위하여 다시 돌아오라는 뜻이다.(이광규, 1994)

상례를 흉례(凶禮)라 하고 제례를 길례(吉禮)라 한다. 조상숭배의 관념에서 생겨난 제례는 통과 의례라기보다는 가족과 문중에서 행하는 종교적 의례로서 신앙으로 볼 수 있다.(이광규, 1994) 제사지내 줄 자손이 있어 영속적 조상으로서 기억되고 받들어 모신다면 복 받을 일로 여겼던 것이다. 그 밖에도 의례에 나타난 상징성은 의례 전 과정에서 生活文化俗으로 만연히 나타나고 있다.

4. 구조적 측면

의례의 구조적 측면은 분리, 전이, 통합의 역동적 구조와 지위변화에 따른 역할구조, 상호 교환론적 구조에서 이해할 수 있다.

역동적 구조는 V. Gennep이 제시한 통과 의례도식(schema of rites de passage)으로 출산속(出産俗)에서부터 관·혼·상·제례의 흐름을 구조화한 것이다.

즉 아기가 태어나면 대문에 금줄을 걸어 다른 사람들의 출입을 제한한다. 21일쯤 되어 친척들의 출입을 허용하기 시작하고 백일에는 잔치를 베풀고 비로소 이웃에 보인다. 이러한 과정은 아기가 태의 세계로부터 분리되는 단계, 백일 동안의 전이단계, 그리고 보통 어린아이들과 같이 젖먹이 생활에 통합되는 단계를 나타내는 것으로 해석된다.(장철수, 1995) 아기가 성장하여 15세쯤이면 관·계례를 치른다. 땋은 머리를 올리고 어른의 복장으로 바꾸어 입는 성년의 의례를 치른 뒤 아명(兒名) 대신 자(字)를 지어 부르게 된다. 이 또한 어린아이의 세계에서 분리되어 관·계례의 전이 단계를 거쳐 어른의 세계로 통합되는 절차를 거치게 되는 것이다.

지위변화에 따른 역할구조를 혼례의 예에서 찾아보면 다음과 같다.

우리나라에서는 일반적으로 혼인하는 것을 남자에게는 「장가간다」고 하고 여자에게는 「시집간다」고 한다. 택일한 날이 되면 신랑이 사모관대 차림으로 신부 집에 가서 예식을 올리고 얼마 동안 처가살이하는 것을 장가간다고 말한다. 그 절차는 목기러기를 신부 집에 전하는 전안례(奠雁禮)와 독좌상을 마주하고 맞절을 나누는 교배례(交拜禮), 그리고 술 한 모금씩을 세 번 나누는 합근례(合졸禮)로 되어 있다. 그리고 2~3일 또는 한 달, 1년 등 달 묵이나 해 묵이를 지내고서야 비로소 신부는 시가에 오게 된다. 이를 시집온다고 말한다.

이러한 절차를 거쳐 처녀는 새색시와 며느리가 되고 총각은 새신랑과 사위가 되며 동시에 아내와 남편이라는 새로운 지위와 그에 따르는 역할을 수행해야 하는 것이다. 또한 부모들은 시부모와 장인, 장모라는 새로운 사회적 지위를 얻게 된다. 지위의 변화에 따라 시부모는 안방물림을 하고 건넌방이나 사랑방으로 물러나 거처하기도 하고 집안 살림이나 부엌살림을 물려주는 계기가 된다.

지위변화에 따른 역할구조는 성인으로 인정되는 관례(冠禮)에서 성년 된 자에게 존칭어 사용, 이름 대신 자(字)를 부르는 등 그에 상응하는 예우(禮遇)에서 볼 수 있듯이 공적 효력도 지니고 있다.

상호 교환론적 측면은 보본반시(報本反始)의 상·제례를 통해 관찰될 수 있다. 돌아가신 조상은 현세의 나를 존재하게 해 준 분으로 근본에 보답하고자 상·제례를 극진히 모신다는 의미가 짙다. 우리는 미숙한 인간으로 태어나 100일이 되어서야 온전한 사람의 모습을 갖추게 되고 부모로부터 백일 상을 받게 된다. 부모가 돌아가신 지 100일에 졸곡제(卒哭祭)를 지내는 것은 이와 무관하지 않다. 같은 맥락에서 인간이 태어난 후 만 1년이 되어 돌잔치를 열어 주고 사람의 구실을 하기까지 3년을 지극정성으로 돌봐주신 보은의 뜻으로 부모님 돌아가시고 만 1년 만에 큰 제사인 소상(小祥)과 3년이 되는 해에 대상(大祥)을 모신다는 것은 인간의 일생을 통시적으로 관망하며 의례를 수행해 왔다고 볼 수 있다.

이와 같은 의례의 구조적 틀은 현대 가족 및 친족의 특징적 관계망을 이해하고 사회문화적 시류(時流)와 변동에 융화될 수 있도록 재구조화되어야 할 것이다.

Ⅲ. 의례연구방법론

의례연구의 방법에 대한 이론적 체계는 세워져 있지 않다. 의례의 본질

과 정통성은 유학자들의 사상적 배경이 되고 있으나 의례의 일반론적 보편
성을 사회현상과 관련시켜 다양한 해석과 접근이 이루어지고 있다. 의례를
보는 사회학, 민속학, 인류학에서 방법론은 한국인의 생활 속 의례를 분석
하는 데 일부 선별해야 하는 작업이 요구된다. 그리고 여성·가족·주거
공간·음식·의복 등 생활문화사 측면에서 의례는 학제간 통합적인 다학문
적 접근(multidisciplinary method)이 불가피하다. 후기 산업사회로 접어들
면서 가정의 의례가 사회로 이관되어 규범은 존재하되 제도적 장치가 미비
한 의례문화에 대한 연구방법론은 다학문적 접근방법으로 체계적 구도를
찾아가야 할 것이다.

　의례연구에 있어 Van Gennep은 일찍이 '전체적인 의식들을 서로 비교하
지 않고 의례의 부분적인 단편만을 고찰함으로써 자칫 협소한 해석에 빠져
든다.'고 하며 의례에 관한 연구는 사회문화적 현상과 역사적 통찰의 중요
성을 지적한 바 있다. 한국의 의례는 유교적 메커니즘이 축을 이루고 있으
며 그에 대한 접근방법은 크게 인문 사회적 해석과 과학적 검증을 통해 설
명될 수 있다.

　역사 비판적 해석과 역사·사회 맥락적 해석은 인문 사회적 접근방법으
로서 의례관련 문헌과 사료 연구 시 유용하다.

　역사비판적(historical critical) 연구란 먼저 각 사료를 문헌학적으로 고찰
함으로써 그 사료가 지닌 역사적 가치를 판별하고 그 역사의 배경에서 생
성되는 내용들이 어떻게 서로 관련되었는가 살펴보고, 현대사회에 정합되
는 예론을 정립하려는 것이다.(남상민, 1996) 이를 온고지신적 재해석 측면
에서 보면, 온고지신이란 옛것에 대한 탐구로 새로운 것을 발견하게 된다
는 공자의 말이다. 이 말은 「옛것을 익혀 새것을 알면 남의 스승이 될 수
있다.」(『論語』 爲政篇, 溫故而知新 可以爲師矣)로 공자는 역사를 평가하는
중요한 기준으로 예를 내세웠다는 것이다. 그러므로 온고(溫故)의 역사 탐
구의 목적은 현실을 새롭게 할 것을 아는, 즉 지신(知新)케 하는 데 있으

며, 지신은 현실의 수정 갱신(更新)을 의미한다. 또한 예의 불변의 본질과 가변의 형식은 분리될 수도, 또 한편으로 치우칠 수도 없다. 불변하는 본질인 진리의 실천이 예라면, 시대와 상황에 따라 변화하는 형식이 불변의 본질과 서로 관련지어야 함은 물론이다. 따라서 예(禮)에는 상례(常禮)와 변례(變禮)를 변별하고 한국 의례에 대한 현대적 재해석을 온고지신적 방법이 가능하다고 보는 관점이다.

한편, 예를 해석함에 있어 법제나 규범이 아닌 당시 사회의 시대적 맥락에서 고찰할 수 있는 역사·사회 맥락적 방법이 있다.

맥락(context)에는 공시적(synchronic)과 통시적(diachronic) 두 가지 종류가 있다.(윤택림, 2003) 공시적 맥락은 특정한 시기에 한 사회 전반 각 분야의 관계 양상과 자리매김(positioning)을 말한다. 통시적 맥락은 한 사회가 과거로부터 특정 시기까지 대외적인 관계를 맺으면서 사회가 내부적으로 형성, 발전되어 온 과정(process)을 말한다.

따라서 맥락중심의 의례연구는 과거로부터 현재까지 한국사회의 역사적 과정을 이해함과 동시에 현 한국사회에서 어떠한 자리매김을 하고 있는가를 밝히는 것이라 볼 수 있다. 즉 역사·사회적 맥락(historical·social method)의 접근방법에서 실제의 것과 제도, 법제의 것은 서로 이질적이며 모순된 경우가 많고 하나의 제도에만 매달릴 경우 사실과 동떨어진 결론에 이를 수 있기 때문에 의례를 연구하는데 당시 사회상, 관행을 이해하면서 해석해야 한다. 예컨대 법제적 의례, 규범적 의례, 관행적 의례는 서로 다를 수 있다고 보는 관점이다.

의례행위의 주체자를 가족으로 볼 때 행위 시 나타나는 정의적 해석은 과학적 방법의 토대 위에서 설득력을 갖는다. 과학적 방법론은 크게 두 개의 영역에서 나눌 수 있다. 의례의 다양한 현상들에 대한 자료를 있는 그대로 수집하고 이에 대한 연구자의 해석을 중심으로 일반화와 설명을 시도하는 질적 접근방법(qualitative approach)이 있다. 관심이 되는 현상에 대한 자료를 수량화하여 측정 수집하고 통계적 분석을 통해 일반화와 설명을 시도하는 계량적 접근방법(quantitative approach)이 있다. 질적 연구방법과 통계적 연구방법은 연구문제의 성격이나 수집 가능한 자료의 특성에 따라 선택될 수 있고 통합적인 지식을 축적하기 위해 상호 보완적으로 사용될 수 있다. 이와 같은 과학적 연구방법은 현대 산업사회의 의례문화를 분석하기 위한 객관적 자료를 추출해 낼 수 있다.

의례에 대한 과학적 접근방법에서는 일반화와 설명, 예측, 적용에 대한 개념정의가 필요하다.(한국가족학 연구회, 1994)

일반화(generalization)란 일회적이며 임의적인 듯한 사건이나 상황들로부터 공통된 유형 또는 일관된 특성을 발견하는 것을 말한다. 일반화는 반드시 과학적 연구의 결과로서만 얻어지는 것은 아니다. 가족생활에 대한 민간전승의 지식이나 격언과 같은, 보다 폭넓은 일반화도 있다. 이러한 일반화는 과학적 일반화와 구분하여 일상적 일반화라 할 수 있다. 과학적 일반화는 일상적 일반화에 비해 객관성을 확보한다.

설명(explanation)은 과학적 일반화에 속하나 특히 관심 대상이 되는 현상이 '왜' 일어나게 되는가를 밝히는 것이다. 설명에는 어떤 현상에 대해 인과관계를 규명하는 것이다. 과학적 연구에서 설명은 기존의 일반화된 지식, 즉 이론을 기초로 경험적인 현상의 인과관계를 밝히는 연역적 설명이 있다. 반면 경험과 관찰로부터 얻어진 인과관계를 모든 경우에 적용될 수 있는 원리로써 도출하는 것을 귀납적 설명이라고 한다.

예측(prediction)은 인과관계를 규명하는 설명을 기초로 한다. 예를 들어 성별에 따라 의례행위가 다르다는 설명이 성립되면 대상자의 성별을 알면 어떤 의례행위의 반응이 나타날지 예측할 수 있다는 것이다. 결국 설명과 예측의 논리적 구조는 동일하다. 설명은 연구자의 과거의 시점에서 발생한 현상에 대한 인과관계의 규명이며 예측은 선행조건을 기초로 미래의 현상을 유추하는 것이다.

일반화, 설명 및 예측이 가능한 지식을 획득하게 되면 과학적 연구의 일차적 목표가 달성되었다고 할 수 있다. 그러나 과학적 연구는 여기서 끝나는 것이 아니라 인간이 처한 여건을 개선하고 향상시키기 위해 적용되어야 한다. 적용(control)은 설명 및 예측이 가능한 지식을 전제로 한다. 어떤 현상의 원인이 설명되면 부정적인 현상일 경우에는 그 원인요인을 축소하거나 제거함으로써 여건의 개선이 가능하다. 긍정적인 현상일 경우에는 원인요인을 조장 또는 확대함으로써 여건의 향상을 실현할 수 있다.

모든 과학적 연구의 궁극적 목표는 적용을 통해 발전적 모델링을 제시하고자 한다. 현대인의 의례행위 시 나타나는 현상들의 일반화된 특성을 발견하고 그 원인을 규명하여 선행 요인을 기초로 결과를 예상할 수 있는 예측을 통해 의례관련 산업에 피드백(feed-back)시킴으로써 적용을 실현시킬 수 있다.

제2장 의례변화의 양상

I. 의례관련 산업의 형성요인

1. 자본주의와 소비문화

유교가 국가통치이념이었던 조선조의 모든 문물과 제도는 갑오개혁 (1894) 이후 그 변화를 겪으면서 가정생활 속에 예(禮)인 가례(家禮)는 변화의 움직임을 예고하고 있었다. 여기에는 서구의 문물수용과 문화의 전이, 신종교의 도입이 크게 작용하였다. 해방 이후 한국전쟁을 겪고 국가가 혼란의 소용돌이에서 재건의 뜻을 가지고 경제개발계획이 착수되면서 한국은 본격적인 산업화에 돌입하였다. 산업사회의 구조적 틀은 가정의 의례를 변화시기기에 충분하였다.

농업 중심의 생산경제단위는 산업화와 더불어 가정 안에서 밖으로 유인되고 자본주의 사회에서 화폐에 대한 유용성은 과거와 상이하다. 의례 시에 볼 수 있는 상호 부조가 물품부조, 품앗이와 같은 일손 도움에서 화폐로 전환되었다.

주로 농업에 종사한 가내 생산경제에서 사람들은 여유의 시간을 자의적으로 분배할 수 있고 일가가 공동체를 이룬 성씨 집성촌에서 한 가정의 의례는 마을 전체의 행사로 받아들여 이들의 의례 시 상호 부조를 위한 일손

도움은 매우 능동적으로 이루어졌다. 오늘날 대부분의 현대인들은 직장이라는 사회적 제약의 틀에서 자유롭게 그들의 많은 시간을 가정의 행사에 전념할 수 있는 여건이 형성되어 있지 않고 직업과 거주지의 잦은 이동으로 친척 간 상호 교류가 원활하지 못하다. 따라서 바쁜 현대인들에게 있어 예식장의 기여도는 크며 사회에서 대행해 주는 의례관련 서비스산업의 편리함과 유용함을 인정하지 않을 수 없다.

조선조 신분계급사회에서 일부 지식층의 전유물이었던 문화적 혜택은 의례에서도 사대부가의 의례, 서민의 의례를 구분 짓게 하는 요인이 되었다. 서민들은 단지 사대부가의 생활문화를 모방하는 수준이었고 각 가문이 나름대로 가정생활문화로 가치 있는 의례의 모델을 형성한 것은 사대부가에서 가능하였다. 즉 사대부가의 자제들은 관직에 등용되어 사회적으로 명망과 존경을 받으며 친족집단의 일원으로서 존재하였고 이들 가문 구성원을 통제하기 위한 가례서(家禮書) 저술은 곧 의례가 생활문화로서 한층 격이 있게 발전하는 계기가 되었다.

그러나 소비지향의 현대사회에서 문화적 혜택은 누구에게나 공유될 수 있는 것이고 그 선택은 현대인의 몫인 것이다. 간혹 자본주의 사회에서 의례행위가 부(富)의 상징물로 등장하여 사회적 물의를 일으키고 있는 것은 의례관련 산업이 발전하면서 다양한 상품과 서비스로 소비욕구를 극대화시키고 있기 때문이다.

2. 여성의 경제활동

전통사회의 제도 교육은 일부 계층의 남성중심교육이었으며 상류층일지라도 여성들의 활동영역은 매우 제한적이었다. 교육에 있어서 여성들은 생활중심의 실천교육이 지배적이었고 대부분 의례는 남성주도 여성조력 형태로 진행되는 예가 많았다. 여성해방론적 관점에서 여성에게 집중적 노동력을 요구하는 의례활동은 억압된 여성의 상징처럼 등장하기도 한다. 그러므로 때에 따라서는 혼례음식, 제사음식 등 장기간의 시간과 노동력을 필요로 하는 의례에서 집단공동체 구성원의 협력 혹은 상호 부조가 불가피하다.

오늘날 성취지향의 현대 여성들은 과거와 달리 고등교육을 받을 수 있고 자아실현을 위한 사회적 활동의 폭이 넓어졌다. 여성이 집 밖을 나서서 남성의 일에 뛰어든다는 것이 근대화 초기만 해도 매우 어려운 일이었다. 그러나 이제는 누구든 능력이 있으면 원하는 직종의 일을 할 수 있고 또 사회적으로 두각을 나타내며 남성 못지않게 활발한 활동을 하고 있다.

많은 여성들이 경제활동에 참여함으로써 가사와 자녀양육 그리고 직업이라는 다중적(多重的) 역할을 수행하는 데 따르는 부담감은 매우 클 수밖에 없다. 그러나 의식주 생활문화의 많은 부분이 사회로 이관되면서 실제 가정에서 수행해야 했던 가사노동은 과거에 비해 축소되었다. 뿐만 아니라 자녀양육과 교육도 사회에서 전담하고 있는 상황에서 여성들에게 요구되었던 가사와 의례수행의 의무는 대부분 약화된 실정이다. 오늘날 많은 여성들은 사회활동에 따른 시간적 제약과 노동력 제공을 의례관련 서비스산업을 통해 지원받고 있다. 따라서 의례관련 산업은 산업사회에 적합하게 재구조화되어 기업화, 분업화, 전문화되고 있다.

3. 생활양식의 구조변화

현대사회에 들어 우리의 생활변화는 크게 의복생활과 주거양식에서 찾아볼 수 있다. 활동성이 풍부한 기성복이 일반화된 오늘날 민족 고유의 한복은 의례와 같은 특별한 행사 때에 입는 예복이 되었다. 주택구조 또한 서양식 형태로 변화하여 과거 한복이 좌식 생활과 습을 이루었듯이 양복과 입식구조는 현대인의 생활을 보다 편리하게 해 주고 있다.

먹을 것이 부족하고 그 종류도 제한적이었던 과거의 의례음식은 최고의 상차림이었고 의례 후 모인 일가친척들이 여흥을 즐기며 나눌 수 있는 크나큰 도구가 되었다. 식생활에 있어 여전히 한국인들은 주식인 밥을 즐기고 있다. 하지만 과거보다 먹을거리가 많아졌고 보다 손쉽게 먹을 수 있는 간편식으로 대치되는 경향이다.

이와 같은 생활양식의 변화는 현대인에게 적합한 의례의식(儀式) 구조의 변화를 요구하며 더불어 새로운 의례양식 모델 개발의 필요성을 느끼게 한다.

우리의 생활변화를 보다 풍요롭게 한 것은 교통수단의 발달이라고 할 수 있다. 지역적 이동이 용이하지 않았던 과거에 모든 의례는 농경사회 특성상 그만큼 여유를 두고 장기간에 걸쳐 진행하는 데 문제가 되지 않았다. 그러나 다양한 교통수단의 출현으로 전국이 1일 생활권에 접어들었고 바쁜 현대인의 생활과 직장문제 등 제한적 조건 때문에 의례도 단기간에 진행할 수밖에 없게 되었다. 따라서 지금은 혼례를 3일 잔치로 치르거나 부모의 3년 상을 치르는 경우는 보기 드물다.

풍요로운 생활을 누리고 사는 현대인이지만 그들은 산업사회의 구조적 틀에 얽매여 과거의 의례와 생활문화를 고수하기에 어려운 점이 많다.

Ⅱ. 의례관련 산업의 현황

전통사회에서 가정의례는 다분히 연중행사가 아닌 생활 속 문화이며 삶의 철학이었다. 가정의례(Family Rite)는 한 인간이 일생 동안 경험하게 되는 출산례(出産禮), 관례(冠禮), 혼례(婚禮), 수연례(壽宴禮), 상례(喪禮) 등이 있고 연중 수회(數回) 반복적으로 이루어지게 되는 제례(祭禮)가 있다. 이들 의례 중 출산례와 수연례는 돌잔치, 회갑 및 고희연 등 생일의례 중심으로 산업사회에 흡수되고 있는 경향이다. 관례는 각 기관과 대학에서 집단 성년례의 형태로 대중을 위한 의례가 되어 가정에서 개별적으로 시행되지 않고 있으며 서비스산업에서 열외의 대상이 되고 있다. 제례는 한 개인 중심의 개별성의례(individual rite)이기보다는 가족·친족 중심의 집단성의례(collective rite)로 제수 전문업체가 등장하는 등 가정의례 산업화현상이 부분적으로 나타나고 있다.

1. 혼인예식산업

현대사회 가정의례문화 중 가장 병폐적 현상을 띠고 있는 것이 혼인문화이다. 양가 혼인에 대한 합의가 이루어지고 나서부터는 과시적 예단, 혼수경쟁이 시작되고 현금 교환과정에서 기대수준에 미치지 못할 경우 종단에 가서는 가족 간 불화와 해체로 이어지는 망국적 문화가 자행되고 있다. 전통사회 혼례 중 일부분이 현대의 물질문화와 접목되는 과정에서 혼인의 본질적 의미를 간과한 데에서 비롯된 일이다. 또한 산업화가 진행되면서 혼수시장과 전문적 혼인예식장은 급증하게 되었고 오늘날의 혼인예식문화는 이들 예식업 종사자가 선도해 나아갔다고 해도 과언이 아니다. 그들은 혼수품과 예단, 신랑, 신부의 예복에 관한 유행을 만들어 나갔고 예식업 종사자의 수익을 올리기 위한 다양한 프로그램과 서비스, 이벤트 등이 속출하게 되었다. 현재 약 2000여 개의 예식장이 전국에 분포되어 있고 전문적인 일반 예식장이 서울지역에만 수백여 개로 검색되고 있다. 회관, 호텔 등을 포함하면 그 수치는 더 많을 것이다. 예식장에서는 드레스 예복, 메이크업, 사진과 비디오 촬영, 폐백음식과 의복 등을 갖추어 놓고 있으며 부대시설 이용을 강요하고 있다. 때로는 피로연장과 겸해 있어 반드시 연회장을 사용해야만 결혼식이 가능하다.

최근 들어 웨딩 컨설팅업체가 증가하면서 현대인들의 개성 있고 다양한 요구에 맞춤식 웨딩이 성행하고 있다. 이들 컨설팅업체에서는 예물, 침구, 가구, 주방용품 등 혼수품 일체와 부케, 미용, 예복과 예식장 알선뿐 아니라 신혼여행지 가이드까지 혼인에 관한 일체의 상담과 진행을 맡아 준다. 혼인관련 산업은 이에 그치지 않고 폐백음식, 이바지음식 전문 업체에 이르기까지 그 범위가 매우 넓다.

혼인은 한 인간을 귀속적 삶의 변화를 이끄는 인생의 출발점이자 전환점으로 여기는 중대사였다. 따라서 음식, 의복, 절차 등 혼인과정에 내재되어 있는 모든 행위에 심오한 의미부여와 함께 경건하고 엄숙한 생활문화로서 의례가 수행되었다. 그간 학계에서 전통사회 혼인례에 대한 연구는 그 어떤 의례보다 다각도에서 이루어지고 있었다. 그러나 연구 내용들이 현대인들의 인식을 변화시키거나 오늘날의 혼인문화를 바로잡는 데 기여하지는 못했다.

따라서 학계와 산업체의 공동의 노력과 연계적 협력 체제를 구축하고 현대사회 적합한 혼례모형을 리모델링하는 작업을 지속적으로 해 나가도록 하여야 할 것이다.

2. 장의예식산업

한국의 전통 가정의례 중 가장 그 절차와 형식이 복잡하고 장기간의 시간이 요구되는 것이 상장례이다. 전통사회의 장례 기간은 임종 후 대략 27개월여 정도이다. 생업이 가정과 분리되어 있지 않은 과거 사회구조 내에서 이와 같은 효의 실천적 행동은 충분히 가능하였다. 그러나 현대사회에서 이와 같은 장시간요구되는 의례는 가정의례의 지속을 약화시키는 계기가 될 수 있다. 전통적인 상장례를 맡아 주는 장의업체는 보기 드물다. 병원장례식장, 전문 장례식장의 출현은 현대인의 장례에 대한 심리적 부담감을 덜어 주는 데 기여하고 있다. 이들 장례식장에서는 장의업 종사자들의 상담과 안내 서비스로 경황이 없는 유족들에게 큰 도움을 주고 있다.

최근 일부 대형병원장례식장에서는 최신식 건물, 최상의 서비스로 현대적인 장례식을 치르고 장례업 전문 기관으로서 토탈 시스템과 첨단의 시설을 갖춘 전문 장례식장도 등장하였다. 빈소는 예식장 규모에 따라 다소 차이는 있지만 10여 평에서 70평대까지 있으며 안치실, 입관실, 영결식장, 주방, 매점 등이 있고 장례안내를 맡고 있는 전문상담시설과 식당, 편의점, 샤워실 등 부대시설은 기본이다.

전문 장례식장의 서비스시설은 매우 획기적이다. 장례식장 실내는 호텔처럼 깨끗하고 환한 조명과 넓고 쾌적한 공간으로 과거의 어둠침침한 분위기에서 탈바꿈하였다. 음식 또한 전문음식업체에 위탁해 제사상과 조문객 접대음식뿐 아니라 장지용 도시락까지 주문만 하면 일체를 공급받을 수 있다. 입관용품(수의, 관 등), 상주용품(상복) 등 장의용품과 조화, 영정사진, 장의차 등을 다양하게 선택할 수 있다. 유족을 대신해 사망 이후 발인까지 종합장례 서비스(운구, 안치, 부고, 영정사진, 빈소마련, 장례일정 등)로 모든 장례문제를 처리해 준다. 최근 장례식에서 가장 눈에 띄는 변화는 '상제 중심 장례문화'의 등장이다.(동아일보, 2000) 상제들이 따로 쉴 수 있는 간이수면실과 상제전용휴게실을 설치했다. 그러나 사회 일각에서는 편의주의로 흘러 통과 의례적 격식만 차리고 성의가 없다는 지적도 나오고 있다.

3. 생일 이벤트 산업

인간은 태어나서 죽을 때까지 세 번의 큰상을 받는다. 그 첫 번째가 태어난 지 만 1년째 되는 해의 돌상이고, 두 번째 상은 혼례식 후 양가 부모로 받게 되는 혼례상이며, 마지막으로 자식에게 받는 수연상이다. 수명이 짧았던 과거에는 60세까지 사는 것도 어려워 60세 이후 큰 생신을 수연례라 하였다. 대표적인 수연례는 회갑으로 자식들은 일가친척을 모시고 부모님의 생신잔치를 성대하게 치렀다. 그러나 의학의 발달과 건강한 식생활 등 이유로 해서 인간은 좀 더 오래 살게 되었다. 더구나 과거보다 혼인연령이 높아 자녀들은 어리고 그 수도 많지 않아 가정에서 회갑잔치를 하기에 어려운 점이 있다.

한편 현대 도시사회의 주거는 아파트를 중심으로 밀집되어 있어 가정에서 잔치를 치를 만한 넓은 공간을 확보할 수 없다. 손님대접을 위한 음식준비와 장소이용이 용이하다는 점에서 외식산업인 대형음식점 혹은 회관등에서 생일잔치를 하는 경우가 많아졌다. 현대의 주거구조와 소비자의 요구를 반영한 이들 외식산업체에서는 상차림모형, 돌잡이 용구 모조품, 밴드(국악인, 연주인), 축하이벤트(드라이아이스, 팡파르, 폭죽, 케이크 커팅 등)를 상품으로 내놓고 손님접대음식을 동시에 해결해 줄 수 있는 다양한 서비스를 제공하고 있다. 또한 본인들이 원한다면 비디오와 사진촬영, 얼음조각 등을 해 주고 돌 복까지 대여해 주고 있다. 돌잔치, 회갑연, 고희연등 일체의 생일잔치를 외식업 종사자들에게 의존하고 있는 것이 오늘날의 현실이다. 그러나 이들 산업기관의 의례행사를 도맡아 진행하는 사람들 중 때로는 돌과 수연례의 의미나 내용을 잘 모르고 오직 여흥을 즐기는 것에 주안점을 두고 진행하는 예가 있다. 또한 모형으로 만들어진 상차림이나 물품들이 그 의례와 관련이 없는 경우를 보게 된다. 예컨대 어른의 수연례에 오르는 큰상 차림과 아기의 돌잔치에 오르는 돌상을 이들 업체에서는 하나의 큰상 모형으로 혼용하여 쓰고 있다. 따라서 외식산업체에 종사하는 의례 진행자에 대한 기본적인 재교육이 필요하고 전문적 지도 및 상담을 해 줄 만한 인력을 개발해야 할 것이다.

4. 제사음식산업

전통사회 가정에서 봉제사의 의무는 자손된 자로 마땅히 수행해야 할 의무였다. 특히 제례 시 이에 대한 계획과 준비는 여성들의 의무로 제수마련은 그 어떤 일보다도 소홀히 할 수 없는 것이다. 문헌에 의하면 여성들의 제수마련은 정성과 정결해야 함을 강조하고 제사지내기 며칠 전부터 제주 이하 다른 가족들은 제수에 사용할 곡식이나 과류를 미리 준비해 두고 임한다. 또한 제사음식은 그 무엇보다도 소중하게 정성을 드려 다루도록 하였다. 오늘날 주부들은 여성의 취업확대 및 사회적 여건의 변화로 제사 시 제수마련에 대한 경제적·신체적 어려움과 역할과중을 느끼고 있다.

그러나 제사음식은 제사 시 조상과 후손을 연결해 주는 매개체의 역할을 하는 도구로서 제사 후 「음복을 한다」함은 한 집안의 조상과 후손 간의 공동체적 연대감 및 동질성을 피부로 느끼게 해 주는 절차이다. 제사음식은 마땅히 자손이 준비해야 한다는 사고가 팽배한 가운데 제사음식 대행 서비스인 제수 전문 업체의 등장에 대하여 부정적 시각을 가질 수도 있다.

1998년 개점한 'ㅇ' 제수 전문 업체에 따르면 제사를 지내고 싶으나 여건이 되지 못하는 사람, 제사를 지낼 아들이 없는 사람, 신체가 부자유스럽거나 제사음식을 장만할 마땅한 여성이 없는 사람들이 주 고객으로 잊혀져 가는 우리의 전통문화를 보전하고자 하는 설립동기를 밝히고 있다.

과거의 시제는 문중의 제사로 田畓에서 경제적 비용을 충당하고, 문중의 자손과 부녀자들의 노동력으로 제수마련이 가능하였으나 그럴 만한 여건이 조성되어 있지 않은 현대사회에서 제수 전문 업체들은 실향민과 각 종친회로 이들의 차례상과 시제상을 준비해 주고 있다. 제상차림은 3~4인분의 가족상에서 12~14인분의 시제 상까지 제수품목과 가격대에 차별을 두고 있으며 각 집안에 맞는 제수진설을 하도록 맞춤주문방식을 도입하고 있다.

제Ⅱ부 한국의 의례문화

제3장 『태교신기』에 나타난 전통사회의 태교

서양 문화권에서는 태어난 아기를 0세로 보는 데 비해 동양 문화권에서는 태어난 아기를 1살로 여긴다. 이는 신생아에 대한 동서양의 개념의 차이라 할 수 있다. 동양권에 속하는 우리나라에서는 아기의 10개월 동안의 태중 생활을 존중하여 태어나면 이미 1살로 여기고 있는 것이다. 태아도 한 인격체로 인정해 온 것으로 지극한 인간존중의 사상을 엿볼 수 있는 것이다.

전통사회의 태교는 오늘날 그의 중요성을 인식하면서 새롭게 수용되고 있다. 태교란 본래 태내에서 이루어지는 교육의 하나라는 것을 강조하는 말로써 태아만의 건강이 아니라 모체와 태아 사이에 정서적이고 인격적인 유대를 전제로 한다. 그러므로 전통 태교에서 중요하게 여긴 내용 중 하나는 임산부 자신의 끊임없는 자기 수양을 통한 건전한 심리상태를 갖는 것이다. 어머니의 올바른 마음가짐과 정서관리는 태아의 형성과 발달에 크게 작용하기 때문이다. 뿐만 아니라 아버지로서 지켜야 할 임신 전의 마음가짐을 비롯하여 임신·육아·교육에 필요한 아버지의 태교도 함께 강조하고 있으며 이러한 태교의 중요성은 현재까지도 이어져 내려오고 있다.

I. 『태교신기』의 개괄적 분석

1. 『태교신기』의 구성

『胎敎新記』의 저자는 師朱堂 李璿源(1739~1821)으로, 정조 말년인 1796년에 이 책을 쓰셨다. 師朱堂은 학식이 풍부하고 덕행이 출중한 분으로 국내외의 문헌을 두루 섭렵하고 난 후에 자신의 임신을 통하여 스스로 경험한 것을 바탕으로 태교의 세밀한 부분까지 서술했다. 이 책은 단지 부인들만을 상대로 글을 쓴 것이 아니고 남자들이 지켜야 할 대목까지 상세히 적어 이를 남겼으니 그 시사하는 바가 크다 하겠다.

『胎敎新記』는 임부가 10개월간 胎兒를 두고 교육하는, 즉 태교에 관하여 쓴 古今의 名著이다. 師朱堂 李氏가 태교에 대한 敎本이 없음을 안타깝게 여겨 널리 經書와 白書를 섭렵하고, 또 一男 三女를 태교에 힘쓴 경험을 살려 10個 章으로 구성하였다.

『胎敎新記』의 내용을 구체적으로 보면 〈표 1〉과 같다.

제1장에서는 태교를 쓴 본의를 설명하며 태교의 중요성을 강조하고 있다.

「사람의 본성은 하늘에 근본하였으나 氣와 質은 부모에게서 받는다.」고 하여 태교에서 부모의 기질이 인간의 본성을 만드는 근본임을 명시하고 있다.

父의 태교 못지않게 母의 태교에서는 마음가짐과 행동의 중요성을 강조하며 「열 달 동안은 임부가 자기의 몸이라도 자기 몸이라고 생각하지 말고……마음먹은 것과 지식과 전신을 다 순하고 바르게 하여서 뱃속의 아기를 기르는 것이 어미의 도리다.」라고 하였다.

제2장에서는 만물의 성품은 胎中 교양에 달려 있기 때문에 음양의 이치에 따라 합방 시 擇日의 중요성을 강조하고 있으며 한편으로는 태중 환경의 중요성을 설명하고 있다.

제3장은 인간의 마땅한 도리로서 태교의 법에 대해 강조하며, 태교를 잘 실행한 옛 선인은 그 아들이 잘났고 태교를 못한 사람은 그 아들이 불초하다고 하였다.

〈표 1〉『胎敎新記』의 內容構成

	胎敎新記 內容
제1장	제1절 태교의 글을 쓴 본의 제2절 사람의 기질을 받는 이유 제3절 교육에는 태교가 근본 제4절 태교의 근본책임은 남성에게 있음 제5절 태교의 실행책임은 여성에게 있음 제6절 훌륭한 인재를 만드는 책임은 스승에 있음 제7절 태교가 완전한 후에야 스승에게 책임을 물음
제2장	제1절 만물의 성품은 태중 교양에 달림 제2절 사람의 성품은 태중 교양에 달림
제3장	제1절 옛사람은 태교를 실행하였으므로 그 아들이 잘났음 제2절 지금 사람은 태교를 못하였으므로 그 아이들이 불초함 제3절 인간으로 태교가 없으면 옳지 않음
제4장	제1절 태교의 큰 뜻을 명시함 제2절 태교에서 가족이 임부를 보호하여야 하는 그 보호법 제3절 임부의 눈으로 보는 법 제4절 임부의 귀로 듣는 법 제5절 임부의 마음을 쓰는 법 제6절 임부의 말하는 법 제7절 임부가 거처하고 수양하는 법 제8절 임부의 일하는 법 제9절 임부의 앉고 움직이는 법 제10절 임부의 다니고 서는 법 제11절 임부가 자고 눕는 법 제12절 임부의 음식법 제13절 임부의 아기를 낳게 된 때 제14절 위의 십삼 절을 요약하여 다시 밝힘 제15절 총결론

	胎敎新記 內容
제5장	제1절 태교를 실행하는 요령 제2절 이로우냐 해로우냐의 질문 제3절 구하면 얻는다.
제6장	태교를 실행치 못한 해독
제7장	제1절 미신과 사술에 혹함을 경계함 제2절 남을 미워하거나 투기하지 말 것
제8장	제1절 임부의 행동이 뱃속 아기에게 주는 영향과 증거 제2절 태교의 아기에게 주는 증거를 보고 태교실행 못함을 탄식
제9장	옛날 사람들이 실행한 일을 말하며 이 책의 전편 큰 뜻을 증거함
제10장	배우자를 선택할 때에 남성은 태교 실행할 만한 여성을 선택하도록 권고함

제4장은 태교 시 임부의 마음가짐이 태아의 건강에 영향을 준다 하여 「임부가 성내면 아기가 자라서 혈병(血餠)을 앓고, 임부가 무서워하면 아기가 자라서 정신병을 앓고, 임부가 근심걱정을 하면 아기가 자라서 氣病을 앓고, 임부가 놀라면 아기가 자라서 간질병을 앓느니라.」 하였다.

또한 태교에는 주변 사람들의 행동도 임부에게 영향을 주어 임부 곁에 항상 선하고 모범이 될 만한 일이 귀에서 떠나지 않도록 해야 함을 명시하고 있다. 그 밖에 4장에서는 임부의 눈으로 보고 귀로 들으며 말하는 법 등 임부의 행동거지에 대하여 주의를 주고 그 마음 쓰는 법과 거처하고 수양하는 법, 먹는 음식법 등을 강조하고 있다.

제5장과 6장에서는 태교를 실행하는 요령과 실행치 못했을 때의 해로움에 대하여 설명하고 있다.

제7장에서는 미신과 사술에 혹해서 무당을 불러 주문을 외우며 푸닥거리를 하고 점을 치는 것들은 사특한 마음으로 나쁜 기운이 지나가므로 나쁜 기운이 모여 상(象)이 되면 길한 일이 없다 하였다. 또한 남을 미워하거나 투기하지 말아 정신과 마음을 바르고 정갈하게 수양할 것을 경계하여 가르

치고 있다.

제8장에서는 임부의 건강과 행동이 뱃속 아기에게 미치는 영향을 논리적으로 설명하였다. 즉 「어미가 한병(寒病)을 앓으면 뱃속의 아기도 한병을 앓고 어미가 열병을 앓으면 뱃속의 아기도 열병을 앓는다고 하니 이 이치는 아기가 어미 뱃속에 있는 것이 마치 외(瓜)가 붓(潤)거나 마르(燥)거나 설(生) 익은(熱) 것은 다 그 뿌리에 수분을 공급하거나 또는 공급지 못한 것에 달린 것과 같다.」하였다.

제9장에서는 주나라 태임이 문왕(文王)을 가져 태교를 잘하였으므로 총명하고 신성한 문왕을 낳았다는 이야기를 설명하며 옛사람의 실행을 적고 있다.

제10장에서는 어진 여성을 가려 태교를 실행토록 하며 배우자를 선택할 때에 태교를 실행할 만한 여성을 선택하도록 권하고 있다.

이상의 내용을 종합하여 볼 때 태교는 임부 혼자만 하는 것도 아니고 임부의 마음과 행동에 국한되어 실천해야 하는 것도 아니다. 태교는 임부 주변의 인적·물리적 환경의 총체적 조화라고 볼 수 있다.

2. 『태교신기』 내용 분석

(1) 아비의 몸가짐과 마음가짐

태교에 관한 『胎教新記』에 나타난 아비의 책임은 무엇보다도 중한 것으로 표현되고 있다.

자식을 낳는 것에 아비의 책임이 큼을 거듭 강조하며 「스승이 십 년을 잘 가르쳐도 어미가 열 달 뱃속에서 잘 가르침만 못하고 어미가 열 달을 뱃속에서 가르침이 아비가 하룻밤 부부 교합할 때의 正心만 못하다.」(제1장) 하였다.

「대저 부모께 고하여야 하고 중매를 두어야 하고 使者를 보내어 六禮를 갖춘 후에야 부부가 되거든 날마다 서로 공경으로 상대하고 방탕하거나 외설함으로 상접치 말지니, 천장 밑과 금침 위에서도 오히려 입에 담아 말하지 못할 말이 있는지라, 아내의 방이 아니거든 감히 들어가 처하지 못하며 몸에 병이 있거든 아내 방에 들지 말며 일식과 월식이 있거든 아내 방에 들지 말며 크게 덥거나 크게 춥거나 큰바람이 불거나 큰비가 오거나 큰 뇌성이 나는 때는 감히 아내 방에 들지 말고, 허욕이 마음에 일지 않게 하고 사기(邪氣)가 몸에 침노치 못하게 하고 이와 같이 조심하여 자식을 낳는 것이 아비의 책임이니라.」(『胎敎新記』 1장 3절) 하였다. 즉 부부이지만 남편이 아내의 방에 들 때에는 몸과 마음을 정갈하고 건강하게 하여 좋은 날에 좋은 기운을 갖도록 가르친 내용이다.

한편, 「어진 여성을 가려서 취하여 태교를 실행토록 하고 태교할 줄 모르는 여성은 가르치도록 할지니 이는 자손을 위하여 염려함이니라.」(『胎敎新記』 10장) 태교를 실행할 만한 어진 여성을 선택하도록 권하고 있다.

(2) 어미의 몸가짐과 마음가짐

태교의 실질적 실행책임은 어미에게 있음을 강조하고 있다. 어미로서 책임은 임부의 마음가짐과 정신적인 측면, 임부의 행동거지 등 크게 두 가지 차원에서 설명될 수 있다.

「임부가 아기를 가지면 아비의 성(姓)을 받아 열 달 안에 낳아 다시 아비에게 돌려주는 것인데 열 달 동안은 임부가 자기의 몸이라도 자기 몸이라고 생각하지 말고 禮가 아닌 것은 보지 말며 禮가 아닌 것은 말하지 말며 禮가 아닌 것은 動하지 말며 禮가 아닌 것은 생각하지도 말며 마음먹은 것과 지식과 정신을 다 순하고 바르게 하여서 뱃속의 아기를 기르는 것이 어미의 도리다.」(『胎敎新記』 1장 5절)라고 하였다.

임부가 듣고 보고 움직이는 행동 모두가 태아에게 영향을 줌을 암시하며 임부의 바른 마음과 정신이 곧 태교인 것이다. 임부의 정신 수양은 다음의 내용에서도 볼 수 있다.

「성미가 투기하는 부인은 남편의 첩이 아기 가진 것을 꺼리고 시기하며 또는 한 집안에 아기 가진 이가 두 사람이 되면 동서지간에 시기하는 마음을 갖고 서로 용납지 못하나니, 마음가짐이 이렇고서야 어찌 낳은 아기가 재주 있고 또 장수할 수 있으리오. 나의 마음이 곧 하늘이니 마음이 착하면 하늘의 명하심도 착하고 하늘의 명하심이 착하신, 즉 자손에게까지 미치나니, 詩傳에 이르되 '즐겁고 평안한 군자는 복을 구하되 나쁜 데로 돌아서지 않는다.」 하였다.(『胎敎新記』 7장 2절) 처첩 간 혹은 동서지간에 아기 가진 이를 서로 미워하고 투기하였던 일이 관행적 사실로 인정되는 내용으로 부녀자의 婦德을 특히 강조하였다.

한편 임부의 언어행동에 있어서는 「임부의 말하는 법은 분한 일이라도 소리 질러 말하지 말며 성났어도 악한 말을 말며, 웃어도 이가 보이도록 웃지 말며 남에게 희롱의 말을 말며, 부리는 사람을 친히 꾸짖지 말며 남을 속여 거짓말하지 말며, 남과 귓속말을 말며 말이 근거가 없거든 전하지 말며, 나에게 당치 않은 말은 말도 말지니라.」(『胎敎新記』 4장 6절) 하였다. 임부의 행동거지 중 앉고 움직이는 법은 「임부는 앉기를 단정히 할지니 몸을 기울여 한쪽에 치우치게 하지 말며, 벽에 기대앉지 말며 키처럼 다리 뻗고 앉지 말며, 걸터앉지 말며 마룻가에 앉지 말며, 앉아서 높은 데 있는 물건을 내리지 말며 서서 땅의 물건을 집지 말며 왼쪽의 물건을 잡으려면 오른손으로 하지 말며 오른쪽의 물건을 집으려면 왼손으로 집지 말며 어깨만 돌려서 뒤돌아보지 말며, 산달이 되거든 머리를 감지 마라.」(『胎敎新記』 4장 9절) 하였다. 이와 같은 내용은 한국의 전통주택 형태에서 볼 수 있는 좌식형의 실내 구조와 주택 내부의 기단에 임부의 기거동작에 위험을 내포하고 있기 때문에 임부에게 각별한 주의와 자연스러운 몸가짐을 갖도록 유도하였던 것이라고 본다.

한편 전통사회에서 장시간 목과 허리를 숙여야 하는 머리감기는 大事로, 조산과 유산을 우려하여 이를 미리 방지하고자 하는 의도에서 산달의 머리감기를 금지시키도록 한 것이라 사료된다.

임부가 자고 눕는 법은 「잘 때 엎드려 자지 말며 누울 때는 송장처럼 눕지 말며, 꼬부리고 자지 말며 문틈에 얼굴을 대거나 옷을 벗은 채 자지 말며, 몹시 춥거나 몹시 덥거든 낮잠 자지 말며 배불리 먹고 자지 말며, 산달에는 옷을 쌓아 곁에 놓고 하룻밤의 반은 왼쪽으로 기대어 자고 하룻밤의 반은 오른쪽으로 기대어 자도록 한다.」(『胎教新記』 4장 11절)

(3) 가족·친지의 영향

『胎教新記』에는 주변 사람들의 언행이 胎教에 큰 영향력 있음을 강조하고 있다. 제4장에 「태교를 양(養)하는 것은 임부 자신뿐 아니라 온 집안사람들이 서로 조심하고 삼가서 감히 분한 일을 드러내지도 말고 천하고 흉한 일을 알려서 크게 두려움을 주거나 놀라게 하지도 말아야 한다. 난처한 일을 알리지 않는 것은 임부가 근심할까 염려해서요, 급한 일을 알리지 않는 것은 놀라게 될까 염려해서이다.」.

또한 「벗들과 오래 같이 놀면 그 벗들의 말투를 배우게 되고 행동까지도 따라 배울 수가 있는데 장차 아기와 어미는 칠정(七情) 같으니 그러므로 임부는 기쁨과 성냄과 슬픔과 즐거움과 사랑과 미움과 욕심내는 것을 지나치게 하지 말지니, 임부 곁에 항상 선한 마음을 가진 이를 두어 임부의 기거를 도와주고 임부의 마음과 뜻을 기쁘게 하여 모범이 될 만한 말이나 일을 늘 귀에서 떠나지 않도록 하여 게으른 마음, 사특한 마음, 편벽된 마음이 일어나지 않게 할지니라.」(4장 2절)라고 하여 임부 주변인들의 행동도 정성스러워야 하는 것임을 가르치고 있다.

이는 오늘날과 달리 태교준비를 위한 여건이 미흡했을 뿐 아니라 부녀자의 활동 범위가 제한적이었던 전통사회에서는 임부 주변 가까이에 있는 사람들과 자연히 말을 통하고 접하면서 이들이 임부에게 끼치는 영향력에 대하여 간접적으로 시사하는 대목이라 할 수 있다.

(4) 임부의 음식법

다음으로 『胎敎新記』에는 임부의 음식법에 대하여 설명하고 있다.

임부가 먹는 법에 있어 「과실의 외형이 바르지 못한 것과 벌레 먹은 것은 먹지 말며, 썩은 것은 먹지 말며, 참외와 수박 등 외의 종류를 먹지 말며, 생채의 상추와 배추쌈 등을 먹지 말며, 음식이 차거든 먹지 말며 밥이 쉬어 냄새가 나거든 먹지 말며, 삶은 것이 설었거든 먹지 말며, 빛이 나쁘거든 먹지 말며 냄새가 나쁘거든 먹지 말며, 익지 않은 과실이나 곡식을 먹지 말며, 고기의 분량이 많을지라도 밥보다는 많이 먹지 말라.」라고 하여, 상한 음식이나 모양이 바르지 않은 것은 먹지 말아야 하고 음식을 절제하여 먹도록 하였다.

또한 지혜롭고 총명한 아기 갖기를 원한다면 다음의 내용을 깊이 새겨야 할 것이다. 「얼굴이 단정한 아기 낳기를 원하거든 잉어를 먹고, 지혜 있고 힘이 많은 아기를 원하거든 소의 콩팥과 보리를 먹고, 총명한 아기를 원하거든 해삼을 먹고, 아기 낳을 만삭이 되거든 새우와 미역을 먹으라.」(『胎敎新記』 4장 12절)라고 하였다.

(5) 임부의 생활환경

문헌에는 임부의 주변 환경에 관한 내용을 적고 있다. 임부의 환경은 지역에 따른 내용과 임부가 거처하는 곳 등에 관한 것이다.

「남쪽에서 살며 성태하여 낳은 아기들은 입이 크나니 이것은 외모가 그러함이요, 남쪽 사람의 성질로 말하면 너그럽고 어진 일을 좋아한다. 북쪽에서 살며 성태하여 낳은 아기들은 코가 높으니 이것도 역시 외모가 그러함이요. 북쪽 사람의 성질은 억세어 옳은 일을 좋아하나니 이 두 가지의 다른 것은 그곳의 기후와 풍토가 태속의 아기에게 감염되어 열 달 동안 양하여 된 것이니, 이러므로 君子는 반드시 그 아기 가졌을 때에 조심하느니라.」 (『胎敎新記』 2장 2절)라고 하여 지역에 따른 기질의 차이를 설명하고 있다.

임부의 거처에 대해서는 「차고 냉한 데 앉지 말며 눕거나 잠자는 것을 많이 말며, 더러운 곳에 앉지 말며 나쁜 냄새를 맡지 말며, 산이나 들에 가지 말며 우물이나 무덤을 들여다보지 말며, 오래 묵은 옛 사당집 같은 곳에 들어가지 말며 높은 데 오르거나 깊은 데 내려가지 말며, 험한 데를 건너지 말며……」(『胎敎新記』 4장 7절)라고 하여 이 또한 험악하고 흉한 곳은 가까이 하지 말아야 함을 경계하여 가르친 것이라 하겠다.

(6) 음양과 택일

『胎敎新記』에는 부부 합방 時 擇日의 중요성을 강조하고 있다.

「음양가들은 또 胞胎養生 붙이는 법에서 木은 酉에서 胎하였으니 酉는 金에 속한 것이라. 그러므로 초목들이 자라고 성할 때, 연하고 변화함이 원칙이나 그 물과 나무가 뻣뻣이 곧게 올라가는 것은 金의 강한 성질이 胎적에 내포되어 있는 연고이며, 그런즉 물건들도 태에서 받은 바의 성질은 끝까지 가지고 있음이라. 사람이 어찌 태에서 양함을 소홀히 하랴. 또 金의 태는 (卯)에서 되었으니 (卯)는 木이라. 그러므로 金이 억세고 단단하지만 녹이면 흘러 합하나니 이것은 나무의 柔한 성질이 胎 적에 내포되어 있는 연고다. 水와 火도 다 각각 胎한 데가 있으나 장황히 설명할 필요는 없다. 胎란 것은 받은 성품의 근본이니 한 번 그 형상이 조성된 후에 가르치려 함은 끝(未)이니라.」(2장 1절)라고 하였다. 陰陽의 이치와 그 성질을 胞胎 시 기질로 형성된 이후에는 쉽게 변화되기 어려움을 암시하고 있고, 胎內 時 기질은 음양의 성질과 밀접한 관련이 있음을 설명하고 있다.

또한 내외법이 강조되었던 전통사회에서 남녀의 거처는 분리되어 있었다.

피임법이 발달하지 않았던 상황에서 남녀의 합방은 곧 잉태로 연결되기 쉽고 특히 훌륭하고 총명한 자녀를 두고자 했으며 남아 출산을 기원하는 과정에서 부부간 합방을 택일하였던 것으로 여겨진다.

(7)禁忌事項

규범서에는 임부가 금해야 할 사항에 대하여 설명하고 있다. 『胎敎新記』 금기사항은 임부의 몸가짐, 음식법 등에 대해서 적고 있다. 임부가 눈으로 보아서 안 될 것은 「변장한 배우나 난쟁이나 원숭이, 사람들이 희롱하는 모양, 잡담하며 싸우고 다투는 것, 끌고 결박 짓는 모양, 죽이거나 해치는 일, 모습이 흉한 불구자, 무지개나 벼락 치는 것, 일식과 월식, 별 떨어지는 것, 꼬리 달린 별, 큰물, 큰불, 큰 나무가 부러지는 것, 집이 무너지는 것, 짐승들이 교미하는 것, 병들고 상한 것, 더럽고 혐오스런 것 등이니라.」(4장 3절)라고 하여 대체로 험악하고 흉한 것, 더러운 것, 괴이한 현상들로 그 내용이 압축된다.

또한 임부가 귀로 들어서 안 될 것은 「난잡한 음악과 난잡한 노래와 저자거리의 잡소리와 여자들의 꾸짖는 소리와 술주정꾼의 소리와 분해서 욕설하는 소리와 슬피 우는 소리들은 듣지 말게 할 것이요.」(『胎敎新記』 4장 4절)라고 하였다. 「임부가 아기 가진 것을 깨달으면 부부가 같이 자지 말고 너무 덥게 입지 말며, 음식은 너무 배부르게 먹지 말며, 때때로 천천히 걷고……」 등 임신 중 합방금지와 衣食生活에 있어 주의 사항을 적고 있다.

음식에 대한 금기사항을 구체적으로 기술한 부분을 보면 다음과 같다. 즉 「술을 마시면 백맥(白脈)이 흩어지게 하고 나귀와 말고기와 비늘 없는 생선, 뱀장어 등을 먹으면 아기를 낳기가 어렵고 엿기름과 달랑이를 먹으면 태가 삭고, 비름나물과 메밀과 율무를 먹으면 태를 떨어지게 하고……중략…… 개고기를 먹으면 아기가 소리를 못하고 토끼고기를 먹으면 아기가 언청이가 되고 방게를 먹으면 아기를 거꾸로 낳고 양의 간을 먹으면 아기가 나서 약이 많고 닭고기나 달걀을 찹쌀과 같이 먹으면 아기가 나서 촌백충이 생기고 오리고기와 그 알을 먹으면 아기를 거꾸로 낳고 참새고기를 먹으면 아기가 자라서 음탕하고 생강 싹을 먹으면 아기가 병이 많고 땅에서 나는 버섯이나 나무에서 나는 버섯을 먹으면 아기가 경풍으로 쉬 죽는다……」(『胎教新記』 4장 12절)

그 밖에도 『胎教新記』에는 지금 사람들의 태교와 비교하여 先賢의 태교를 예로 들어 태교를 잘하여 훌륭한 자식을 두어 후세에 귀감이 되고 있음을 적고 있다.

Ⅱ. 『태교신기』에 나타난 태교의 특징

태중의 태아를 인격체로 여겨 인간존중을 강조하였던 한국의 교육관에서 태교는 인간교육의 근원이자 시초라는 사고관념이 지배적이다.

『胎教新記』의 내용을 정리하였을 때 〈표 2〉에서 보는 바와 같이 아비와 어미의 몸가짐과 마음가짐, 가족·친지의 영향, 임부의 음식법, 임부의 환경, 음양과 택일, 금기사항 등으로 분류하여 설명될 수 있다. 그 특징적인 면을 논의하여 보면 다음과 같다.

첫째, 부부는 태교 전 부모가 되기 위한 준비와 마음가짐을 갖도록 강조한다. 아이를 잉태하는 어미로서의 마음가짐과 언행은 반드시 행해야 할 바이지만 아비 될 사람은 부부 교합 시 숭고한 마음가짐과 자세를 지녀야 할 것이다. 즉 父의 태교 시 正心을 강조한 것이다. 하늘의 나쁜 기운은 곧 인간의 심기를 흐리게 하므로 잉태 시 이를 경계하였고 합방하는 날을 택일하였던 것으로 보인다. 따라서 전통사회에서는 남성은 누구나 장차 부성이 된다는 것을 전제로 保精敎育을 비롯한 성교육이 혼전에 이루어졌다. 또한 남성이 精을 보전하는 방법으로서 일진을 고려해야 되는데, 꺼리는 날짜를 반드시 기피해야 한다는 내용이었다고 한다. 꺼리는 날짜로서는 음력으로 매월 초하루, 매월 보름 및 그믐날인데, 이때의 합방은 1~10년의 年壽를 감소시킨다고 전해진다.(유안진, 1992)

한편, 父의 태교로서 『태교신기』에 제시한 내용은 아비 될 사람으로서 정조관념이라 할 수 있다. 아내 방이 아니면 들지 않고, 어진 여성을 가려 태교를 실천하도록 함은 후세를 생각하여 행동해야 함을 훈시하는 내용이라 할 수 있다.

어미로서 임부의 책임은 그 무엇보다도 큰 것이다.

尤庵 송시열의 『계녀서』에서도 「기우러진 자리에 눕지 말고 몸을 단정히 가져 자식을 낳으면 자연 단정한 자식이 태어나느니라.」라고 하며 이러한 일은 어미에게 달려 있음을 강조하고 있다.(第六 자식 가라 치난 도리라 章)

아기 가진 여성으로서 몸가짐과 마음가짐을 順하고 바르게 갖도록 하며 여성으로서 婦德을 강조하고 있다.

임부의 앉고 눕는 법에 있어 『增補山林經濟』에서도 유사한 내용을 다루고 있는데, 옆으로 눕거나 가장자리에 앉지 않는 등 자리가 똑바르지 않으면 앉지 않도록 하였다.

소혜황후 『내훈』 母儀章에서는 「아낙네가 자식 가져서 눕되 비뚤게 않으며, 모퉁이에 앉지 않으며, 서되 한 발을 치우치게 않으며…… 깐 자리가 바르지 않아도 앉지 않으며, 눈에 잡된 모습을 보지 아니하며, 귀에 음란한 소리를 듣지 아니하며……」(婦人姙子 寢不側 左不邊 立不澤…… 席不正 不坐目不視邪色 耳不聽遙聲夜則令瞽通詩)라고 적고 있다.

또한 빙허각 이씨의 『閨閤叢書』 券之四 靑囊訣〈胎中將理法〉條에서는 「무릇 아기 가진 아낙네는 옷을 너무 덥게 입지 말고 밥을 너무 배부르게 먹지 말고, 술을 너무 취하도록 마시지 말고, 망령되게 약 쓰지 말고 지나치게 성내어 기운을 쓰거나 애태우지 말고, 많이 자거나 오래 누워 있지 말고, 때때로 거닐어라.」라고 하였다.

〈표 2〉『胎教新記』에 나타난 태교의 내용과 특징

구 분	내 용	특 징
아비의 몸가짐과 마음가짐	• 母의 열 달 태교보다 父의 正心이 더 중하다 • 아내의 방이 아니거든 들어가지 않는다. • 몸에 병이 있거든 아내 방에 들지 않는다. • 일식과 월식이 있거든 아내 방에 들지 않는다. • 크게 덥거나 크게 춥거나 큰바람이 불거나 큰비가 오거나 큰 뇌성이 날 때는 아내 방에 들지 않는다. • 허욕이 마음에 일지 않고 사기가 몸에 침노치 않게 한다. • 어진 여성을 가려 태교를 실행토록 한다.	• 父의 태교 강조 • 父의 정신적, 신체적 건강 강조 • 父로서 정조관념 제시 • 天의 기운을 받음 • 부부 교합 시 숭고한 마음가짐 강조
어미의 몸가짐과 마음가짐	• 임부의 보는 법, 듣는 법, 말하는 법, 행동하는 것은 모두 바르고 순하게 갖도록 한다. • 기울어진 자리에 눕지 말고 몸을 단정히 갖는다. • 한 집안에 아기 가진 이가 있으면 이를 시기하고 꺼리는 마음을 갖지 않도록 한다. • 분한 일이라도 소리 질러 말하지 말며, 성났어도 악한 말을 말아라. • 이가 보이도록 웃지 말며, 남에게 희롱의 말을 말라. • 부리는 사람을 친히 꾸짖지 말며, 남을 속여 거짓말 하지 말라. • 남과 귓속말을 말며 말이 근거가 없거든 전하지 말라. • 벽에 기대어 앉지 말고, 다리 뻗고 앉지 말며, 걸터 앉지 말며, 마룻가에 앉지 말라. • 앉아서 높은 데 있는 물건을 내리지 말며, 서서 땅의 물건을 집지 말며, 왼쪽의 물건을 잡으려면 오른쪽으로 하지 말며 오른쪽의 물건을 잡으려면 왼손으로 집지 말라. • 어깨만 돌려 뒤돌아보지 말고 산달이 되거든 머리를 감지 말라. • 잘 때 엎드려 자지 말며 누울 때 송장처럼 눕지 말며, 꼬부리고 자지 말라. • 문틈에 얼굴을 대거나 옷을 벗은 채 자지 말며 산달에는 옷을 쌓아 곁에 놓고, 하룻밤의 반은 왼쪽으로 기대어 자고 하룻밤의 반은 오른쪽에 기대어 자도록 한다. • 옷을 너무 덥게 입지 말라. • 밥을 배부르게 먹지 말라. • 지나치게 성내어 기운을 쓰거나 애태우지 말라. • 많이 자거나 오래 누워 있지 말고, 때때로 거닐어라.	• 임부 언행의 중요성 강조 • 임부의 婦德강조 • 順理的 몸가짐과 마음가짐 강조 • 衣·食의 절제 강조 • 적당한 운동 권장

구 분	내 용	특 징
가족·친지의 영향	· 온 집안사람들이 항상 조심하고 삼가도록 한다. · 임부에게 화난 일, 흉한 일, 난처한 일, 급한 일은 알리지 않는다. · 벗과 오래 같이 지내면 그 말투와 행동을 따라 배울 수 있다. · 항상 선한 마음 가진 이를 임부 곁에 두고 기거를 도와주도록 한다. · 임부의 마음과 뜻을 기쁘게 하여 모범이 될 만한 말이나 일은 늘 귀에 떠나지 않도록 한다.	· 임부 주변 가족원들 공동의 참여와 노력, 협조를 강조 · 친지들 언행 모방의 가능성 제시 · 모범이 될 만한 친지를 가까이 하도록 훈시
임부의 음식법	· 과일의 외형이 바르지 못한 것, 벌레 먹은 것은 먹지 말고, 썩은 것은 먹지 말라. · 참외와 수박 등 외 종류는 먹지 말라. · 생채의 상추와 배추쌈은 먹지 말고, 찬 음식 쉰밥은 먹지 말라. · 설익은 것 빛이 나쁜 것, 냄새나는 것은 먹지 말고 익지 않은 과실이나 곡식은 먹지 말라. · 잉어와 소의 콩팥, 보리를 먹고, 해삼을 먹고, 새우와 미역을 먹으라.	· 외형이 반듯한 음식법 강조 · 외 종류, 쌈 종류 금지 · 설익은 것, 찬 것, 쉰 것은 금지 · 해산물 종류 권장
임부의 생활환경	· 남쪽에서 태어난 아이는 입이 크고, 너그럽고 어진 일을 좋아하고, 북쪽에서 태어난 아이는 코가 높고 억세어 옳은 일을 좋아한다. · 차고 냉한 곳에 앉거나 자고 눕지 말라. · 더러운 곳에 앉지 말고, 나쁜 냄새를 맡지 말라. · 산이나 들에 가지 말라. · 우물이나 무덤을 들여다보지 말라. · 험한 데 건너지 말라. · 무거운 것을 들고 높은 곳을 오르거나 험한 데 다니지 말라.	· 지역에 따른 외모와 기질의 차이 제시 · 냉한 곳, 더러운 곳, 험한 곳, 흉한 곳은 피할 것
음양과 택일	· 木은 酉에서 胎하였으나 유는 금에 속한 것이라. · 초목들이 자라고 성할 때, 변화함이 원칙이나 그물과 나무가 뻣뻣이 곧게 올라가는 것은 금의 강한 성질이 태 적에 내포되어 있는 연고이며 그런즉 물건들도 태에서 받은 바의 성질을 끝까지 가지고 있음이라. · 잉태되기 쉬운 날로 부인이 경도가 끝난 후 음호에서 금빛색깔이 날 때 · 부부 합방 시 왕상일(旺相日)을 가려야 한다. · 남녀가 합방할 때는 丙日, 丁日, 亥日, 보름, 초하루, 그믐날과 태풍이 불거나 큰비가 오고 깊은 안개가 끼는 날과 아주 춥거나 아주 덥고 천둥 번개에 크게 벼락을 치며 천지가 온통 어둡고 일식하고 월식하며 무지개가 서며 지진 하는 날은 피해야 한다.	· 음양에 따른 태아의 기질 차이 제시 · 잉태되기 쉬운 날, 부부의 기운이 성한 날 등을 제시 · 天의 기운을 중요시 여김

구 분	내 용	특 징

금 기
 	
사 항
	• 눈으로 보아서 안 될 것
	  - 변장한 배우나 난쟁이, 원숭이, 사람들이 희롱하는 모양, 잡담하고 싸우고 다투는 것, 끌고 결박하는 모양
	  - 죽이거나 해치는 일, 모습이 흉한 불구자, 무지개나 벼락 치는 것, 일식과 월식, 별 떨어지는 것, 꼬리 달린 별, 큰물, 큰불, 큰 나무 부러진 것, 집이 무너지는 것
	  - 짐승들이 교미하는 것, 병들고 상한 것, 더럽고 혐오스러운 것
	• 귀로 들어서 안 될 것
	  - 난잡한 음악과 난잡한 노래와 저자거리 잡소리
	  - 여자들 꾸짖는 소리, 술주정꾼의 소리와 분해서 욕설하는 소리, 슬피 우는 소리
		• 보는 법, 듣는 법 금기 외형이 바르지 못한 것, 흉물
		• 혐악한 모습 금기
		• 더러운 모습, 혐오스러운 모습은 금기
		• 난잡한 소리, 슬픈 소리, 욕 소리 등 소리 듣는 법 금기

	• 술, 나귀와 말고기, 비늘 없는 생선, 뱀장어, 엿기름, 달랑이, 비름나물, 메밀과 율무 • 개고기, 토끼고기, 양의 간, 닭고기나 달걀에 찹쌀 섞은 것 • 방게, 오리고기, 그 알, 참새고기 • 홍어, 가오리, 문어, 낙지, 오징어, 가물치, 치골, 꽈리풀뿌리즙	• 음식금기 • 비늘 없는 생선, 쇠고기, 돼지고기를 제외한 육류, 뼈 없는 생선 등 금기
	• 금기할 약물 완청, 반묘, 수질, 망충, 오두, 부자, 천웅, 야갈, 수은 파두, 우슬, 의이인, 오공, 삼릉, 대자석, 완화, 사향, 대극, 사태, 웅황, 자황, 마아초, 망초, 목단피, 계피, 괴화, 흑축, 백축, 조각자, 반하, 남성, 통초, 구맥, 건간, 해각조, 망초, 건칠, 도인, 지담, 모근, 척촉화, 누고, 우황, 여로, 금박, 은박, 호분, 석처그비생선퇴, 용뇌, 우피, 귀전우, 누계, 마력, 의어, 대산, 신곡, 규자, 서각, 대황	• 약물금기
	• 부인 잉태 뒤에 크게 금지할 일은 남편과 잠자리를 함께 하는 일이다. • 임부는 일체 술을 마시는 일 및 술을 약에 타먹는 것을 꺼리고 물에 달여 먹는 약이 좋다. • 부인이 잉태한 뒤에 胎殺이 노는 곳을 피해야 한다.	• 부부 합방금지 • 술 금기 • 태살 주의
	• 집 안이나 혹 방 안에는 목각 · 주물 · 석각의 인물 형상을 두어서는 안 된다. • 벽에는 기괴한 화상을 붙여 두어 임부로 하여금 항상 보이게 해서는 안 된다.	• 잡물금기

둘째, 임부 주변의 환경이 태교에 영향력 있음을 강조하였다.

임부가 있는 가정에서의 가족 구성원들은 임부에 대한 각별한 관심과 배려가 있어야 한다. 임부가 눈으로 보고 듣는 것, 행하는 것 모두 임부 감정의 변화에 심리적 영향력이 있으리라 여겨진다. 친지들의 언행은 임부에게 모방의 가능성이 크므로 모범이 될 만한 친지들을 가까이 하도록 하였던 것이다.

전통사회에서는 임부가 항상 반듯한 음식을 먹고 바른 자리를 가까이 하도록 하여 임부 주변 환경의 중요성을 명시하였는데, 『계녀서』의 '자식 가르치는 도리'편에서도 자식을 배었을 때 잡된 음식을 삼가도록 하였고, 『閨閤叢書』〈胎中將理法〉條에서는 「무거운 것 들고 높은 데 오르며 험한 데 다니지 말고, 높은 뒷간에 오르지 말라.」라고 하였다. 이는 『태교신기』의 내용과 일치한다.

셋째, 하늘의 順理를 따르고 금욕적인 생활을 강조한다.

하늘의 순리와 음양의 이치에 따라 자녀를 잉태하기 위한 부부 합방 시 택일에 대하여 『태교신기』에는 강조하고 있다. 즉 부부 합방 시 달이 차거나 기우는 때, 큰비나 천둥 번개 등 하늘이 노할 때는 금기시하였다.

『增補山林經濟』에는 부녀자의 생리현상과 관련하여 잉태되기 쉬운 시기와 음양 교합 시 꺼리는 날과 좋은 날에 대해 적고 있다.

잉태되기 쉬운 날로 「부인의 경도가 끝나면 곧 깨끗한 면이나 비단등속을 음호(陰戶)에 끼웠다가 빼내어 금색 빛깔이 나는 것이라야 좋은 시기다.」라고 하였고, 「부부가 합방을 하려면 모름지기 왕일(旺日)이나 상일(相日)[2]을 가려서 해야 한다. 그러므로 봄에는 갑일(甲日)과 을일(乙日), 여름에는 병일(丙日)과 정일(丁日), 가을에는 경일(庚日)과 신일(辛日), 겨울에는 임일(壬日)과 계일(癸日) 같은 생기(生氣)가 드는 날 밤에 잉태하면 모두 아들을 낳게 되는데 반드시 오래 살고 어질며 총명하다.」(가정편(하)

---

2) 왕상(旺相): 음양가에서 이르는 그 기가 왕성한 것을 말함.

求嗣條)라고 하였으며, 또한 일년 12개월 중 길한 별이 드는 날(吉宿日)과 다달이 길한 별이 드는 날을 분류하여 설명하고 있다.

또한 「무릇 남녀가 합방할 때는 마땅히 丙日, 丁日 및 弦日, 보름, 초하루, 그믐날과 태풍이 불거나 큰비가 오고 깊은 안개가 끼는 날과 아주 춥거나 아주 덥고 천둥 번개에 크게 벼락을 치며 천지가 온통 어둡고 일식하고 월식하며 무지개가 서며 지진 하는 날은 피해야 한다. 만일 이런 날 합방을 하면 사람의 정신이 손상되어 좋지 않다. 그리고 남자에게 손해되는 것은 백배나 되고 여자도 병을 얻게 된다. 그뿐만 아니라 자식을 두면 반드시 간질병이 있거나 사납고 어리석거나 벙어리, 귀머거리가 되거나 사팔뜨기가 되며 병이 많아 명이 짧거나 불효하고 不仁하게 된다…… 부부가 대낮에 합방하는 것은 상서롭지 못하다.」(『增補山林經濟』 가정(하), 求嗣條)라고 하였다.

임부의 보는 법, 듣는 법 등 행동거지에 있어 험악하고 난잡한 것은 가까이 하지 않도록 하고 있으며 입는 법, 먹는 법에 있어서도 절제를 강조하고 있다.

『增補山林經濟』에서 나타난 임신 중 금기한 일로는 「부인이 잉태한 뒤에 크게 금기할 일은 남편과 잠자리를 함께 하는 일이다. 임부는 일체 술을 마시는 일 및 술을 약에 타먹는 것을 꺼리고 물에 달여 먹는 약이 좋다. 부인이 잉태한 뒤에 태살(胎殺)이 노는 곳을 피해야 한다.」라고 하였다. 전통사회에서는 胎殺이라 하여 태를 죽이는 장소와 날이 있다고 믿고 이를 가렸다. 또한 「닭고기 및 계란을 찹쌀밥과 합하여 먹으면 자식에서 촌백충(寸白蟲)이 생기게 되고 거위 고기 및 거위 알을 먹으면 자식을 거꾸로 낳게 되며 심장이 차갑게 된다. 참새고기를 먹으면서 술을 마시면 자식이 음란하면서도 부끄러움이 없게 되고, ……, 생강 싹을 먹으면 자식의 손가락이 많아지고, 율무를 먹으면 태가 떨어지게 되고, 맥아(麥芽)를 먹으면 胎氣가 사라지게 된다. ……」라고 하였다. 그 밖에 금기할 약물은 완청(莞靑),

부자(附子), 사향(麝香), 계피(桂皮) 등 60여 가지가 된다. 홍어, 가오리, 사어(沙魚), 문어, 낙지, 오징어, 가물치, 치골 등 이상한 종류의 고기나 생선 또 메밀, 꽈리 풀의 뿌리 즙 등은 먹어서 안 되고, 집 안이나 혹 방 안에는 목각, 주물, 석각의 인물 형상을 두어서는 안 되며, 또 벽에는 기괴한 화상을 붙여두어 잉부로 하여금 항상 보이게 해서는 안 되는 등 세속에서 금기하는 잡물과 음식에 대해 적고 있다. 『閨閣叢書』靑囊訣에서도 飮食禁忌와 藥物禁忌, 胎敎禁忌에 관한 내용을 자세히 적고 있다. 음식금기, 약물금기, 태살금기의 내용은 전반적으로 『胎敎新記』와 유사하다. 즉 임부가 먹지 말아야 할 음식금기, 약물금기, 술금기 등에 대하여 적고 있다. 그 밖에 태를 죽이는 장소와 때를 가려 이를 경계하도록 하였으며 인물, 화상 등을 임부 가까이 두고 보지 않도록 하였다.

넷째, 임신 중에는 임부와 태아가 하나임을 강조한다. 이는 임부의 마음가짐, 행동, 언어 등 모든 생활규범이 태아에게 직·간접적으로 영향을 준다는 관념적 사고에서 비롯된다.

따라서 『胎敎新記』에는 훌륭하고 총명한 아기를 낳기 위하여 임부에게는 다음과 같은 제한적 요인이 있음을 시사하고 있다.

① 임부의 정신적 요인이다

임부의 정신적 안정과 평안함을 유지하는 것은 태교의 본질적 사항이다. 정신적 안정감은 곧 임부의 婦德과도 관련이 깊다. 임부 스스로 마음과 감정을 다스리려는 노력이 무엇보다 필요하다.

② 임부의 행동적 요인이다

임부는 기본적으로 옳고 바른 것을 추구하며 그 몸가짐과 언어, 행동이 순화되고 삼가는 자세가 요구된다. 또한 지나치지도 모자라지도 않는 절제된 생활과 행위가 중요하다.

③ 임부의 환경적 요인이다

환경적 요인은 크게 인적 환경요인과 물리적 환경요인으로 구분하여 볼 수 있다.

인적 환경요인이란 바른 태교를 실행하기 위한 가족원의 협조와 노력이 필요하다는 것이다. 따라서 주변 사람들의 행동에는 임부를 의식한 배려가 절실히 요구되며, 특히 아비 될 사람으로서의 남편의 관심과 도움이 매우 중요하다.

물리적 환경요인이란 임신 중 금기시되는 음식, 약물, 술, 잡물 등을 가까이 하지 않으며 절제해야 함을 말한다. 또한 태어난 지역에 따른 인간의 외모나 기질, 음양이치에 따른 인간의 기질에 관한 내용은 태내 환경이 인간의 선천적 인성에 영향을 주리라 여겨지는 내용이다.

Ⅲ. 전통사회 태교의 원리

전통사회 태교의 근본사상은 지극한 인간존중이었다. 선조들은 태중의 아기와 어미는 한 몸으로 연결되어 있는 만큼 동일한 신체의 氣와 영향을 받는다고 믿었으며, 어미의 자세가 바르고 단정해야만 태아가 반듯한 성품을 가지고 태어난다고 여겼다.

『胎敎新記』에 나타난 전통사회 태교는 어미의 태교 못지않게 아비의 태교도 매우 중요시되었음을 엿볼 수 있다. 전통사회의 가정에선 남성들도 엄격한 부모 됨의 교육과정을 거치도록 하였으며 이러한 과정을 통해 장차 태어날 아기에 대한 소망과 아비로서의 자세를 끊임없이 훈계하였던 것으로 여겨진다. 이와 같이 아비가 되는 것 또한 쉬운 일이 아니었다. 남편을 중심으로 임부 주변 사람이 태아 교육에 중요하다고 여겨, 모범이 될 만한 사람을 가까이 하도록 하고, 합방 시 택일이나 임부의 몸가짐에 있어 때와 장소를 가린 것은 전통사회 태교에서 빠지지 않는 부분이다.

초자연적 환경에 순응하려는 태도와 생활 주변 행동거지에 관한 금기와 주의사항은 이와 같은 환경이 임부의 심리적 측면에 직접적으로 많은 영향을 끼칠 수 있다고 생각한 것에서 비롯된다. 따라서 임부에게 금기되었던 음식, 술, 약물, 잡물 등은 당시 과학적으로 전혀 근거를 밝혀내지 못한 상황에서 엄격히 훈시하였던 것은 그만큼 바르고 정갈한 것을 추구하려는 정신적 자세를 가르친 것이라 생각한다.

사람의 성품은 후천적 환경에 의해 형성되기도 하지만 타고난 본래의 성품은 한 인간의 기질 형성에 지대한 영향을 준다고 생각할 때, 전통사회에서는 혼인한 남녀에게 잉태 이전에 부모 됨의 교육을 강조하였던 것이다. 또한 아기의 존재를 우주 만물의 조화로운 관계 속에서 형성되는 인격체로 해석함으로써 보다 폭 넓고 깊은 사랑의 방법을 제시하고 있다.

본 연구는 『태교신기』를 중심으로 전통사회 태교를 고찰하는 과정에서 현대사회에서 적용할 만한 조사나 과학적 자료 제시는 배제하였다. 다만 문헌에서 강조하였던 임부의 실천적 태교규범의 원형과 방법론적 원리를 제시하고자 한다.

첫째, 인간에 대한 人和的 원리이다.

인간에 대한 근본적 사랑과 애정을 기본 원리로 하고 있다. 이는 태어나기 전 아기에 대한 애정과 관심, 인격체로서의 존중 등에서 엿볼 수 있다. 따라서 모체와 태아는 태중 10개월 동안 동일시되며 지속적으로 유대관계를 형성한다.

또한 남편을 비롯하여 가족들의 협조가 무엇보다 중요하지만 친지들과도 교육적이고 모범적인 관계형성을 요구한다. 아랫사람을 다스릴 때에는 아낙네로서 婦德을 강조하며, 전체적으로 모든 사람들과 조화를 이루며 상호 호혜적 관계를 갖도록 한다.

둘째, 사물에 대한 順理的 원리이다.

광의로는 하늘과 음양의 이치를 받들고 따르며 협의로는 임부 자신이 사물의 이치에 거스르지 않는 사고와 행동을 요구한다. 즉 하늘의 기운과 부부의 궁합에 따라 합방하는 날을 택하였다. 사고와 행동에 있어서도 자연스러운 태도와 자세를 가지도록 하였다. 이는 임부가 심신을 수양하는 기틀이 되기도 한다.

셋째, 正行의 원리이다.

훌륭하고 총명한 아기를 잉태하고 출산하기 위해 실행해야 하는 실천적 원리로서 옳고 바른 몸가짐과 마음가짐을 갖는 것이다.

따라서 임부는 태교 시 非禮勿視, 非禮勿聽, 非禮勿言, 非禮勿動을 실행하도록 하였다. 반듯한 것을 보고 행함으로써 임부의 정신자세를 가다듬을 수 있도록 지도한 내용이라 할 수 있다.

넷째, 금욕과 절제의 원리이다.

임부는 자신의 감정과 욕구를 다스리며 조절해야 한다. 임부의 임신 중 심성은 태아의 인격형성에 영향을 주며, 임신 중 임부의 衣生活, 食生活을 비롯한 모든 몸가짐은 태아에게 영향력 있는 요인이다. 또한 임신 중 부부의 합방금지나 술과 약물, 음식금기, 잡물금기 등 임부가 행하는 모든 행위의 금욕과 절제를 요구한다.

『胎教新記』를 중심으로 본 전통사회의 태교는 임부를 중심으로 임부와 임부의 환경과의 관계에 역점을 두고 실행되었다고 본다. 따라서 태교규범과 그 방법론적 원리는 현대사회에서 적용 가능한 논리라 사료되며, 불변의 원리가 될 수 있다고 여겨진다.

『태교신기』에서 제시된 전통사회 태교내용을 과학적 자료나 실제 사례연구를 통해 현대적 시각에서 새롭게 조명해 본다면 한국 전통사회에서 강조되었던 태교규범이 더욱 가치 있게 빛을 볼 수 있으리라 생각된다.

제4장 동래 정씨가의 혼례

우리의 선인들은 혼인(婚姻)을 인륜지대사(人倫之大事)라 하여 매우 중요한 의례로 여겼다. 남녀의 정신적, 육체적 결합을 넘어선 '禮'로 보고 혼인의 전 과정에 의미를 부여하고 가치를 두어 그 소중함을 일깨웠다. 과거에는 가문중시, 가계계승, 조상숭배 사상 등 사회적 가치관과 규범 때문에 적령기에 달한 사람이라면 누구나 혼인을 해야 한다는 생각이 진리처럼 받아들여졌다.

사회가 변화하면서 우리의 문화 중 두드러지게 달라진 것이 있다면 혼인에 대한 가치관과 그 행례과정일 것이다. 오늘날 혼례의 형태는 다양해지고 혼인의 의미와 과정도 본질과 동떨어져 간소화되거나 변질되는 경우도 보게 된다. 물질주의적 가치가 크게 작용하면서 전통사회에서 행해졌던 진정한 의미의 혼례모습은 찾아보기 어렵다.

따라서 현재 생존하고 계신 전통사회 사대부가 할머니의 혼례 이야기를 통하여 우리의 혼례문화를 현대적 시각에서 조명해 볼 수 있다.

1. 家 歷

정정완 할머니의 부친이신 위당 정인보 선생님은 東萊 鄭氏 文翼公派 후손으로서 29대손이시다. 동래 정씨는 조선조 5백 년 동안 정승이 모두 열

일곱 분이었고 참판은 수십 명이나 된다. 東萊 鄭氏 文翼公 鄭光弼 (1462～1538년)은 朝鮮 中宗 때 領議政을 지내셨고, 손자 惟吉(1515～1588년)은 대제학과 좌의정에 오르는 등 문익공파에서만 열세 분의 정승이 나온 명문 士大夫家이다.

정인보 선생님은 외아들이시며 백부출계를 하신 분이었다. 정정완 할머니의 어머니는 서울의 성(창녕 성씨) 참판 댁 셋째 따님 성계숙 여사이신데 할머니를 낳으시고는 돌아가셨다. 정정완 할머니는 계축년(1913) 음력 구월 초엿새에 서울에서 태어나 회현동에서 사시었고 17세에 창성동(회동)으로 시집을 가셨다. 시아버지는 전주 이씨 광평대군 19대손으로 독립운동과 사회운동을 하신 松居 李喜鐘 선생이시고, 시어머니는 상산 金씨이시다. 정정완 할머니는 장남인 이규일(李揆一) 씨와 혼인하셨다.

2. 先禮(의혼 - 납채)

1) 定 婚

정인보 선생님과 이희종 선생님과는 각별한 사이셨다. 정인보 선생님은 독립운동차 상해로 떠나실 때 살아서 돌아오실지 모르는 길이었기에 평소 존장이자 친구이신 이희종 선생님께 연만하신 부모님과 가족을 부탁드렸다. 그리고 그때 정인보 선생님께선 만약 이희종 선생님 댁에 아들이 태어난다면 정인보 선생님 따님과 혼인을 하자고 하셨다. 이렇게 하여 정정완 할머니는 정인보 선생님의 친구이신 이희종 선생님 댁의 아드님과 지복혼을 약속하시게 되었다. 시어머니께서는 정혼한 규수(정정완 할머니)에게 매해 설이나 추석에 선물을 보내곤 하셨다.

2) 四 柱

혼인기일이 임박하여 이희종 선생님 댁은 정인보 선생님 댁에 사주를 보내셨다. 사주는 다섯 칸으로 접은 간지 중앙에 신랑의 생년월일시를 적었다. 봉투 뒷면 右측에 四柱라 썼고 싸리가지를 반으로 내어 단자를 그 사이에 끼워 홍색 명주 타래실로 그 아래를 묶고 그 나머지를 끌어 올려 상단에 묶은 후 다홍 겹보로 싸서 근봉(謹封)하여 보내졌다.

동래 정씨가의 사주

✼ 한국전통생활문화학회 전시자료, 2000 ✼

3) 涓 吉

신랑의 나이 15세, 신부의 나이 17세에 신부 집에서 택일을 하여 연길단자를 보내셨다. 간지는 다섯 칸을 접은 중앙에 「奠雁 5月 14日」이라 쓰고 그 옆에 나란히 「納幣同日先行(납폐는 같은 날 먼저 행한다)」이라고 적은 후, 사주단자와 동일한 형태로 봉하고 이를 신랑 집에 보내었다.

4) 納 幣

혼인 날 새벽 신부 집에서는 함을 받았는데, 대청에 상을 놓고 붉은 보를 펴고 봉치떡 시루를 놓은 뒤 함을 그 위에 올려놓았다. 분홍 안팎의 겹

보에 싸인 함은 붉은 벙거지(안울림 벙거지)를 쓴 신랑 집 하인들이 지고
왔다. 그중 함진 아비는 복 있는 사람이라고 했다. 신부의 아버지께서는 함
뚜껑을 손이 들어갈 만큼만 조금 여시고 외면을 하고 맨 위에 들어 있던
검은 보에 싸인 婚書紙를 꺼내어 보셨다. 함 속에는 다홍양단 10마와 비취
색 나는 옥색 양태문 갑사 10마(당시 소론 댁에서는 다홍색과 비취색 나는
옥색을 채단으로 썼음)의 납채가 들어 있었으며, 콩 한 알, 팥 다섯 알, 씨
가 아홉 개 있는 면화 한 송이가 담긴 황낭과 함께 함의 네 귀퉁이에는 붉
은 종이에 싼 마분향이 들어 있었다. 함을 받던 날 신부는 분홍치마에 노
랑저고리를 입고 귀밑머리 차림이었다.

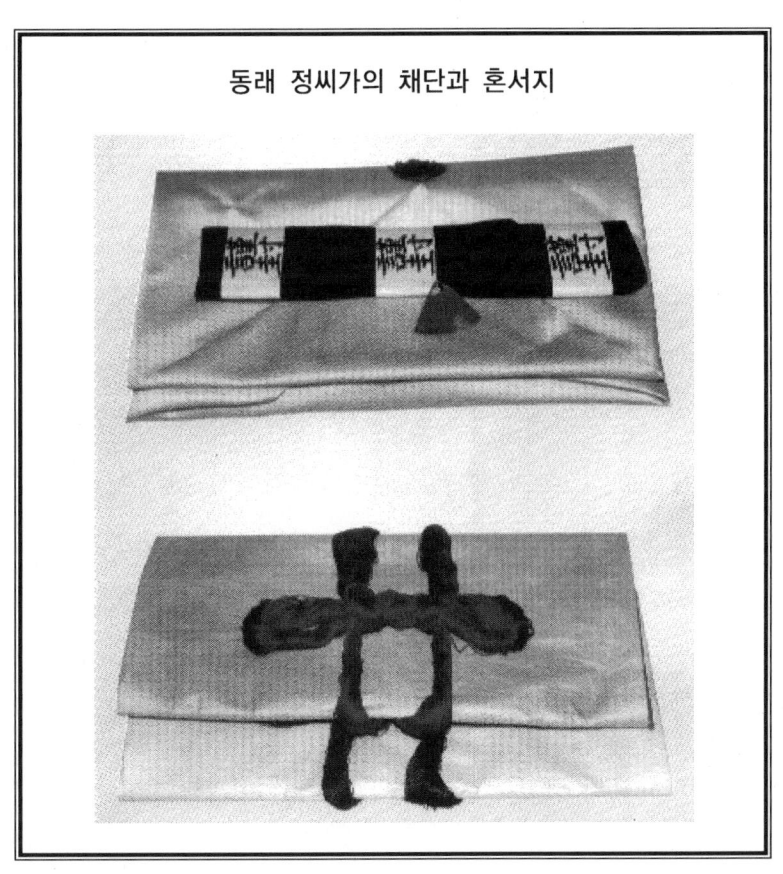

동래 정씨가의 채단과 혼서지

❦ 한국전통생활문화학회 전시자료, 2000 ❦

3. 本禮(혼례식)

1) 혼례식 전

혼례 전날 수모가 와서 이마에 있는 털을 다 뽑고 신부의 머리를 새앙머리로 해 주고 성장(화장)시켰다. 수모는 초동수모(소론집 수모)로 남치마에 자주저고리를 입고 얹은머리 차림이었다. 수모(2명)는 밑에 있는 사람으로 '곁'(수모 보좌 2명)이라고 하는 수모의 딸이나 며느리 되는 사람이 함께 다녔다. '곁'이는 남치마에 자주고름을 단 엷은 색 연두저고리 혹은 옥색 저고리를 입었으며, 머리는 쪽을 지었다.

혼례 전 신부의 어머니는 함을 받은 봉치떡(찹쌀 두 켜에 밤 1개와 대추 9개를 박음)의 가운데 부분을 신부의 바리뚜껑으로 떠서 신부에게 먹게 하였다. 봉치떡은 집 밖으로 내보내지 않으며, 칼을 대지 않고 잘라 함을 받는 곳에 모인 사람들이 나누어 먹었다.

2) 혼례식

혼례식 날 안부가 목기러기를 들고 앞장을 서고 자색관복을 입은 신랑과 신랑의 외삼촌(신랑과 함께 온 사람을 당시에는 '위요' 혹은 '상객'이라고 함)이 신부 집에 도착하여, 낮 11시경에 혼례를 치렀다. 혼례식장에는 향보석이라는 돗자리를 깔고 혼례상에는 붉은 보(혼인 때 상위에 덮는 것은 모두 홍보)를 펴고 그 위에 달떡 21개(지름 15cm 정도의 찹쌀과 멥쌀을 섞어서 만든 흰색 둥근 절편 모양)를 7개씩 3접시에 나누어 담아 와룡촛대에 홍촉 2개를 놓았다.

신부는 연봉무지기 치마(진분홍색에서 연분홍의 7단으로 물을 들임)를 속에 입고 자주 고름을 단 노랑저고리와 꽃분홍치마에 새앙머리 낭자를 하고 활옷을 입었다.

혼례는 10시경 신부는 외밀로 눈을 붙이고 볼에는 연지를 칠하고, 이마에는 곤지를 종이로 오려붙였다. 이 곤지 종이는 나중에 국수를 넣어 신부가 먹도록 하였다.

혼례식의 절차는 안부가 기러기를 들고 와서 전안상(홍보를 덮은 탁자) 위에 기러기 머리를 왼쪽으로 놓으면 신랑은 두 번 절하였다.

예전에는 산 기러기를 썼으나 할머니의 혼례에서는 목기러기를 썼다.

주례자는 신부 집 집안 어른이 하셨다.

마지막으로 청실, 홍실을 늘인 은잔으로 합근례를 치렀다. 이때 수모는 신랑에게 잔을 건네어 玄酒(정한수)를 마시게 한 후 신부의 입에 잠깐 대었다.

3) 혼례식 후

혼례식 후 신랑, 신부는 방합례라 하여 신랑, 신부가 방에 잠깐 앉아 있다 나왔다.

신랑의 관례 벗김은 바지저고리, 조끼, 마고자, 두루마기, 다음은 옥색 모시도포를 입힌 후 홍색 도홍띠를 매준다. 그 후 대청에는 삼중석을 깔고 신랑을 앉게 한 뒤 큰상을 차려 주었다. 이 큰상은 색지로 싸서 교자에 담아 식지로 덮은 뒤 쪽빛 베보자기로 사서 신랑 집으로 보내졌다.

4. 後 禮

1) 현구고례(見舅姑禮)

같은 城中 안이면 당일 신행을 하므로 신부 집에서 예식이 끝난 뒤 신부는 見舅姑를 하기 위해 폐백을 가지고 신랑과 함께 시댁으로 갔다. 폐백은 대추 한 그릇과 청홍사지를 감은 포 한 그릇으로 각각 연두색 금전지를 단

분홍겹보로 싼 뒤 다시 분홍겹보로 함께 싸서 가져갔다(폐백보자기 3개). 활옷을 입은 신부는 화문석을 펴놓은 신랑 집의 대청에서 시부모님께 각각 한 번씩 절을 하고는 수모가 신부의 손을 거쳐 시아버지께 먼저 대추폐백을 드렸고, 시어머님께는 산포폐백을 드렸다. 見舅姑禮 時 절은 신부가 시어른께 먼저 각각 한 분께 4拜씩 하였으며 시당숙, 시댁 친척 순으로 각각 한 번씩 절을 하고 손아래인 경우에는 먼저 받고 答禮하였다. 신랑은 절을 하지 않고 아버지 옆에 서 있었다. 절을 받은 분들은 신부에게 돈이나 폐물을 주는 일은 절대 없었다.

신부의 귀밑머리 · 새앙머리 · 낭자머리

❧ 한국전통생활문화학회 전시자료, 2000 ❧

2) 관례 벗김

見舅姑禮를 마치고 나서 신랑 집에서도 신부의 관례 벗김을 해 주었다. 시어머니는 며느리의 머리를 양쪽으로 가르고 두 가닥으로 땋아 끝을 한데 모아 쪽을 지고 낭자머리를 해 주었다. 그러고 나서 신부는 시어머니가 해 주신 다홍치마와 삼작저고리(흰 거들지가 달린 당코 깃에 연두곁마기 · 노랑저고리 · 분홍저고리와 모시 분홍속적삼)의 녹의홍상으로 갈아입었다. 이 세 가지 저고리 중 노랑저고리 위에 연두곁마기를 많이 입었다. 시어머니께서는 속 노리개, 겉 노리개를 채워주시고 큰상을 차려 주셨으며 상차림 음식은 분홍색, 옥색 종이로 싸서 교자에 담아 식지를 덮고 쪽빛 베보자기로 싸서 신부 집으로 보내졌다. 신부는 신랑과 함께 친정으로 되돌아가서 신랑, 신부 첫날 저녁상으로 흰 찰밥과 미역국, 팥밥과 곰국의 7첩 반상(형편에 따라 5첩 반상을 하기도 한다) 받고 합례를 치렀다. 예전엔 부부간에 겸상을 하는 법이 아니었으나 이날만은 겸상이 허락되었다.

3) 신 행

그 다음날 신부는 시댁으로 들어갔는데, 당시에는 친정에서 지내고 시댁으로 들어가는 것을 '풀베기'(물보기)라고 하였다. 시댁에 들어간 신부는 최소한 사흘 동안은 부엌에 들어가지 못했다. 수모는 1주일 정도 함께 있으면서 문안인사를 도왔다.

신부는 안방에서 기침소리가 나시기 전에 아침 일찍 세수하고 수모가 단장을 시켜주면 준비하고 있다가 문안인사를 드렸다. 조석 문안인사는 시부모께서 그만하라고 하실 때까지 한다.

한편 친정에서는 3~4일간 젊은 하인을 시댁으로 보내 아침 문안인사를 드렸다. 문안인사를 드리러 온 하인이 "문안드립니다."라고 하면, 시어른께서는 "별일 없다."고 말씀해 주셨다. 시어른은 친정에서 문안드리러 온 사람에게 돈을 주어 보냈다.

4) 혼 수

신부가 시댁에 가면서 가져간 혼수로는 옥색모시를 두들겨 명주 안을 받쳐 만든 천담복, 겉옷보다 숫자가 많은 속옷과 버선, 반상기, 수젓집 등이었다. 혼수 중 효도로 준비한 것은 각각 붉은 실로 「百」 또는 「八十」이라 수를 놓았고, 본인이 입을 옷은 붉은색 꽃표로 징겄다. 혼수는 얌전한 보자기에 싸서 많은 하인들이 이고 갔다. 별도로 솜 받침이 곁들어진 요강과 대야는 어른이 안 계실 때 뒷문으로 아랫사람이 들여갔다. 반짇고리는 후에 가져갔다. 신부가 시어른들께 드리는 효도는 따로 없었고 주로 버선이었으며, 다만 신부가 수를 놓아 시어머니께 수주머니와 허리띠를 해 드렸다. 혼인 후 시부모님 첫 생신 때에는 친정에서 옷과 음식을 해 드렸다. 장롱은 시댁에서 예물로 해 주신 것도 있고, 색시가 시댁에 갈 때 가져가는 것이 아니라 친정에서 해 주신 것을 미리 가져다 놓았다.

시댁에서는 혼인 후에 자장궤를 신부에게 주셨으며 그 안에는 낭자·비녀·서복잠·봉잠·제사 때 쓰는 흑각·장포 잠과 화잠·접잠·속 노리개와 겉 노리개·족두리·제사용 민족두리 등이 들어 있었다.

忌日이면 아침 일찍 천담복을 입고 문안을 드린 후, 종일 입고 있다가 그 이튿날 오후 세 시가 지나야 그 옷을 벗었다.

그 후 양가의 어머니는 서신을 교환하여 사돈지를 주고받으면서 서로에 대한 안부를 묻곤 하셨다.

-<사돈지>딸 시집보낼 때 -

사돈 상장

절기 ○○하온데 댁내 평안하십니까
서랑을 보오니 극거하고 준수해서 내 소망이 넘쳐 기쁜 마음 이루 말할 수 없습니다.
자제님을 훌륭히 두셔서 우리 집안의 경사와 영광을 주시니 무어라 다 적을 수가 없습니다.
가르치지도 못하고 미거한 여식을 존문에 보내오니 널리 양해하시고 만사를 덮어 주시기 바랍니다.
이곳 마음은 동등하기 비할 바 없습니다. 이만 줄입니다.

                                        사돈 상장

제5장 수연례(壽宴禮)의 변천

유교적 이념이 강조되었던 조선조에는 의례가 인본(人本)의 중심으로 가
정생활의 규범과 질서를 조절해 가는 구심점이 되었다. 충효사상은 모든
의례과정에 내재되어 한국인의 정신세계를 구축해 갔으며 그 행례를 이끌
어 가는 디딤돌이 되었다. 수연례도 효(孝)라는 광의의 개념 속에 자리 잡
으며 인간의 수명이 과거보다 긴 오늘날에도 지속적으로 발전되어 왔다.

I. 수연례의 의미

수연(壽宴)이란 60세 이후 어른의 큰 생신에 자손들이 상을 차려드리고
축수(祝壽)를 비는 의식으로 과거에는 헌수가장례(獻壽家長禮)라 하였다.
수연(壽宴)은 회갑(回甲), 진갑(進甲), 칠순, 팔순 등에 베푸는 잔치로서 연
희의 연(宴)자를 쓰기도 하지만 대자리 연(筵)을 쓰기도 하는 것은 그 연회
를 높이는 뜻과 자리를 깔고 특별히 상을 올린다는 의미가 더해진 것이다.
60세 이후 생신이라 함은 육순(六旬), 회갑(回甲), 진갑(進甲), 칠순·고
희(古稀), 희수(喜壽), 팔순(八旬), 미수(米壽), 구순(九旬), 백수(白壽) 등
이 포함된다. 그러나 회갑을 수연례와 혼용해서 쓰는 경우가 많은데, 회갑
이라 함은 만 60세가 되는 생일을 맞이하여 자신이 태어난 간지(干支)로

되돌아 왔다는 뜻이다. 회갑을 환갑(還甲)이라고도 하는 것은 이때부터 새로운 인생의 출발을 의미하기 때문이다.

또한 회갑은 화갑(華甲)이라고도 하는데, 화(華)라는 글자에 61의 숫자가 들어 있다고 하여 붙여졌다고도 하고 회춘하여 "꽃이 핀다"는 뜻을 담고 있기도 하다.(이이화, 2001)

한편 칠순을 고희(古稀)라 하는 것은 두보의 시 "인생칠십고래희(人生七十古來稀)"라는 말에서 유래한다. 즉 인간이 70세까지 사는 일이 드물다는 뜻이다. 이때에는 오래 사는 동물인 거북 등 십장생(十長生)을 병풍에 그려 올리기도 하였다. 고희연을 지낸 뒤에는 평상의 생일잔치로 축수하다가 77세를 맞이하면 희수연(喜壽宴)을 올리고 88세를 맞이하면 미수연(米壽宴)을 올린다. 희수연과 미수연은 일본의 풍습을 본받은 것(이이화, 2001)이라 한다.

우리 선조들은 집안 부모님이나 어른들의 장수를 축하하기 위해 잔치를 베풀었는데, 원래 수연의 풍습이 생길 때 인간의 수명은 길지 않았다. 조선 시대만 해도 평균 수명이 35세 정도였기 때문에 60세를 넘기는 일은 크게 복 받은 일이라고 여겼다.(김용덕, 1994)

Ⅱ. 수연례 행례의 본질

1) 수연 상차림

수연상은 일명 큰상이라 일컫는데, 부모의 60세 이후 생신을 맞이하여 자식들이 그 은혜에 감사하며 장수를 기원하는 뜻에서 차려드리는 상이다. 수연에 차리는 큰상은 음식을 높이 고이므로 고배상(高排床)이라 하고 또는 그 자리에서 먹지 않고 바라만 본다고 하여 망상(望床)이라고도 한다. 수연상에 차리는 음식의 종류나 품수, 높이 등에 관한 규정은 없으며 각

음식의 위치도 정해져 있지 않다. 다만 각 가정의 형편에 따라 품수나 높이를 정하여 차렸을 뿐이다.(황혜성 외, 1998) 수연례에는 기본적으로 큰상을 마련하고 옆에 따로 곁상으로 임매상, 즉 장국상이 따른다. 음식의 가짓수와 음식을 괴는 높이의 치수는 기수로써 5치, 7치, 1자 3치, 1자 5치 등으로 하는데 한 자(尺)가 넘으면 큰상이라 한다. 수연에 큰상을 드리는 것은 자손의 효심을 나타내고 부모님의 은공에 보답하는 것이라고 한다.

음식을 높이 고여 올리는 '큰상'의 양식이 정착된 것은 조선 시대이다. 『星湖僿說』油蜜果條에서 「처음에는 蜜과 麵으로 과품(果品)의 모양을 만들어 조과(造菓)라 하였다. 후에 그 모양이 둥글게 된 것은 높이 굄(괴임새)을 할 때 불편함을 느껴 모나게 자르기로 한 것이다.」라고 기술하고 있다.(윤서석, 1982)

수연상의 기본음식으로 교자상에 건과(밤, 대추, 호도, 잣, 은행 등), 생과(사과, 배, 감, 귤 등), 다식(흑임자, 송화, 녹말다식 등), 유과(약과, 매작과, 연사, 강정 등), 당속(팔도당, 졸병, 옥춘 등), 편(색떡, 승검초떡, 주악 등), 포(어포, 육포, 건문어 등), 정과(청매정과, 연근정과, 유자정과 등), 적(쇠고기적, 닭적, 화양적 등), 전(생선전, 갈납, 고기전 등), 초(홍합초, 전복초 등)가 오르고 곁상에는 면(麵), 신선로(神仙爐), 편육, 식혜, 나박김치, 초간장, 화채, 구이 편청 등을 놓는다.

이와 같은 상차림은 서울을 중심으로 한 것이고 수연 상차림은 지리학적 여건에 따라 조금씩 차이가 있다. 지역별 상차림을 보면 다음과 같다.(이영인, 1993)

충청도에서는 회갑을 비롯한 특별한 상차림으로 각종 생과일, 유과, 강정, 다식, 실백, 호도, 생률, 대추, 곶감, 당속, 전과, 편, 적, 포 등을 모두 높이 고인다. 실백을 고일 때에는 잣에 물을 들여 축하의 글자인 수(壽), 복(福) 등을 쓴다. 높이 고인 상 앞쪽에 장국상을 차려 온면, 찜, 전, 편육 등을 차린다.

전라도의 큰상음식에는 마른 문어나 오징어를 오려 장식용으로 화려하게 만들어 놓는다. 경상도에서는 과일, 과자, 육류, 각색 편, 약밥 등을 차리고 그 밖에 족편, 식혜, 잡채, 술 등으로 대접한다.

평안도의 큰상에 약과는 10cm 사방의 크기로 만들고 떡(절편)도 20~30cm 크기로 만들어 고이고 그 위에 조화를 장식하여 상 양옆에 놓는다.

함경도 지방의 경우 귀주 떡, 절편, 인절미 등을 크게 만들어 수북하게 고인다. 돼지고기 삶은 것, 쇠고기 삶은 것, 생선을 반쯤 말려 굽거나 찐 것도 쓴다. 과일과 과증 등을 높이 고여 담아 큰상을 꾸민다.

한편 회갑에는 '수여남산지고(壽如南山之高)'라고 써서 잔칫상에 붙이기 도 한다.(이차숙, 1993) 이는 남산이 높은 것만큼 장수하시기를 기원하는 글귀이다.

2) 수연 옷차림

회갑 때는 벼슬이 있는 남자는 관복을 입고, 벼슬이 없는 사람은 도포나 두루마기에 갓을 쓴다. 여자는 소색 길 바탕에 자주 삼회장저고리와 남치 마를 입었다.(한국복식 2천년, 2000) 남편과 아들이 있는 여성은 다복(多福)한 사람으로 회갑에 남 끝동 남치마에 자주고름의 회장저고리를 입었던 것이다.

회갑의 복식에 특별한 규정은 없으나 자식들이 부모님을 호사시켜 드리 는 것을 효도라고 생각하여 음식상과 더불어 새 옷을 마련하여 드렸다. 남 자는 바지, 저고리, 조끼, 마고자 위에 두루마기 등을 입고 갓을 쓰며 집안 에 따라서는 도포를 입기도 하는데 상을 받기 전에 입었다가 상을 받으면 벗는다. 여자는 치마저고리에 족두리와 원삼까지 갖추는 경우도 있지만 보 통은 새로 장만한 치마, 저고리를 착용한다. 자식들 역시 한복을 갖추어 입 기도 한다.(이은주, 1995)

회갑인의 부모가 살아 계신다면 색동옷에 타래버선을 신고 부모께 잔을 올리기도 하고(안혜숙, 2002) 색동저고리와 홍색 띠를 두르고 절을 하기도 하였는데, 이는 중국 초나라에 노래자(老萊子)라는 사람이 73세의 나이에도 불구하고 부모를 즐겁게 하기 위해서 어린아이의 옷을 입고 어린아이처럼 춤을 추고(彩衣舞) 어리광을 부려 부모를 즐겁게 해 준 데에서 유래한 풍습이라고도 한다.(최종호, 1998) 색동저고리와 홍색 띠는 새로운 탄생의 삶을 상징하여 자시가 태어난 갑자년(甲子年, 즉 재갑자(再甲子))에 치르는 것이므로 갓난아이 때와 같은 형편이 되었기 때문이다. 이와 관련하여 조효순(1986)은 회갑에는 채색 옷을 입는다고 하였다.

3) 수연례의 절차

회갑을 맞은 당사자가 자녀들로부터 헌수잔(獻壽盞)을 받기 전에 가족들과 함께 사당(祠堂)에 음식을 진설하고 분향재배하고 잔을 올리고 다시 재배(再拜)하는 예가 있었으나 지금에 와서는 사당이 없기 때문에 허위(虛位)를 모시고 사당차례와 같은 절차로 단잔(單盞)을 올리고 회갑을 맞이하였음을 조상께 고하는 것이다.(유덕선, 1996)

과거에는 환갑을 며칠 앞두고 수연시(壽宴詩)의 운자(韻字)를 내어 친척이나 친지에게 알려 시를 짓게 하고 잔칫날은 시를 발표하면서 흥을 돋웠으며 시를 모아 수연시첩(壽宴詩帖)을 만들어 자손 대대로 전하기도 하였다.(두산동아대백과, 1999)

수연례에는 거문고, 가야금, 향비파, 북, 장구, 해금, 피리, 태평소 등의 삼현육각(三絃六角)이 연주되며 수연 당사자는 새로 지어 입은 옷을 입고 정해진 자리에 앉는다. 자손들이 어른에게 술을 올리는 것을 헌수라고 하는데, 헌수의 절차를 보면(김득중, 1997) 남자 어른은 큰아들의 인도를 받아 큰상의 동쪽에, 여자어른은 큰며느리의 인도를 받아 큰상의 서쪽으로 돌아 각기 정한 자리에 앉는다. 어른과 자손들이 각기 정한 자리에 앉으면 모든 자손이 남자는 재배, 여자는 4배를 올린다. 큰아들 내외부터 어른께 술잔을 올리고 남자는 재배, 여자는 4배로 절을 한 후 만수무강을 비는 축수(祝

壽)를 한다. 이어서 차남 내외, 딸 내외, 동생, 조카, 기타의 순으로 큰아들 내외가 하듯이 헌수(獻壽)한다.

Ⅲ. 수연례 발달의 배경

수연례는 노인을 공경하고 받드는 경로의식(敬老意識)에서 비롯되었다고 볼 수 있다. 경로의 의식은 고대로부터 있어 온 것으로 신라 유리 왕 5년 늙은 홀아비와 과부, 자식 없는 노인, 스스로 생계를 꾸려 나갈 수 없는 노인들에게 생활을 해 나가는 데 필요로 하는 물자를 하사(『三國史記』新羅 儒理王 5년, 鰥寡孤獨老病不能自活者 賑給)해 준 것이 그 시작이라 할 수 있다.

고구려의 태조도 늙은 홀아비와 과부, 자식 없는 노인, 경제력 없는 노인에게 의식(衣食)을 지급했다는 기록이 있다. 백제의 비류왕도 불우한 노인들을 대상으로 하는 구빈정책을 실시했음이 문헌비고(文獻備考)에 기록되어 있다.(한국 효행실록, 1999) 또한 삼국사기(三國史記)에 보면 신라 눌지왕(訥祗王)은 남당(南堂)에 노인을 불러 양노연(養老宴)을 베풀어 주고 곡식과 옷감을 하사했다는 기록은 국가적 차원에서의 경로의식이라 할 수 있다. 이후 노인을 존경하며 잔치를 베푸는 양노연 제도는 고려 시대 이후 더욱 발전하였다.

고려사 지권(高麗史 志券)에 보면 고려 때에는 60세 이상의 노인에게는 역력(力役)을 면제하는 제도가 있었고 노인들을 우대하여 특전을 제공하였다. 80세 이상의 노인을 궁중에 초청하여 양노연을 베푸는 제도, 70세 이상의 노인에게는 시정(侍丁)을 가질 수 있도록 하는 제도가 발전된 것도 이때부터이다.(한국효행실록, 1999)

이와 같은 노인 우대제도는 조선 시대로 넘어오면서 경로례(敬老禮)라하여 나이 많은 사람을 공경하여 우대하였다. 국가에서는 80세 이상의 백성에게는 1자급(資級)을, 90세 이상에게는 2자급(資級)을, 100세 이상에게 는 3자급(資級)을 올려 주고 80세 이상 천인에게는 천역(賤役)을 면제하였 다.(한국민속대사전1. 1991)

경로례의 일환으로 양노연 제도는 노인의 지위를 뒷받침하기 위해 국가 적 정책으로 실시되어 세종대왕 때부터 더욱 확대된다. 조선실록(朝鮮實錄 十四年 八月丁酉條)에 의하면 세종대왕 때 이르러서는 남녀의 성별과 신분 의 귀천을 초월하여 연령이 80세를 초과하면 누구나 막론하고 양노연에 초 청되었다. 그리하여 임금은 매년 가을이 되면 근정전(勤政殿)에서 친히 양 노연을 베풀어, 신분의 고하를 막론하고 노령이라는 조건만으로 노인을 존 경하는 시범을 보였다. 또한 지방 관서에서는 양노연을 운영하기 위하여 군현 단위로 양노청(養老廳)이라는 기구를 설치하기도 하였다. 세조 때에 는 양노연 초청 대상 연령이 80세에서 70세 이상으로 내리는 조치가 취해 지기도 했다.(한국 효행실록, 1999)

한편 60세 이상의 관직이 없는 일반 백성들을 위한 국가적 차원의 경로 행사가 양노연이라면 조선조에는 기로소(耆老所)에 든 노인들을 위해 베푸 는 잔치로서 기로연(耆老宴)이 있었다. 기로소는 조선 초기에 태종이 설치 했는데 춘추가 높은 임금이나 실직(實職)에 있는 70세가 넘는 정2품 이상 의 문관들이 모여 놀도록 한 곳이다. 기로소에는 봄·가을 두 차례에 걸쳐 성대한 잔치를 열었다.

기로소에 든 벼슬아치에게는 임금이 특별히 궤장(임금이 국가에 공이 많 은 늙은 대신에게 하사하던 궤와 지팡이)을 하사하고 잔치를 베풀었다. 1668년(현종 9) 임금이 이경석에게 궤장을 내려 주고 궤장연을 베풀 때 내 시 이엽 등 14명이 참석하였다. 임금이 술을 내리고 참석자들이 축하의 시 를 지어 시축을 만들었으며 잔치 장면을 그림으로 그려 보관했다. 추석을 맞이하면 궁중에서 90세 이상의 남녀 노인들을 모시고 경로잔치를 베풀었 으며 수직(壽職: 조선 시대 경로사상의 일환으로 나이 많은 노인에게 주었던 명예직)으로 벼슬을 내려 주기도 하였다. 지방의 수령들도 관비를 내서 해마다 노인들을 모시고 잔치를 베풀었다. 이 자리에 참석한 노인들은 푸 짐한 선물을 받았다. 이러한 의식은 원로를 대우한다는 의미도 있지만 유 교에서 강조하는 경로사상을 따른다는 의미도 담고 있다. 이를 본받아 개 인에게는 고희연(古稀宴)을 베풀었다.(이이화, 2001)

그러므로 양노연 제도가 국가에서 일반 백성에게 베풀어 주는 오늘날의 경로잔치에 근접하다고 한다면 기로연은 임금을 비롯하여 특정 관리들에게 베풀어 주는 의례적 성격을 띤 잔치로 구분될 수 있다. 이와 같은 경로 우 대사상의 제도적 장치가 개인의 의례로서 수연례의 발달을 초래하였다고 볼 수 있다.

Ⅳ. 수연례의 역사적 변천

최남선(1947)은 회갑의 원류와 연원에 대하여 명나라 이후에 성행하기 시작한 甲年崇尙의 풍속에서 비롯되었다고 하였다. 우리나라의 고려 시대 이전에는 60세 이상의 노인들을 대상으로 국가에서 베풀어 주는 제도적 의 미의 양노연이 기록으로 알려져 있을 뿐 개인의 의례로서 수연례에 대한 내용은 알려지지 않고 있다.

1. 고려 시대

고려사의 『갑일축수(甲日祝壽)』라는 기록이 있는 것으로 보아 13C · 14C 이전부터 이미 회갑을 축하였음을 짐작할 수 있을 뿐, 의례로 기념한 것이 언제부터였는지 정확히 알 수는 없다. 개인의 의례로서 임금의 환갑에 대한 언급이 나타난 것은 『고려서』 충렬왕 22년(1296)조에 「왕이 61세를 맞이하였는데 점치는 사람이 환갑은 액기 끼는 해라는 말을 했으니 은혜를 베풀어 죄인을 석방해야 한다.」(時 王年 六十一 術者有 換甲 危年之設 故 推恩 肆宥)라고 하였다. 이와 같은 기록에서 당시 고려사회에서는 환갑이 위년(危年)이라는 인식이 강하여 개인적 의례로서 회갑을 기피하려는 현상이 지배적이었으리라 짐작된다.

그 뒤에도 역대 임금들이 공식적으로 회갑잔치를 치른 일은 없다.(이이화, 2001)

2. 조선 시대

고려 중기(13세기)에 환갑이 위년(危年) 뜻으로 재앙을 쫓고 복을 비는 기록이 보인 이후 오래도록 기록에 보이지 않다가 조선 중기(17세기) 숙종 이후 다른 여러 가지 수연(壽宴)과 함께 자주 환갑이 보이기 시작한다. 연조 이후에는 인생의례로서뿐만 아니라 사건에 대한 기념행사로서 환갑의례를 행하였고 죽은 부모의 갑년(甲年)에 향사(享祀)를 통해서 명복을 빌어드리는 것이 성행하였다.(최남선, 1947) 당시만 해도 환갑까지 장수하는 경우는 매우 드문 일로 돌아가신 부모를 위한 일명 만갑(挽甲)잔치를 하였던 것이다.

실제로 조선조의 역대 임금 가운데 환갑 이상의 수(壽)를 한 임금은 단지 4명뿐(김성배, 1980)으로 나라에서는 장수하는 사람에게 가선대부 등의 벼슬을 내렸다(김용덕, 1994) 한다.

조선조 수연에 대한 기록은 숙종 연간에 와서 주갑을 칭송하는 축하의 글과 시가 나타난 이후 영조 연간에 회갑잔치를 성대하게 치르는 의식이 시작되었다.(이이화, 2001) 『증보문헌비고(增補文獻備考)』 卷 75 禮考10 「賀禮」 篇에 「(英祖)23년 대비전 周甲에 하례(賀禮)를 베풀어 올리고 백관을 거느리고 친히 나아가 축하와 공덕을 찬양하는 글을 올리고 안팎으로 예를 행하여 인정전 계단에 백관을 오르게 하였으며 대비전에 하례를 드렸다.」 (二十三年 大妃殿 周甲 上行陳 賀禮 上率 百官親進箋文致詞 表裏行禮丁 仁政殿階上 百官 又 陳賀于大妃殿) 하였다. 또한 같은 책 예고(禮考) 10「賀禮」篇에 「(英祖) 30년에 회갑이 되어 탄일을 축하한다.」(三十年停 回甲誕日賀)는 기록이 있어 환갑(換甲), 주갑(周甲), 회갑(回甲)은 일찍이 혼용되고 있었으며, 회갑을 비롯한 수연례가 본격적으로 발달하기 시작한 것은 영조 이후부터로 보인다.

이후 조선 시대 말경 개인의 문집에서 수연례의 기록을 찾아볼 수 있었다. 심석제(心石濟)[3]의 『사례축식(四禮祝式)』(1894년 고종 30)을 비롯하여 우덕린(禹德麟)의 『이례연집(二禮演輯)』(1926). 이항익의 『백례축집(百禮祝輯)』(1929) 등의 문헌에서 헌수가장례(獻壽家長禮)에 관한 기록을 자세히 소개하고 있다.

이 중 우덕린(禹德麟)의 『이례연집(二禮演輯)』(1926)에는 가정의례로서 회갑례와 회혼례를 관혼상제례와 함께 그 의식절차를 처음으로 다루었다. (한국 민족문화대백과 사전, 1997)

조선 시대 말 학자 송병순의 문집인 심석제(心石濟)『사례축식(四禮祝式)』에 나타난 헌수가장례(獻壽家長禮)와 헌수도(獻壽圖)에 대한 기록을 살펴보면 다음과 같다. 「먼저 주인의 자리를 한가운데 마련하고 대장부가 왼쪽인 서쪽에, 부인은 오른쪽인 동쪽에 자리하여 앉고 모두 북쪽으로 향하여 나이 서열에 따라 가장에게 함께 절한다. 자제의 최장자가 가장 앞으로 나아가 서면 나이 어린 한 사람이 술잔을 잡고서 그 왼쪽에 서고 한 사람은 술 주전자를 들고 그 오른쪽에 선다. 장자가 꿇어앉아 술을 올리고 축원하

---

3) 심석제(心石濟): 조선 말기 우국지사이자 학자인 송병순(1839~1912, 헌종 5)의 시문집. 송병순의 호는 심석으로, 그의 시문집 35권 15책을 목활자본으로 1900년 아들(증헌)이 편집, 간행하였는데 이 중 제15권 문집에 사례축식이 포함되어 있다.

기를 「오복(五福)을 갖추시고 가족을 돌보시고 가정을 화목하게 하소서라고 엎드려 빈다. 존장이 마시고 나서 어린 사람에게 술잔과 술 주전자를 주면 옛 자리에 다시 놓는다. 장자가 엎드렸다가 일어나서 뒤로 물러선다. 나이 어린 사람들이 모두 재배한 뒤 존장이 앉기를 명하면 재배하고 앉는다. 존장이 시자(侍者)에게 술잔을 돌리게 하면 나이 어린 사람들은 모두 일어나서 차례대로 서서 재배하고 자리에 앉아 음식을 먹은 후 재배하고 물러난다.」(『四禮祝式』別本禮笏　卷九 「獻壽家長禮」편, 先設主人坐席於正中　大夫虛左西上婦人虛右東上階北向　長幼有序　共拜　家長　子弟最長者一人陳立家長前　幼子一人執盞立　於基左一人　執酒注立　於基右　長者　舵斟酒祝日伏願　備　五福　保族宜家　尊長飮畢援　幼者盞　酒反故處　長者　俛伏興　退興諸卑幼皆再拜　尊長命諸卑幼皆坐皆再拜而坐　尊場命侍者　偏嚼諸卑幼　諸卑幼　皆起序立　皆再拜　就坐飮飮畢　拜退)하며, 헌수도(〈그림1〉)와 함께 수연례의 헌수(獻壽)와 축(祝)을 하는 절차를 상세히 설명하고 있다.

한편 조선 말기 필사본인 『백례축집(百禮祝輯)』 상수의절(上壽儀節)에서도 헌수가장례(獻壽家長禮)와 유사한 기록이 보인다. 「가장이 집 앞에 남쪽의 자리에 앉는다. 항렬이 낮고 어린사람들이 성복을 하고 삭망의 의식 때와 같이 차례대로 선다. 모두 북향으로 일렬로 서서 각각 나이 서열에 따라 재배한다.」(『百禮祝輯』「別本笏記」上壽儀節, 設家長南面之位　於堂上卑幼盛服序立　如朔望之儀　皆北向爲一列　名以長幼爲序) 하였다.

조선중기까지만 해도 임금의 회갑을 축하하는 글과 시로써 성대한 잔치를 베풀었고 이후 사가(私家)에서는 개인의 문집에 나타난 헌수가장례(獻壽家長禮)의 기록을 통해서 볼 수 있었다. 다른 의례와 같이 수연례도 문헌에서 본격적으로 다루기 시작한 시기가 유교적 의례규범이 강조되었던 17세기 이후로 일치되고 있음을 알 수 있다. 또한 문집에 나타난 헌수와 배례의 과정이 오늘날에도 동일하게 시행되고 있음을 볼 수 있다.

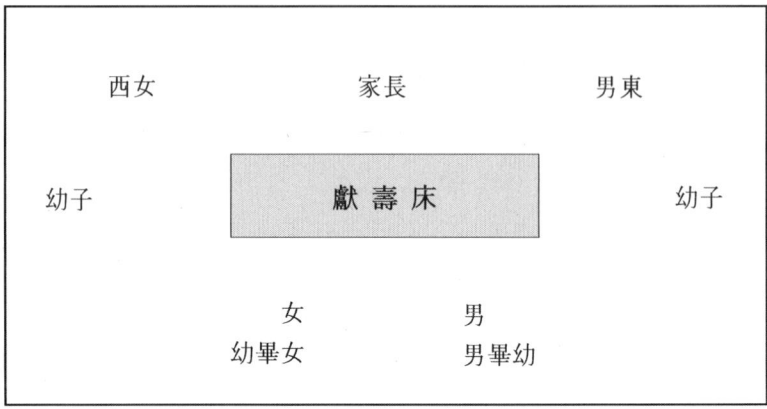

〈그림 1〉 『四禮祝式』의 獻壽圖

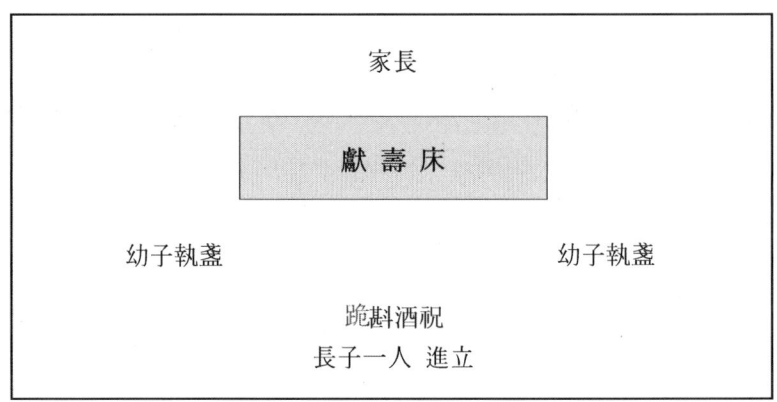

〈그림 2〉 『百禮祝輯』의 獻壽圖

3. 근세 이후

일제 시대인 1934년 조선총독부에 의해 '의례준칙'이 제정 공포되면서 유교적 의례형식에 변화가 있어 혼·상·제례를 비롯한 의례의 간소화가 요구되었다.

일제 말엽 시행되었던 회갑연의 모습을 한 사례조사를 통해 보면 다음과 같다.(홍일식, 1997)「경기도 시흥의 孝(羽溪) 德根 노인의 부친인 李源馨

(작고) 옹의 회갑은 일제 말로 당시 사대부 집안으로 가족상황을 보면 슬하에 5남 2녀를 두었으며 생활은 비교적 여유가 있는 편이었다. 회갑일 아침에 李源馨 옹에게 내의까지 일습(一襲)을 한복으로 해 드리고 신발도 새 것으로 해 드렸다. 자손들도 모두 한복을 입었다. 만일 회갑인이 높은 벼슬을 했을 경우에는 당일만은 정일품의 당상관 복장을 입어도 된다. 아침식사는 여느 때와 같이 가족들과 장만한 음식으로 간단히 드렸다. 큰상 차리는 장소는 대청이었으며 2~3일 전부터 미리 준비를 했다. 이 큰상은 계절이나 집안의 구조에 따라 큰방에서 차릴 수도 있고 마당에 차일(遮日)을 치고 차릴 수도 있다. 큰상 진설시간은 보통 아침을 먹고 이것저것 준비하다 보면 11시경이 된다. 큰상 진설은 교자상 2개에 음식을 가득 차렸고 상의 왼쪽에 작은 상을 붙여놓고 술과 잔을 놓았다. 큰상에 괸 음식의 높이는 사기 제기에다 1尺 2치까지 괴었다. 이같이 괸 이유는 차례 때 묘지기가 조상 묘에 진설(陳設)한 음식의 높이가 1尺 2치 이상이며 이 정도가 되어야만 큰상이라 말할 수 있기 때문이다.

헌수(獻壽)는 큰상 진설이 끝나면 장남 내외부터 차남 내외, 장녀 내외, 차녀 내외, 장손자 등 직계로부터 방계의 순서로 했다. 자손들은 헌수잔을 올리며 각기 재배(再拜)를 올렸다. 인사를 드릴 때마다 불러온 2명의 기생들이 목청을 높여서 헌수가(獻壽歌)를 불렀다. 이 큰상은 헌수가 다 끝난 후에도 오랜 시간 놓아두었다.

만일에 회갑인의 부모가 살아 계시면 그 부모가 먼저 큰상 앞에서 헌수를 받고서 그 뒤에 회갑인이 회갑상을 받게 된다. 회갑인의 동항 형제분들은 큰상 옆에 회갑인과 같은 줄에 앉고 회갑인 부부만이 헌수를 받으며 형제들은 회갑인이 술을 따라준다. 회갑 당사자가 어머니일 때도 아버지부터 헌수를 하며 한쪽 부모만 살아 계실 때 회갑연의 잔은 하나만 놓는다. 큰상을 치운 후에 손님이 오면 사랑에서 술상을 따로 차려 놓고 인사를 받는다.

마침 사대부 집안이었기에 회갑인의 친구들은 온종일 사랑에서 운자(韻

字)를 내어 시(詩)·부(賦)를 주고받으며 즐겼고 동리 사람들은 마당에 차일을 쳐놓고 술대접을 했다. 부조(扶助)는 회갑인의 친척들이 주로 몸에 걸치는 의복 등을 해오며 동리 사람들은 금전보다는 잔치에 필요한 음식을 가지고 왔다. 술은 헌수에 쓸 만큼만 집에서 빚었고 고기는 소머리고 편육을, 소족으로는 편을 떠서 장만했고 잔치는 3일 동안 베풀었다」.

해방 이후 1956년 재건 국민운동본부에서 '표준의례'를 제정하면서 의례과정의 일부가 폐지되었고 이러한 움직임은 1961년 정부 주도의 '의례준칙'을 통해서 거듭나게 되었다. 의례의 간소화를 유도하고자 정부시책이 마련되었으나 수연례는 의례준칙에 포함시키지 않았다. 회갑을 비롯한 수연례는 해방 이후에도 어른의 큰 생신잔치로서 집안잔치이자 동네잔치로 여겨졌다.

1950년대 강원도 인제군의 사례(한국 민속종합조사보고서, 1977)를 보면 「부조는 회갑인의 형이 술 2섬, 소주 2타스, 여동생 두 분이 한복 한 벌씩, 딸(수양딸) 2명이 두루마기와 바지·저고리, 수양아들이 마고자, 질녀가 마고자, 생질이 조끼, 제자들이 주발대접 5벌, 친구들이 주발대접 15벌, 동리 사람들이 현금으로 15만 원 정도 하였다. 축하객은 300명쯤 되었다. 하루치에 술은 2섬, 소주 2타스, 돼지 200근짜리 1마리, 쇠고기 50근을 사용하였다」.

이후 1969년 가정의례준칙에 관한 법률을 제정하여 그 기준을 마련하였으나 일반적으로 지켜지지 않았다. 1973년 '가정의례준칙에 관한 법률'을 '가정의례에 관한 법률'로 개명되다가 1980년 12월 가정의례에 혼·상·제례와 함께 회갑연이 포함되어 허례허식을 금지하는 내용들과 함께 처벌규정도 마련되었다. 종전의 가정의례준칙을 폐지하고 '건정 가정의례에 관한 법률'이 개정되기까지 「회갑연은 가정에서 친척과 친지가 모여 간소하게 하되 지나친 접대는 하지 아니한다.」 하며 지나치게 소비지향적인 회갑연을 경계하고자 그 준거를 마련하였다. 1999년 건전가정의례준칙이 마련되면서 「회갑연 및 고희연 등의 수연례는 가정에서 친척과 친지가 모여 간소하게 한다.」 하며 넓은 의미의 생신인 수연례를 포함시키기에 이르렀다.

이와 같은 사례로 보아 수연례의 잔치는 그 어느 의례 못지않게 성대하게 치러졌음을 볼 수 있다. 따라서 국가에서는 회갑연을 포함한 수연례를 간소하게 지내도록 의례준칙을 마련하여 이를 시행하도록 권장하였던 것이다.

평균 수명이 길어진 오늘날 과거에서와 같이 회갑의 의미가 각별하지는 않지만 생활수준의 향상으로 수연잔치를 성대하게 베푸는 경향은 과거와 별로 달라진 게 없어 보인다.

〈표 1〉각 지방의 회갑(回甲)

구 분	경기도	강원도	충청남도	경상북도	전라북도	제주도
회갑인의 옷	한복일습(一襲), 신발도 새 것으로 신고, 높은 벼슬을 했을 경우 正一品의 堂上官 복장	한복으로 회색 바지, 보라색 덧저고리, 흰 두루마기	한복일습(一襲), 구두, 이불, 요, 반지	도포, 한복, 버선까지 일습(一襲)	한복으로 명주바지, 저고리, 회색두루마기, 호박단 저고리, 치마	바지, 저고리, 두루마기 등 한복 일습과 버선
자손들의 옷	한복	한복	한복	한복	한복	평상복
큰상 진설장소	대청	대청	안방	큰 마루 혹은 마당	마당	큰방 혹은 대청
큰상 진설시간	오전 11시경	집사가 약 3시간에 걸쳐 오전에 준비	오전 10~11시	오전 11~12시	오전 11시경	손님이 모여 들기 전 아침
큰상에 괸 음식의 높이	사기 제기에 1尺 2치	목기에 1尺 3치	목기에 1尺 혹은 1尺 반	유리그릇 평접시 半尺, 1尺 혹은 1尺 반	4~5치 (1尺 2치 혹은 2尺 2치)	목기에 반尺
헌수순서	장남 내외-차남 내외-첫째 딸 내외-둘째 딸 내외-長孫子 등 直系로 부터 傍系의 순으로 再拜	장남 내외 三拜-차남 내외-딸을 대신하여 外孫이 一拜	장남 내외-차남 내외-첫째 딸 내외-둘째 딸 내외-長孫子-長孫女-조카-숙부 내외-친지 등의 순으로 직계인 경우 남자는 再拜, 여자는 四拜, 그 밖에는 單拜	장남-차남-큰며느리-작은며느리-손자-사위-딸 등 有服之親의 순 인사는 單拜, 여자는 큰절	장남 내외 再拜-다른 가족은 모두 單拜 (남자는 再拜, 여자는 四拜)	장남 내외-차남 내외-장녀-차녀의 순으로 인사는 單拜

구 분	경기도	강원도	충청남도	경상북도	전라북도	제주도
회갑인의 부모	그 부모가 먼저 큰상 앞에서 헌수를 받고서 그 뒤에 회갑인이 회갑상을 받음	회갑인이 부모에게 먼저 헌수를 한잔 올리고, 나머지 헌수인은 회갑인에게 먼저 헌수하고 그 다음 회갑인의 부모에게 헌수	회갑인의 상과 차이 없는 상을 차려드리고 회갑인이 먼저 부모에게 헌수한 후에 회갑상을 받음	회갑인의 상과 같도록 차려서 다른 방이나 마루에 모시고 회갑인을 비롯해서 모두가 헌수, 그 다음에 회갑인이 헌수를 받음	회갑상 앞으로 모셔서 먼저 회갑인이 헌수하고 그 후에 회갑인이 큰상을 받음	회갑인 부모에게 먼저 헌수한 다음 회갑인이 헌수를 받음
회갑인의 동항 형제	큰상 옆에 회갑인과 같은 줄에 앉음	회갑인의 좌우에 각각 따로 상을 차림	각각 따로 큰상 옆에 차림 (괸 음식의 높이는 5치정도)	회갑인의 상 오른쪽에 차려놓되 그 규모는 회갑인의 상과 같을 수도 작을 수도 있음	회갑인의 좌우에 앉음	큰상을 따로 차려드림
잔치기간	삼일	하루	이틀	형편에 따라	하루	하루
母親의 회갑	아버지 먼저 헌수	어머니에게 먼저 헌수 후 아버지에게	아버지 먼저 헌수	아버지 먼저 헌수	아버지 먼저 헌수	아버지 먼저 헌수
부모 중 한 분만 살아계신 경우	회갑연의 잔은 하나만 놓음	회갑 잔치는 해 드리나 큰상은 차리지 않음	회갑잔치는 해드리나 수저 하나에 잔 하나만 놓음	큰상은 차리되 수저와 술잔은 1개씩	회갑연은 베풀되 상 위에는 잔을 하나만 놓음	회갑연을 베풂 (단, 회갑인이 부모의 회갑을 베풀어 드리지 못하였을 때는 자신의 회갑 잔치를 자손들에게 받을 수 없음)

*고려대학교 민족문화연구소, 「한국민속대관」, 1982, pp.566-574

V. 산업사회와 수연례

1. 수연례의 현대적 양상

오늘날의 수연은 대부분 자식들이 수연을 맞은 부모의 만수무강을 축원하기 위해 개최하는 것이 보통이지만 때로는 당사자의 친구나 제자들이 베풀기도 한다.

회갑이나 고희를 맞이하면 자녀들은 적당한 날을 잡아 잔치계획을 세우고 미리 친척과 친지에게 초청장을 보낸다. 초청해야 할 분들 중 웃어른에게는 되도록 직접 찾아가서 청한다. 청첩장에는 안부인사와 초대하는 사연을 쓰고 수연의 일시와 장소를 기재한다. 청첩장은 늦어도 일주일 전에 내도록 한다.

회갑연의 경우 식순은 개식 선언, 헌화, 식사, 약력보고, 헌수, 축사, 축가, 답례사, 폐식 선언으로 한다. 제3자가 주최하는 경우는 개식 선언, 발기인 대표축사, 참석자 축사, 기념품 증정, 본인의 답례사, 폐식 선언으로 한다. 또한 참석하는 사람의 복장은 그 축연의 규모나 장소, 개최방식에 맞아야 한다. 회갑 당사자의 집에서 열리는 경우 점잖은 외출복으로 하고 외부 연회장에서 하는 경우에는 남성은 어두운 색 계통의 정장차림이 좋고 여성은 드레시한 원피스나 단색의 한복 등 약식 예복이 좋다.(조선일보사, 1997)

최근 평균 수명이 연장되어 보통 회갑은 살고 생활수준도 높아 회갑을 맞이한 사람도 젊다. 다른 모든 가정의례와 같이 수연례도 가정의례 서비스산업(김인옥, 2002)의 영향으로, 회갑 시 잔치는 생략하고 여행을 가는 경우가 많고 고희연을 성대하게 치르는데 그것도 가정에서 이루어지기보다는 대중음식점 연장을 이용하는 경우가 많다. 회갑의례와 관련하여 박명숙(2002)이 서울시에 거주하는 20대~50대의 485명의 성인들을 대상으로 연구한 바에 의하면, 회갑음식 준비에 대해 43.8%의 응답자가 「회갑연회장에 일체 예약한다.」고 하였고 27.2%는 「전문음식점에 맞춘다.」고 하였다. 따라서 약 70% 이상의 응답자가 외부에서 음식을 대행하여 준비할 것이라고 하였다. 그러나 「집에서 직접 만든다.」고 한 경우도 21.3% 정도가 응답하였다. 응답자들이 주변에서 차려지는 회갑상의 모습에 대해 51.1%가 「형식적인 상차림」으로 보고 있고 16.2%의 사람들은 「화려하고 장식이 많은 상차림」이라고 인식하였다. 즉 지금까지 다른 사람들이 차린 상차림에 대해 형식적이고 겉치레가 많은 상차림이라는 부정적 견해가 많았다. 따라서 앞으로 회갑상차림은 「간단하고 검소한 상차림」(53.8%)과 「경건하고 기품 있는 상차림」(40.2%)이었으면 좋겠다고 하였다.

따라서 앞으로 전문 음식업체에서의 수연례 행사대행은 더욱 발달하게 될 것이고 이들 대행업체들의 수연례 서비스 프로그램은 다양한 형태로 나타나게 될 것이라고 본다.

2. 수연례 서비스산업

1) 연회 전문 대행업체 이용

최근 주거환경이 아파트로 바뀌면서 잔치를 할 만한 넓은 공간을 필요로 하고 있으며, 주부들의 경우 가사노동의 부담을 줄이며 보다 많은 가족과 친지를 대접할 수 있는 소비자적 요구에 의해 이를 대신해 줄 대행업체가 성업 중이다. 이들 대행업체에서는 연회 장소 및 연회에 필요한 일체의 부대시설과 물품을 제공하고 손님접대 시 품앗이 서비스를 하고 있으며 때에 따라서는 나름대로의 행사진행 프로그램을 가지고 사회자 및 밴드, 국악인 등을 동원한 레크리에이션까지 도맡아 주고 있다. 이들 대행업체들은 소규모의 전문음식점에서 특급호텔에 이르기까지 그 규모와 시설이 천차만별이며 규모에 따른 행사진행 프로그램 및 서비스도 다양하다.

이와 같은 행사진행은 자손들의 가까운 친구나 친지가 해 주기도 하지만 호텔 내에 전문 진행자가 사회를 보기도 한다. 행사진행순서를 보면 사회자의 인사말이 있은 후 수연 당사자의 약력소개, 가족소개를 하고 헌주, 축배 후 식사와 여흥의 시간을 갖는다. 그러나 수연례 대행업체들의 인터넷 검색결과(주영애, 2002) 회갑연을 비롯한 오늘날의 수연례는 오직 식사와 여흥 중심의 행사로 진행되고 있음을 볼 수 있었다.

한편 행사 장소에 따른 수연례 상차림 및 손님접대음식마련을 위한 품앗이 서비스의 경제적 비용의 편차가 클 것으로 예상된다. 따라서 서울 소재 연회음식을 전문으로 하는 업체의 예식진행 담당자와 인터뷰를 통해 100명을 기준으로 한 평일 저녁 잔치 비용을 산출해 보았다. 선정된 업체는 서울 성북구의 J, 뷔페와 규모나 시설 면에서 다소 우세한 S뷔페, 명동에 위치한 일반 호텔급의 P호텔, 소공동의 특급호텔인 L호텔로 이들의 수연잔치 비용은 〈표1〉에서 보는 바와 같이 가격 차이가 크게 나타났다.

각 업체의 식사 가격대는 1인당 1만 5천 원에서 8만 원 선으로 그 차이가 크게 나타났다. 그러나 호텔에서 회갑연을 하는 경우도 3만 5천 원대 정도가 일반적이었다. 맥주는 병당 가격이 2천8백 원에서 8천 원 선이고, 음료는 캔당 1천 원에서 1천2백 원 선이나 호텔에서는 병당 4천5백 원을 받고 있었다. 고임상에 올라가는 건과, 다식 등의 기본음식들은 대부분 모형을 사용하였다. 때문에 고임상은 무료로 제공해 주는 경우가 많았다. 이는 주로 식용의 목적보다는 장식의 역할로 모형을 쓰기 때문이라고 생각한다. 유료인 경우 7만 원에서 30만 원 선이었다. 호텔에서는 가격이 비싼 대신 실제 생과를 사용하여 나중에 가져가도록 했다. 고임상에는 건과와 생과 등의 기본음식 외에 꽃, 케이크, 정종, 샴페인 등이 올라간다. 꽃의 가격은 3만 원에서 10만 원 선으로 조화를 사용하는 경우는 무료이다. 케이크는 고임상의 가격에 포함시켜 무료로 서비스해 주는 경우가 많았고, 주로 2~3단 케이크가 사용되었다. 유료인 경우는 4만 원에서 10만 원 선이었다.

〈표 1〉 연회대행업체의 회갑·고희연 경제적 비용 비교 (100명 기준)

장소 품목	J뷔페	S뷔페	P호텔	L호텔
식사비	성인: 15,000원 6~12세: 9,000원	성인: 17,000원 초등4학년까지: 무료	성인: 33,000원	성인: 30,000~80,000원 (보통 35,000원)
고임상	모형: 무료	모형: 7,0000원	모형: 무료	300,000원 (떡, 과일은 개인준비)
케이크	2단 케이크: 40,000원	고임상에 포함	무료 제공	3단 케이크 무료제공
꽃	생화 꽃바구니 30,000원	생화: 70,000원 조화: 무료	개인준비	5만 원 상당 무료제공
맥 주	병: 2,000원	병: 2,800원	대: 7,260원 소: 6,000원	병: 8,000원
소 주	병: 2,000원	병: 2,000원	병: 6,000원	없음
음료수	캔: 1,000원	캔: 1,200원	병: 4,500원	병: 4,500원
얼음 조각	없음	없음	없음	20만 원 상당 무료제공
샴페인·정종	고임상에 포함	고임상에 포함	고임상에 포함	고임상에 포함
사 진	40,000원 (원판사진 1장)	35,000원 (원판사진 1장)	70,000원 (원판 1조 3매)	1,300,000원 (사진앨범과 비디오 제작)
비디오	120,000원	120,000원	15만 원~20만 원	
밴 드	100,000원	150,000원 (절값 비포함)	1인당 200,000원씩 3명까지	250,000원 (절값 포함)
국악인	100,000원	150,000원 (절값 비포함)	밴드와 같음	250,000원
사회자	국악인이 진행	국악인이 진행	국악인이 함께	700,000원
현수막	고임상에 포함	고임상에 포함	무료	80,000원
방명록	고임상에 포함	고임상에 포함	무료	무료
세 금	없음	카드계산 시 봉사료 3%	음식값에 포함	봉사료 10%
총 계	약 1,990,000원	약 3,845,000원	약 4,000,000원	약 7,209,950원

얼음 조각은 호텔에서 제공되는 것으로는 20만 원 선이나 무료로 제공되고 있다. 사진의 경우 원판사진 1장당 3만 5천 원 선이고 3매 당 7만 원에

제공하는 곳도 있었다. 비디오 촬영은 12만 원에서 20만 원 선이었다. 때로는 호텔에서 앨범을 만들어 주는 데 그 비용은 120만 원 정도이며 비디오 촬영을 포함하고 있다.

밴드와 국악인을 부를 경우 각각 1인당 10만 원에서 25만 원 선이었고 밴드에게 절값의 명목으로 별도의 팁을 요구하는 곳도 있었다. 그러나 호텔에서는 이러한 절값이 과다하게 요구되는 문제가 발생되어 일절 금지시키고 있다. 사회는 대부분 밴드와 국악인이 함께 보고 있었는데, 호텔에서는 전문 사회자를 부르는 데 70만 원 정도가 든다. 현수막은 일반적으로 미리 만들어 놓은 기존의 것을 그대로 사용하는 경우가 많고 때로는 서비스로 회갑을 맞은 사람의 성명을 넣어 주기도 하나 호텔에서는 8만 원의 별도금액을 책정해 놓고 있었다. 연회 서비스 이용 시 뷔페의 경우에는 별도의 세금이 없고, 단 카드 계산 시 3%의 봉사료를 받는 곳이 있었다. 호텔에서는 총비용의 10%를 봉사비용으로 받고 있어 비용이 늘어나는 부담이 있다.

따라서 전체 비용은 수연례 행사를 대행해 주는 곳에 따라 참가인원 100명당 약 2백만 원에서 7백만 원에 이르기까지 가격차가 매우 컸다. 이와 같이 뷔페나 호텔 등 연회음식 대행업체에서 제시하는 수연잔치의 가격의 폭이 큰 것은 그에 관한 특별한 기준이 없이 서비스 질에 다소 차이를 두면서 지나치게 상업화되어 시행되고 있기 때문으로 여겨진다. 때로는 저명인사의 경우 너무 많은 사람이 모이고 축의금이 뇌물의 성격을 띠는 경향마저 있어 수연례 본래의 의미를 왜곡하는 사례도 있다.

2) 효도관광

최근 회갑의 나이가 자손들에게 헌수배례(獻壽拜禮)를 받아야 할 나이가 아니라고 생각하는 사람이 많고, 과거에 비해 자녀를 출산하는 시기가 늦음으로 해서 자손이 부모의 회갑연을 해 드릴 수 있는 연령이나 경제적 조건이 성립되지 않아 회갑을 여행으로 대신하는 경우가 있다.

또는 불환갑이라고 하여 회갑잔치를 하면 자손에게 해롭다는 말도 있어 이에 해당하는 해에는 잔치를 하지 않고 다음해에 진갑잔치를 대신하고 여행을 하기도 한다. L관광 여행사에서 효도관광형식으로 나온 여행상품 중 제주도관광과 금강산관광이 인기가 있고, 해외여행으로는 괌이나 사이판, 일본 온천관광을 선호하고 있다.

금강산관광은 북한 방문이라는 특수성으로 그 신청절차가 복잡하다. 국내 제주도관광은 숙소에 따라 여행 경비가 차이가 크게 나타나 2박 3일 기준 최저 29만 원에서 54만 원 선으로 나타났고, 3박 4일 기준으로 31만 원에서 67만 원 선이었다. 효도관광 상품으로 인기 있는 괌이나 사이판 등지의 휴양지는 3박 4일 기준으로 50만 원 선이고, 일본 가고시마지방을 중심으로 한 온천관광은 3박 4일 기준으로 95만 원 선의 비용이 들고 있다.

사회변화와 함께 의례로서 수연례의 모습은 다양한 각도에서 논의될 필요가 있다. 현대인의 의례를 보는 시각과 의식의 변화, 생활양식의 변화, 가족구조의 변화와 더불어 다양한 가족형태의 출현은 의례의 형식적 변화를 요구하고도 남는다. 그러나 수연례의 본질적 의미마저 변화되었다고는 할 수 없다. 수연례의 현대적 양상을 분석하여 볼 때, 아직도 수연례는 자손에게 있어 내면적 효심을 최대한 드러낼 수 있는 최고의 행사로 여겨지고 있었다.

Ⅵ. 현대사회 수연례의 특징과 방향

과거에는 부모를 위한 수연례를 성대하게 하려면 삼현육각(三絃六角)의 풍악을 잡히고 춤을 덩실덩실 춘다. 이와 같이 수연을 맞이한 부모를 마음껏 축하해 드리는 것은 그만큼 평균 수명이 짧았기 때문이다. 조선 시대만

해도 60해를 산다는 것은 장수한 것으로 능히 축하해야 할 경사스러운 날
이었다. 때문에 자녀들은 생신을 맞이한 부모를 위해 한 달 전부터 정성껏
음식을 장만하여, 하루에서 길게는 삼 일간 성대하게 잔치를 열었다.

오늘날까지 수연례는 효 규범의 문화적 테두리 안에서 발달하였다. 고대
사회에서부터 시작된 국가적 잔치, 즉 양노연 제도에서 발원한 수연례가
오늘에 이르기까지 그 명맥을 유지할 수 있었던 것은 여전히 자손으로서
부모님의 수연례를 반드시 해 드려야 하는 최대의 생신잔치의 개념이 현대
인의 의식 속에 자리 잡고 있기 때문이다. 이는 수연잔치 대행업체들의 급
속한 확산과 다양한 서비스 프로그램에서 알 수 있다.

수연례의 역사적 변천을 고찰하고 현대사회 수연례의 양상과 실태를 분석
한 바를 기초로 오늘날의 변화된 수연례의 특징을 지적하면 다음과 같다.

첫째, 수연례가 장수를 축하하며 기원하는 축하연의 자리보다 단순히 생
신잔치의 일부로 여흥을 즐기려 하는 경향을 볼 수 있다. 과거 수연례에는
장수를 축하하는 행사의 하나로 수연잔치 전 축하의 글과 시(詩)를 준비하
여 행사 당일 날에 당사자에게 전하는 배려가 있었다. 이는 진심으로 축하
하는 마음을 전하는 정성이 담긴 부조가 아닐 수 없으며 오늘날에는 찾아
볼 수 없는 일이기도 하다.

둘째, 라이프사이클(life cycle)의 변화로 회갑연의 의미는 약화되었다고
본다.

최근 통계청에서 발표한 자료에 의하면 2001년 현재 한국인의 평균 수명
은 76세이고, 이 중 남성의 평균 수명은 72세, 여성의 평균 수명은 80세로
바야흐로 고령화 사회가 되고 있다. 1981년의 평균 수명 66세(남성은 62세,
여성의 평균 수명은 70세)와 비교해 보면 20년 만에 수명이 10살이나 는
셈이다. 인간의 평균 수명이 늘어남에 따라 통상적으로 회갑까지 살고, 회
갑을 맞이한 사람도 아직 젊다고 느낀다. 또한 젊은 세대의 만혼현상과 자
녀 출산시기가 늦어짐에 따라 자녀들로부터 회갑잔치를 받을 수 있는 여건

이 안 될 수도 있다. 따라서 회갑보다는 칠순, 팔순을 큰 생신 잔치로 여기는 경향이다.

셋째, 가족구조와 주거조건의 변화로 가정의례 산업화에 의존하는 경향이 두드러지고 있다. 과거 농경사회에서는 성씨 집성촌을 이루어 한 마을의 공동체적 연대감으로 수연례와 같은 큰 생신은 동네잔치로 여겨졌던 것이다. 따라서 품앗이와 같은 일손도움은 큰상차림과 손님접대 음식을 준비하는 것에 무리가 없었다. 그러나 아파트 중심의 주거조건은 많은 친지 분들을 초대하여 잔치하기에는 협소하고 자녀들과 형제, 일가친척들이 함께 모여 음식마련에 도움을 주기가 어려워지고 있다. 부모님의 생신잔치를 크게 해 드리고자 하는 자손들의 욕구를 충족시켜 줄 만한 공간과 시설 및 음식을 제공해 줄 수 있는 연회전문 대행업체들의 이용은 자연발생적 현상이라고 할 수 있다.

오늘날 연회전문 대행업체의 이용은 잔치행사에 대한 가사노동의 부담을 덜어 준다는 편리성으로 각광받고 있으나, 수연(壽宴)의 형식이 획일화되어 정성이 부족한 형식적인 겉치레로 비추어질 수 있다. 더욱이 뷔페형식으로 치러진 손님 접대 음식은 음식의 남은 여유분은 가지고 갈 수 없어 음식의 낭비가 심한 단점이 있다. 또한 수연례의 진행에 있어 여흥(레크리에이션)에 많은 시간을 할애하며 즐기는 경향이다.

따라서 수연례 산업과 관련하여 나아갈 방향을 재고해 볼 필요가 있다.

첫째, 오늘날 수연례는 자녀들이 주관하여 부모님의 큰 생신 잔치의 자리를 마련하고 절차상의 전통적 헌수배례(獻壽拜禮) 의식은 지금까지 지속되고 있다. 의학이 발달하면서 평균 수명이 연장되고 고등교육에 따른 만혼 현상은 더 이상 환갑의 나이를 노년기로 보지 않게 되었다. 따라서 회갑의 의미가 전통사회와는 달리 많은 부분 축소되었다. 이러한 시점에서 회갑은 인생의 전환점으로 삼아 살아온 날을 되돌아보고 남은 인생을 계획하는 계기가 되도록 가족 모두의 노력이 필요하다고 본다.

둘째, 가정 내 행위규범 중 가장 우위에 있는 효를 실천하는 의례로써 수연례의 순기능적 측면이 현대 산업화의 영향으로 사회 계층 간 차별화된 양상을 볼 수 있다. 이는 의례표현양식의 변용이 지나쳐 의례 본래의 의미마저 왜곡시킬 수 있는 여지가 있으며 계층 간 위화감 조장 등의 부작용을 초래할 수도 있다. 따라서 오늘날 잔치문화에 대한 제고가 필요한 시점이라고 본다.

즉 제도적 측면에서 수연례 규범에 관한 바람직한 방안을 구체화하여 이를 지도하고 시행하도록 유도해 나아가야 할 것이다. 또한 의례 산업을 주도하고 있는 관련 업체에 대한 규제를 공론화시켜 위와 같은 부작용을 개선해 나아가도록 해야 할 것이다.

셋째, 자신들을 길러 주신 부모님의 은혜에 대한 고마움을 표현하고 장수를 축하하는 큰 생신 잔치의 자리에 음주가무의 향락적 요소가 지배된다거나 지나친 경제적 비용을 들인 소모적 행사로 수연례 본래의 의미를 퇴색시켜서는 안 될 것이다. 또한 회갑연의 경우에는 여행가는 비용이 잔치를 치르는 것보다 훨씬 저렴하므로 부모님이 가고 싶어 하는 곳을 선정하여 효도관광으로 대신하는 것도 고려해 볼 만하다.

제6장 『격몽요결』의 제례

오늘날 가정은 사회구조의 급격한 변화와 더불어 그 본래의 기능은 사회화되어 가족 간 결속력도 약화되어 가고 있다. 사회가 변화하면서 생기는 자연발생적 현상으로 현대사회의 가정문제에 새로운 과제를 안겨 준다. 이와 같은 문제해결 방법에 있어 한국 전통사회에서의 가정문화에 관한 연구는 매우 의미 있는 일이라 사료된다. 몇 대가 한 집 혹은 한 마을에 살며, 자신의 가정과 가문을 위해 함께 노력하고 애쓰면서 집안 대소사 일을 의논하는 과정에서 발생된 책임의식과 공동체의식은 개인과 전체 가족 구성원과 강한 연대감을 갖게 하는 근원이 된다. 특히 祭禮는 본래 자신의 뿌리가 되는 근본에 보답하고 돌아가신 선조의 뜻을 이어받는 繼世思想과 祖上崇拜思想이 기본이 된다. 그리하여 현재 자신의 가족과 가정뿐 아니라 위로는 조상을 받들고 아래로는 자손들에게 선조의 업적과 교훈을 전수시켜 개인은 개인으로서 존재하는 것이 아니라 한 가정의 구성원으로서의 위치와 구실이 있었으며 그에 따른 예의와 범절을 배우게 되는 것이다. 현대사회에서 긍정적으로 평가될 수 있는 이러한 가족 공동체의식은 가정의 해체와 위기를 감소시키는 근본적 해결책이 될 수 있으며 가정에서의 화목과 사랑을 배울 수 있는 원천이 되리라 여겨진다.

報本反始의 근본이념인 제례는 이러한 측면에서 재평가될 수 있다. 현대 다수의 종교를 갖고 신의 섭리를 따르려는 많은 종교인들에게 있어 조상에 대한 제례가 달리 받아들여질 수 있을 것이다. 이는 현대사회에서 제례의 기능성 문제를 논의하는 데 난점이 되기도 한다.

　栗谷의 思想과 哲學은 관련 학문 분야에서 많이 다루어져 왔고 교육과 관련해서도 여러 관점에서 논의되고 있으나 祭禮와 관련하여 집중적으로 분석한 연구는 없다. 栗谷 李珥의 『擊蒙要訣』에 나타난 제례에 대해 고찰하기 위해 第六章 喪制와 第七章 祭禮, 부록 祭儀抄를 중심으로 하여 文獻考察과 內容分析을 하고자 한다. 먼저 祭禮에 대한 規範을 알아보고 일반적 行禮, 즉 時期, 場所, 祭服, 祭需, 節次 등에 관해 논의한다.

I. 『격몽요결』의 내용구성

　擊蒙이란 몽매한 학동들에게 지혜를 깨우쳐 준다는 것을 의미한다. 『擊蒙要訣』은 家禮書라기보다는 학문을 하는 모든 이들이 행해야 할 길을 밝히는 교훈서로서 그 序文에도 〈학문하는 사람들에게 이것을 보여 마음을 씻고 뜻을 세워 마땅히 날로 공부하도록 하고자 하며 또 나 역시도 오랫동안 우물쭈물하던 병을 스스로 경계하고 반성하고자 한다.〉 하여 교육을 목적으로 저술되었음을 알 수 있다. 그러나 『擊蒙要訣』에서 栗谷이 冠·婚·喪·祭의 儀禮 中 祭禮에 관한 내용을 상세히 다룸은 祭禮를 통한 孝를 실천하는 것이 바로 교육과 직결되기 때문으로 본다. 또한 栗谷이 『擊蒙要訣』 本 章에 喪·祭禮를 넣고 부록으로 제의초(祭儀抄)를 실어 제례를 상세히 적고 있는 것은 첫째로 바른 禮를 가르치고 행하기를 권하는 마음에서요 둘째로 올바른 禮의식과 규범을 통해 뿌리 있는 禮의식을 고취하고자 함이다.

　『擊蒙要訣』은 〈표 1〉과 같이 입지(立志), 혁구습(革舊習), 지신(持身), 독서(讀書), 사친(事親), 상제(喪祭), 제례(祭禮), 거가(居家), 접인(接人), 처세(處世) 등 十章으로 되어 있으며 부록 제의초(祭儀抄)에는 출입의(出入儀),

참례의(參禮儀), 천헌의(薦獻儀), 고사의(告事儀), 시제의(時祭儀), 기제의(忌祭儀), 묘제의(墓祭儀), 상복중행제의(喪服中行祭儀)를 내용으로 하고 있다.

전체 十章 中 六章 상제(喪祭)와 七章 제례(祭禮)에서 상제례에 관한 설명을 보면 「상제는 마땅히 주자가례에 의해서 행하되 만약 의심되거나 모르는 곳이 있으면 먼저 예를 아는 연장자에게 물어 반드시 예를 다하는 것이 옳다.」 하였는데, 이 두 章만으로 상·제례의 내용을 체계적으로 서술하기가 어려워 제례장을 보충하기 위해 첨가된 것이 祭儀抄로 栗谷은 제례장 마지막 부분에 다음과 같이 밝히고 있다.

「지금의 풍속은 대개 예를 몰라서 그 제사의식을 행하는 데 집집마다 틀리는 것이 심하니 가히 우스운 일이다. 만일 이것을 하나의 예로 통일하지 않으면, 즉 끝내는 문란을 면할 수 없어 질서가 없어지고 오랑캐 풍속으로 돌아간다. 그래서 제례를 초록하여 부록 뒤에 두고 그림도 넣었다. 반드시 상세히 잘 살핀 뒤에 이대로 행하고 만약에 부형들이 이렇게 행하지 않는다면 마땅히 상세히 설명하고 그 내용을 알려 바른대로 돌아가도록 하여야 한다.」 이러한 동기는 제의초를 보면 먼저 사당지도(祠堂之圖)가 나오고 다음에 정침시제지도(正寢時祭之圖), 매위설찬지도(每位設饌之圖)가 있으며 앞서 밝힌 8가지 祭儀 항목이 있어 그 내용을 자세히 적고 있다.

〈표 1〉『擊蒙要訣』의 內容

本 文	부 록(祭儀抄)
一. 立志章	
二. 革舊習章	·出入儀(밖에 나가고 들어올 때 사당에 고하는 예)
三. 持身章	·參禮儀(정월 초하루, 동지, 초하루, 보름에 사당에 나가서 뵙는 예)
四. 讀書章	·薦獻儀(속절에 선조 사당에 시식 올리는 예)
五. 事親章	·告事儀(집안 내 특별한 일이 있으면 사당에 고하는 예)
六. 喪祭章	·時祭儀(일년에 4번 모든 선조께 제사지내는 예)
七. 祭禮章	·忌祭儀(선조 돌아가신 날 제사지내는 예)
八. 居家章	·墓祭儀(四名節에 선조 묘에 가서 제사지내는 예)
九. 接人章	·喪服中行祭儀(喪中 제사에 대한 예)
十. 處世章	

한편 전반적으로 가례에 기반을 두어 제례를 설명하고 있으며, 주자가례와 다른 속절(俗節)의 내용은 작은 글씨로 적어 사람들로 하여금 참고하게 하였다. 그리하여 제의초 묘제의(墓祭儀)에 보면 「가례에서 묘제는 단지 3월 중에 날을 가려 1년에 한 번 제사지내는데 지금의 풍속에는 사명절(四名節)에 모두 행하고 있는바 지금 풍속을 따르는 것도 무방하다.」고 보았다.

栗谷의 『擊蒙要訣』이 지은 16C 중엽(1577) 제례에 관한 禮書로는 송기수(宋騏壽, 1570~1581)의 행사의절(行祀儀節), 이현보(李賢輔, 1467~1555)의 제례(祭禮), 이언적(李彦迪, 1491~1553)의 봉선잡의(奉先雜儀) 등으로, 당시 저술된 禮書의 특징은 크게 두 가지로 들 수 있다. 우선 집안마다 달랐던 의식을 하나로 통일하려는 목적이 있었기에 형식이나 내용에서 거의 주자가례를 따랐다. 그러나 주자가례의 내용이 조선의 풍속과 현실에 맞지 않는 경우가 있어 속세를 따르는 경우가 없지 않았다. 다음으로 당시 禮書는 나름대로 그때의 상황을 반영한다. 조선 초기에는 사대부 계층의 동질성을 회복하는 것이 급선무였는 데 반해 이 시기는 신분적으로 私族으로 고착화되어 가고 향촌사회에서 세력기반을 잡아가는 士林들이 자신들 각각 가문의 동질성을 확보하고 통합성을 이루는 것이 우선적이었기 때문에 생활규범으로서의 성격을 강하게 지녔다. 그러므로 학문적이기보다는 실용적인 성격이 강하였다(고영진, 1995). 격몽요결도 율곡이 해주(海州)에 내려가 향약을 만들어 고을의 폐습을 바로잡고자 향촌교화를 위해 힘쓸 당시 지어졌다.

『擊蒙要訣』은 教訓書이나 第六 喪制章, 第七 祭禮章과 祭儀抄는 祭禮에 대한 내용인 家禮를 기본으로 하여 상세히 다루고 있다. 이 중 第六·七章인 喪·祭禮부분과 부록 祭儀抄를 중심으로 당시 제례의 규범과 행례에 대한 내용을 살펴볼 수 있다.

Ⅱ. 제례에 대한 분석적 고찰

1. 제례규범

『擊蒙要訣』祭禮障에 의하면「상례와 제사 두 가지는 이것이야말로 사람의 자식으로서 가장 정성을 다하여야 할 일이다. 이미 돌아가신 부모는 돌이켜서 봉양한다 하더라고 이룰 수 없는 것이나 만약에 장례에 있어 그 예를 다하지 않고 제사에 있어 그 정성을 다하지 않는다면 하늘의 끝까지 애통한 일을 무슨 일로 의지할 수 있겠는가」라고 하여 자식된 자로서 상제례 시 정성을 다해 모셔야 함을 경계하여 가르치고 있다. 이는 父母에 대한 孝가 '誠'에서 출발하는 것이라 여기며, 栗谷이 內面的 禮의 본질을 강조하는 내용으로 모든 外的 行禮 형식은 誠을 기본으로 하고 있다고 볼 수 있다. 한편 祭儀抄의 出入儀, 參禮儀, 薦獻儀, 告事儀의 내용을 보면 가까운 곳을 가든 먼 곳을 가든 선조의 사당에 예를 드리며 살아계신 부모 대하듯 하였는데, 특히 특별한 날(俗節이나 초하루, 동지 등)이나 관직이 상하등 되었거나 자식을 출산하였을 때 告하는 것을 당연한 도리로 여겼으며, 그 절기에 새로운 음식이 있으면 먼저 올려 시식한 연후에 쓰고 혹은 잘 두었다가 후에 제사 때 썼으니, 참된 정성이 단지 부모 상·제례 시 애통함에 그치는 것이 아니라 항상 곁에 계신 듯 공경하고 봉양해야 하는 것이라 할 수 있다. 전통사회에서 이와 같은 가정 내 孝의식은 그 마을이나 사회, 나아가 국가로 이어져 忠으로 발전된 것임에 두말 할 나위 없을 것이다. 또한 마을의 어른은 곧 나의 부모요 스승임을 알고 그 예를 다하였으며 남의 자식이라도 잘못된 일은 바로잡아 주는 것이 어른으로서의 도리로 여겼다. 현대사회에서 참된 민주주의와 자율이란 자신이 서있는 위치에서 주체의식을 갖고 행동하는 것뿐 아니라 타인을 존중하며 아끼는 것으로 어른은 어

른으로서, 젊은이는 젊은이로서 바르게 행하고 실천할 때 가능하리라 생각
된다. 그리고 이는 곧 전통사회에서 우리의 선조들이 가정 내 사사로운 家
事에서부터 중요한 대소사 의례에 이르기까지 마음에서 우러나오는 예의를
실천한 것에서 그 근원을 찾을 수 있다고 본다.

한편 祭禮章에 「무릇 제주(祭主)는 사랑하는 마음과 공경하는 정성을 다
할 뿐이니 집이 가난하게 되면 집에 있는 재산이 있고 없는 것을 헤아려 제
사지내고 중한 병이 있으면 제사를 행할 수 있는 근력을 짐작해서 제사지
낸다. 재력이 있어서 제사를 지낼 만하면 마땅히 그 예법에 따라야 한다.」
고 하여 정성을 다해 제사를 모셔야 할 뿐만 아니라 형식적인 禮가 되지 않
도록 현재 자신의 형편과 분수에 맞게 집안 사정을 고려하여 행함이 옳다
하였으니 결코 지나치지도 모자라지도 않는 禮義를 강조하고 있다. 그러므
로 현대사회에서 우리가 禮를 행한다고 할 때 그 禮의 출발은 誠으로 각 가
정에서 先祖에 대한 祭禮 時 그 形式에 치우쳐 祭需마련이나 祭禮節次를
번거롭고 어렵게 여긴다면 이는 祭禮의 본질을 미처 깨닫지 못하는 바이니,
祭禮에 대한 올바른 意識의 전환과 새로운 인식이 필요하다고 본다.

2. 제례행례

『擊蒙要訣』祭儀抄에 나타난 8가지 祭儀에 관한 내용을 토대로 祭禮行禮
에 관해 살펴보면, 먼저 시기에 있어서 그 祭儀의 성격에 따라 각기 다르
다.(〈표 2〉 참조).

〈표 2〉 제의초에 나타난 행례

제의 행례	出入儀	參禮儀	薦獻儀	告事儀	時祭儀	忌祭儀	墓祭儀	喪服中行祭儀
時期	밖에 나가고 들어올 때	정월 초하루, 동지, 초하루, 보름	속절	일이 있을 시 告함	춘분, 하지, 추분, 동지	선조 돌아가신 날	四名節	·상중의 제사는 五服에 따라 제사를 행하고 폐하는 시기가 다름 ·服中의 제사는 검은 갓, 흰 옷, 검은 띠를 쓴다
場所	祠堂	祠堂	祠堂	祠堂	祠堂·正寢	正寢	산소	
祭服		團領이나 혹은 붉은 直領을 입는 것도 좋다			〈주인〉 관직有 : 紗帽와 團領 관직無 : 團領과 條帶	·부모제사 시 관직 有無에 따라 다름 ·할아버지, 방계 제사는 제복이 다름	제사주관사 모두 : 검은 갓, 흰 옷, 검은 띠	
祭需	·脯, 果類, 편 ·정월 초하루, 동지 때에는 다른 음식을 준비	약반 쑥떡 수단 등 時食			果, 脯, 熟菜, 食醢, 沈菜, 淸醬, 醋菜, 魚, 肉, 餅, 麵, 羹, 飯, 湯, 炙	·시제 때와 같고 단 果類와 탕은 3가지를 넘지 않는다.	·墓의 수에 따라 기제 때와 같이 준비 ·토지신에게 제사	
節次		降神 參神		降神 參神 讀祝	參神(降神) 進饌 初獻 讀祝 亞獻 終獻 侑食 闔門 啓門 進茶 辭神 納主 徹饌 餕 受胙	參神 降神 進饌 初獻 讀祝 亞獻 終獻 侑食 闔門 啓門 進茶 辭神 納主 徹饌	進饌 降神 參神 初獻 亞獻 終獻 辭神 徹饌 ·토지신 제사는 祝의 내용만 다르다.	

정월 초하루, 동지, 초하루, 보름에 參禮儀를 지내고, 薦獻儀는 俗節에 지내니 속절이란 정월보름, 삼월삼일, 오월오일, 유월보름, 칠월칠일, 팔월보름, 구월구일, 섣달그믐에 시식을 올린다. 또한 時祭에는 춘분, 하지, 추분,

동지에 지내되 만약 연고가 있어 날짜를 미리 정할 수 없으면 仲月(2, 5, 8, 11月) 중 丁日이나 亥日로 가려 정한다. 墓祭는 四名節에 지내니 정월 초하루, 한식, 단오, 추석이다. 그 밖에 출입할 때나 일이 있을 때 사당에 고하였고 선조 돌아가신 날에는 忌祭를 행하였으니 절기나 명절에 지내는 제례까지 하여 年中 제사를 지내는 횟수는 가히 짐작할 만하다.

한편 祭 中의 祭祀는 오복친(五服親)4)에 따라 행하고 폐하는 시기가 다름을 나타내고 있는데, 일반적으로 부모 돌아가신 후 3년 상을 지낼 때까지는 제사를 폐한다. 대공(9개월 喪)은 장사지낸 후 제사를 지낼 수 있으며 시마(3개월 喪)나 소공(6개월 喪)은 성복(盛服) 전에 제사를 폐한다.

場所에 있어서는 주로 사당(祠堂)에 제사를 행하는데, 時祭에는 사당에서 지내기도 하고 정침(正寢)에서 지내기도 하여 장소에 있어 융통성을 두고 있다. 正寢이란 전통사회에서의 主제사공간으로 時祭나 忌祭 時 祠堂에 미리 告한 후 신주를 정침으로 모셔온다. 墓祭에는 직접 산소에 가서 지내는데 토지신에게 먼저 제사한 후 墓의 수에 따라 제사지낸다.

祭服에 있어 忌祭에는 관직의 유무나 친척의 범위에 따라 服色과 형태가 다르다. 예를 들어 부모제사 시 관직이 있는 경우에는 호색모(縞色帽: 흰 모자)나 참포모(斬布帽: 거무스름한 모자)에 옥색단령(玉色團領), 백대(白 帶: 흰 띠), 백화(白靴: 흰 신)를 신는다. 부인의 경우에는 호색파(縞色파: 흰색 배자)에 백의·백상(白衣·白상: 흰 치마저고리)을 입는다. 그 외 祖 (할아버지) 이상 제사나 방친(傍親) 제사도 관직이 있는 사람과 없는 사람에 차이를 두었고 부인의 服은 祖 이상 제사 시 현파(玄파)에 백의(白衣: 흰 옷), 옥색상(玉色상)을 입고 방친(傍親) 제사 시에는 화려한 옷을 입지 않는다.

節次는 時祭나 忌祭가 다른 祭禮에 비해 그 형식이 구체적이다. 時祭를

---

4) 참최(斬최), 재최(齋최), 대공(大功), 소공(小功), 시마(緦麻)의 다섯 가지 상복에 해당하는 친척의 범위.

중심으로 본다면 사당에 있던 神主[5]를 正寢으로 모셔와 제사를 지낼 경우 모든 참가자들이 참신부터 시작되나 만일 時祭를 사당에서 지낼 때에는 먼저 神이 강림하기 위한 잔을 올리는 강신(降神)을 한 후 참가자 전원이 일동 재배(再拜)하며 인사하는 참신(參神)을 한다. 다음으로 음식을 올리는 진찬(進饌)은 본래 제사지내기 전 당일 날 새벽에 果類와 脯, 熟菜, 간장, 시접, 초접을 먼저 신위 모신 자리에 놓고 제사가 시작된 후에는 어(魚), 육(肉), 병(餅), 면(麵), 반(飯), 갱(羹). 탕(湯)을 놓는데 이때 주인은 어(魚), 육(肉), 갱(羹)을 받들어 놓고 주부는 병(餅), 면(麵), 반(飯)을 놓으며 자제들은 탕(湯)을 각 신주 앞에 놓는다. 한편 적(炙)은 형제 중 나이 많은 한 사람이 받들어서 축(祝)을 하기 전에 올렸다가 축이 끝나면 이를 徹한다. 진찬(進饌)에 이어 삼헌례(三獻禮)를 하는데 초헌(初獻)은 제사주관자인 주인이 하고 아헌(亞獻)은 주부가 하며 종헌(終獻)은 그 외 子弟가 한다. 初獻 후에 祝을 하는데 부모의 축은 歲字遷易 諱日復臨 追遠感時 不勝永慕(세월이 흘러 돌아가신 날이 다시 돌아왔습니다. 지난날을 생각함에 시절이 흐르고 바뀌었으니 깊이 사모하는 마음을 이기지 못하옵니다)라 하고 祝이 끝나면 술과 肝炙을 내려놓는다. 아헌을 할 때에도 肝炙을 놓고 아헌 후에 술, 肝炙을 내려놓는다. 終獻에는 肉炙을 올리고 예가 끝난 후 내려놓는다. 三獻이 끝나면 숟가락을 반(飯)에 꽂고 젓가락을 바르게 놓는 유식(侑食) 후 조상이 이를 잡숫는 합문(闔門)과 계문(啓聞)의 절차를 행하고, 국을 물리고 숭늉을 올리는 진다(進茶)를 한다. 栗谷은 祭禮에 果 다섯 가지와 탕 다섯 가지는 가난해서 다 마련하기 어려우면 세 가지라도 좋다 하였다. 이와 같은 모든 절차가 끝나면 주인 이하 모든 사람들이 재배하면서 끝나는 사신(辭神)을 한다. 이에 주인과 주부는 각기 신주를 받들어 主櫝[6]에 넣어 사당에 놓는다.

---

5) 조상의 위패.

6) 신주를 모셔두는 궤.

그리고 음식을 치우는 철(徹)을 하고 제기(祭器)를 깨끗이 닦아 제사에 쓴 제물(祭物)을 나눈다(餕). 또한 거기에 모인 사람들은 술과 찬을 나누어 먹고 끝난다.(受胙)

한편, 忌祭의 절차는 時祭 때와 같이 하되 祝을 한 후 주인 이하 슬픈 마음을 다해 哭을 한다. 그리고 모든 제사 절차가 끝난 후 음식을 徹하는 것은 時祭와 같고 단 餕과 受胙의 절차는 없다. 墓祭에는 음식을 먼저 올린(進饌) 후 제사를 시작하고 忌祭 때와 같이 한다. 그리고 祝을 하여 終獻까지 三獻을 한 후 辭神을 하고 음식을 徹하며 마친다.

이상으로 『擊蒙要訣』 祭儀抄에 나타난 行禮의 내용을 살펴보았다. 전반적으로 時祭와 忌祭, 墓祭는 그에 準하여 차이를 두어 행해졌다. 현대사회의 각 가정에서 주로 많이 행하고 있는 제례는 忌祭로(이길표 , 1982, 박수정, 1989), 이를 중심으로 祭禮 行禮의 특징을 논의하고자 한다.

첫째, 忌祭는 그 시기에 있어 축문에 諱日 復臨(돌아가신 날이 돌아오니)이라 하여 돌아가신 당일 날이 바로 忌日이 되는 것이며, 제사 전 당일 날 이른 새벽에 음식을 차리면서 제반 절차를 행하게 되는 것이다. 그러나 오늘날 가정에서 기제사는 주로 사망 전날 일몰 후에 지내는 경우(이길표, 1982)가 가장 많은데 『擊蒙要訣』에는 忌日 이른 새벽에 제사를 지낸다 하였으니 이는 본래 첫새벽이 시작되는 子時경에 지내는 것으로 개개인이 직업을 가지고 바쁘게 살아가는 현대인의 생활 여건상 시간을 앞으로 하여 미리 저녁시간에 제사를 지내고 각자 삶의 터전으로 돌아가기 위함이라고 생각한다. 그러나 시간을 저녁시간으로 옮겨 지내야 한다면 돌아가신 당일 날 저녁시간에 지냄이 옳다고 볼 수 있다.

둘째, 전통사회에서 祠堂은 한 집안의 중심체로 사당 앞에서 대부분 모든 祭禮를 행하였으나 忌日이 되면 正寢이라는 祭祀空間에서 忌祭를 행한 것으로 보인다. 그러나 오늘날 각 가정에서 祠堂뿐 아니라 正寢이라는 祭祀空間을 따로 두어 제사를 행한다는 것은 현대의 도시 주택구조에서 어려

운 점이 있고 이는 오늘날 가정 내 祭禮에 대한 위상이 전통사회와 다름을
여실히 보여주는 부분이라 하겠다.

셋째, 『擊蒙要訣』에 의하면 친척의 범위에 따라 혹은 관직의 유무에 따
라 祭服의 구분을 엄격히 하고 있다. 그러나 현대사회에서 특별히 祭服을
준비하기보다는 깨끗한 평상복으로 이를 대신하고 있어(이길표, 1982) 전
통사회에서와 같은 祭服을 갖추는 가정은 매우 적으며 또한 가정행사참석
시 한복을 착용하는 것에 있어서도 설날이나 추석 같은 명절에 입는 것이
좋다 하여(정영숙 外 3人, 1994) 우리 고유의상인 한복도 특별한 날에 입
는 것으로 인식되고 있었다. 양복에 익숙해 있는 현대인에게 한복은 다소
불편한 점이 있고 祭服을 마련하여 입는다는 것이 번거롭게 여겨질 수 있
으므로 단지 忌日에 화려하지 않고 검소한 복장으로 깨끗하게 손질한 옷을
입음으로써 예를 표시하는 것으로 보인다.

넷째, 현대사회에서 祭需준비에 대한 주부들의 태도를 조사한 연구(한재
숙 外 2人, 1989)에 의하면 도시 주부들의 약 85%가 祭需를 깨끗하게 새
로 마련한다고 하였으며 또한 제사음식은 평상시보다 크고 좋은 것으로 하
고 있어(박수정, 1989), 다른 무엇보다 祭禮에 대한 外的 表現을 祭需마련
에 두고 있으며 정성을 다해 준비하는 것이 자손으로서 孝를 실천하는 것
으로 여겨, 이와 같은 결과가 나타났다고 생각한다. 그러나 『擊蒙要訣』에서
栗谷이 「제수(祭需)는 정결하게 정성껏 마련해야 하는 것으로 시제에 준해
서 준비하되 그 가짓수에 있어 간소하게 하라.」 하였으니, 祭需는 정성껏
정결하고 간소하게 마련하여 결코 분에 넘치지 않도록 함이 옳다 하겠다.

다섯째, 節次는 參神, 降神 후 잔을 세 번 올리는 三獻禮가 기본이 되며,
祝을 한 후 哭을 한다 하였다. 또한 祖上이 진지를 잡숫는 시간을 드리고
난 후 모든 절차가 마무리된다. 時祭에서의 餕이나 受胙의 절차는 忌祭에
없는데, 餕은 제사에 남은 음식을 나누어 먹는 것이고 受胙는 제사지낸 고
기를 제주가 먹는 것으로 이는 오늘날 "음복"에 해당된다고 볼 수 있다.

3. 제례수행의무

　남성 중심의 전통사회에서 가정 내 남편은 한 가족의 가장으로서 가독권
과 대표권을 가지며 집안 대소사 행사를 수행하였으며 주부도 또한 가사
수행의무와 주부권을 갖고 집안일을 통솔하였다. 이와 같이 한 가정의 핵
심인 부부는 남편은 남편으로서 위치와 의무가 있었고 아내도 아내로서의
위치와 그에 따른 구실이 있었던 것이다. 祭禮에 있어서도 이와 같은 면을
여러 부분에서 찾아볼 수 있다.

　『擊蒙要訣』祭禮章 첫머리에 「제사는 마땅히 家禮에 따르고 반드시 祠堂
을 세우고 먼저 신주를 받들고 그리고 祭田을 설치하고 祭器를 갖추며 종
손이 이를 주관한다.」하며 한 집안의 宗子로서 祭禮 遂行義務를 명시하고
있다. 또한 「墓祭, 忌祭는 세상풍속에 자손들이 서로 돌아가면서 행하는데
이는 禮가 아니다. 墓祭는 각 집에서 돌아가면서 행한다 하더라도 산소 앞
에서 지내니 가하다. 하지만 기제 때 돌려가며 지낸다면 사당 앞에서 제사
를 지내지 않고 지방을 써서 지내니 심히 좋지 않다. 비록 서로 번갈아 지
낼 수밖에 없는 형편이거든 여러 가지 祭物을 차려놓고 家廟에서 지내는
것이 옳을 것이다.」하여 祠堂, 즉 宗家에 마땅히 설치하는 것으로 宗家의
宗孫에게 祭祀權을 부여했던 것이다.

　제례를 행하는데 家長에게 이러한 권리와 의무를 부여한 것은 그만큼 전
통사회 가족제도 안에서 祭祀가 중요한 의례였기 때문이다. 반면에 長子에
게 보다 많은 재산을 주는 長子優待 不均等 相續制를 시행함으로써 대를
이어 제사권을 계승하도록 하여 조상의 제사를 끊이지 않게 하였다.

　전통사회에서 장자우대 불균등 상속은 직계가족이라는 가족유형과 불가
분의 관계를 가졌다. 즉 장남을 우대하여 집을 물려주고 차남 이하는 분가
하게 하여 가족이 1세대 1부부의 원칙, 즉 직계가족의 원리를 가질 수 있
는 것이 바로 장자우대 불균등 상속으로 장남을 우대하는 이유는 장남이

부모와 동거하면서 부모를 봉양하고 제사를 받들고 집을 찾는 손님을 대접하기 때문이다. 즉 장남의 몫은 부모 봉양, 봉제사, 접빈객을 위한 것이다 (이길표, 주영애, 1995).

한편 『擊蒙要訣』 제례장에 제주는 자신의 근력과 재력에 따라 祭祀를 지낼 만하면 지내야 한다."는 제사 주관자로서의 의무를 당부하고 있어 長子의 특권과 함께 그에 따른 책임감도 컸던 것이다.

또한 전통사회 가족제도 안에서 주부로서의 구실도 큰 것이다. 특히 宗婦는 모든 대소사 일을 통솔하며 가계운영에 직접적 영향력을 발휘하였다. 주부권의 상징인 열쇠는 시어머니가 며느리에게 모든 살림을 맡기면서 권리를 넘겨주는 의미를 내포하고 있다.

祭儀抄 時祭儀에 의하면 「제사 전 주부는 며느리와 딸들을 데리고 안에서 목욕재계를 하고 제사를 기다리며 마음의 준비를 한다. 또한 주부는 며느리와 딸들을 거느리고 제기를 깨끗이 하고 제물(祭物)을 마련하는데 아랫사람에게 명하기를 먼저 먹거나 고양이, 개, 벌레가 더럽히지 못하도록 한다.」 하였다. 이는 제사를 행하는 데 있어 주부로서의 의무와 권리를 부여한 것으로 가정 내 의례에서 주부나 종부는 모든 식솔들을 거느리고 주도적으로 제사준비에 임했던 것이다.

실제로 율곡의 가정은 일찍이 부모님을 여의었고 또 큰 형님마저 돌아가시니, 집안의 어른을 큰형수로 삼아 질서를 유지하려 했다. 따라서 모든 가족들에게 큰형수님 모시기를 어머니 모시듯 해야 한다고 했으며 모든 가사를 주관하게 한 것은 집안의 위계질서를 확실하게 하여 어른에 대한 공경을 가르친 것이다.(홍달아기, 1993)

전통사회에서 중요시되었던 時祭나, 忌祭, 墓祭의 수는 그 댁이 4대 奉祀를 할 경우 기제사가 최소 년 8회나 되고 시제나 묘제까지 한다면, 그 규모가 매우 커 가정의례 중 가장 중심이 되었던 것임에 분명하다.

그리고 제례 시 주부는 사당에 있던 主櫝을 받들어 正寢으로 옮길 때 주인의 뒤를 따르며 주인이 모든 남자 분 신주를 받들어 놓으면 주부는 손을 씻고 올라가서 여러 여자 분 신위를 받들어 놓는다. 또한 進饌을 하는 과정에서 주부가 함께 찬을 올리고, 두 번째 잔을 올리는 亞獻은 주부가 하였다. 부계계승의 조상숭배 사상이 기본이 되는 제례를 수행하는 과정에서 주부들은 이와 같은 참여를 통해 주부로서 혹은 종부로서 그 위치를 공고히 했던 것이다.

현대사회에서 아직까지 전통사회 대갓집 종부로서 주부권을 갖는 경북 안동군 도산면 토계리에 있는 진보(眞寶) 이씨 종손 댁 주부의 예를 들어 보면 이러하다.

「몇몇의 머슴과 일하는 아이를 두고 넓은 집 안을 돌아보면서 굵은 목소리로 호령하며 가사를 돌본다. 이 집의 주부가 수행하여야 할 가장 중요한 의무는 봉제사(奉祭祀), 접빈객(接賓客), 시부모(侍父母)이다. 1년에 20회가 넘는 기제사나 차례 시에는 평균 50여 명의 친척이 모인다. 제사의 제찬(祭饌)을 정성껏 장만하여 제사를 거행하도록 뒷바라지하고 일가친척을 대접한다. 평시(平時)에도 원근에서 이 종가를 찾는 객이 그칠 사이 없다. 근년에는 드물다 하겠지만 옛날에는 평일 식객(食客)이 5~6명 정도로 그치지 않았다. 무엇보다 중요한 시부모(侍父母)는 언제나 평안하고 흡족하게 거처와 음식을 마련하여 올리며 항상 복장을 깨끗하게 하여 가족의 체통을 지키게 한다. 많은 사람을 거느리고 많은 사람과 접하며 신경을 많이 써야 하고 일이 많아 항상 분주하면서도 주부가 짜증을 내고 불평을 한다면 큰집의 큰살림이 유지되지 않는다. 이 집의 주부는 능란한 사교술과 넓은 아량과 부드러운 성품을 갖추면서 굳세게 가사를 이끌어가는 힘과 사람을 거느리는 통솔력이 있어 보였다.」(이광규, 1985)

이와 같은 내용에서 전통사회 주부들이 가정생활에서 많은 과업을 수행하며 그 나름대로 책임과 의무를 갖고 역량을 발휘했음을 알 수 있다. 즉 사대부가의 종부나 며느리들에게 가정의 의례준비는 아랫사람에게 시킬 수 없는 자신의 중요한 맡은 바 임무가 되어 왔다.

경북 안동지방 忠孝堂의 종부는 「제사지내는 일이 가장 힘든 일이었다. 5대 奉祀에다 설과 음력 9월 9일 제사(추석인 음력 8월 15일에 그곳에서는 햇곡식이 나지 않으므로 9월 9일에 지낸다고 함)까지 합하여 일년 내내 제사준비에 정성을 기울여야 한다. 현재는 제사를 그대로 대를 이어 해 줄 사람이 없어 안타깝다. 그러나 제사는 꼭 그대로 지켜야 할 선조들의 가르침이다.」라고 하여 가정의례와 관련된 가사활동이 중요한 일이었으며 여성들에게는 더없이 과중한 임무였음을 짐작케 한다.(주영애, 1992)

이상의 내용을 종합해 보면 한 집안의 대소사 중 제사를 지내는 일은 종가의 장자나 주부에게 더없이 중대한 행사로 이와 같은 일을 수행하면서 장자는 그 집안 대들보와 같은 위치에서 가정 내 모든 일을 통솔하고 지휘하였으며 종부는 제사준비뿐 아니라 제사에 참석하는 손님대접까지 힘겨운 가사활동을 하면서도 자신들의 의무이자 소임으로 생각하여 이에 임했던 것이다. 더불어 그만큼의 宗婦로서의 지위 또한 宗子 못지않게 크다 할 수 있다.

또한 『擊蒙要訣』에 제사는 자손이 서로 번갈아 가며 지낼 수 없고 사당이 있는 종가에서만 행할 수 있는 것이라 하였으니 현대사회에서 장자나 맏며느리, 종부로서 소임은 크나 제사를 다른 형제들과 돌려가며 지내는 것은 예에 어긋난 것이고 다만 이러한 어려움은 여러 형제들이 제수준비 시 가사협력이나 제수를 마련해 옴으로써 도움을 주는 것이 바람직하다고 볼 수 있다.

Ⅲ. 제례의 현대적 해석

위로는 선조를 섬기며 아래로는 자손들에게 선조의 뜻을 이어받아 자신에 대한 존재가치, 즉 뿌리를 깨닫게 해 주는 報本反始의 제례는 현대 가정의 생활 철학적 측면에서 질서의식 부재와 물질만능의 현대인에게 새로운 의미를 준다. 본 연구를 이에 의의를 두며, 율곡의 『擊蒙要訣』에 나타난 제례에 관한 내용을 분석한 결과 다음의 몇 가지 결론을 내리고자 한다.

첫째 제례는 자신이 선조, 부모에 효의 발로로 마음으로부터 나오는 참된 정성이 그 기본이 된다. 따라서 그 행례의 형식절차는 제사를 모시는 주관자의 심정을 나타내는 외적 표현일 뿐이다. 율곡은 『擊蒙要訣』에서 정성의 가르침과 함께 제례행례를 규범화하였으며 자신이 몸소 실천하며 모범을 보였다. 즉 祭儀抄에 내용과 같이 8가지 제의를 행함으로써 웃어른에 대한 공경과 자식된 자의 도리를 다하였다.

그러므로 현대 가정에서 전반적인 제례행례를 할 때 지나친 경비를 들인 물질적인 虛飾보다는 자신의 형편과 분에 맞도록 규모 있고 절제된 준비가 중요하며 정성을 다해 행함이 바른 禮를 실천하는 것이라 하겠다.

둘째, 집안에 사당을 두어 선조에게 수시로 告하고 인사할 뿐 아니라 돌아가신 선조에게 지내는 忌祭, 時祭, 墓祭까지 지냈을 때 연중 祭禮의 수는 가히 짐작할 만하다. 이는 제례가 어떤 다른 의례보다도 일상화되어 있고 또한 모든 가정 내 대소사 중 중심이 되는 禮였음을 알 수 있다. 祠堂은 제례의 핵심이며 중심체라 할 수 있는데 현대 도시사회에서 찾아보기 어렵다. 또한 다양한 종교를 가지고 살아가는 현대인에게 사당의 존재는 자칫 우상숭배의 근원이 될 수 있고 선조에 대한 제례가 무의미하게 여겨질 수 있다. 실제로 가족 내 종교 갈등에 관해 연구(이정덕·전미경, 1995)한 바에 따르면 제사나 명절 시의 의례는 핵가족만의 행사가 아니라 직계를 포함한 여러 친족들이 모이는 가족 내 중추적인 의례행사로서 이 행사가 원만히 치러지지 않을 경우에는 가족 간의 단절을 초래하게 되며, 이로 인한 파장이 가족 내 갈등으로까지 번지게 된다고 보고하고 있다. 또한 제사에 인한 갈등은 개신교와 비기독교인들 사이에서 가장 두드러지게 대두되는 문제로 가족 내 종교 갈등의 중요한 원인 중 하나라고 하겠다.

현대사회로 넘어오기 이전 조선이 국가통치 이념으로 삼았던 유교적 의례형태가 현대사회에서는 하나의 전통적 가치관으로 자리 잡을 즈음 서구의 사상과 종교로 인해 혹은 복잡한 현대사회구조 변화로 이와 같은 고유의례의 변화가 불가피하고 제례도 또한 예외일 수는 없다. 따라서 현대사회에서 새로이 대두되고 있는 각 종교 형태의 제례를 포함한 제례에 대한 연구와 정형화된 제례행례의 정착이 필요하다고 본다.

셋째, 전통사회 가족제도 안에서 제례는 이를 주관하여 행하는 宗子와 宗婦에게는 막중한 의례로 接賓客·侍父母와 함께 많은 일을 수행해야 할 의무와 구실이 있었다. 특히 주부는 제사준비 시 며느리, 딸들을 거느리고 제수마련에 정성을 기울였으며 제사 전 進饌 時에 餠, 麵, 飯을 올리고 祭禮 時 亞獻의 禮를 행함으로써 적극적으로 참여하였으며 주관자인 주인 못지않은 역할을 수행하였다.

한편 이들에게는 재산상속에서 장남을 우대하는 특권이 주어져, 집안 내 일을 통솔하며 지휘하는 위치에서 영향력 있는 존재로 대우받는다. 즉 祭禮遂行이 이들에게는 마땅히 해야 할 의무이자 특권이기도 했다.

전통사회에서 제례는 중요한 의례이지만 年 數回나 되는 祭禮를 행함으로써 宗子와 宗婦를 중심으로 하여 한 가정의 생활의례가 되었으며, 그 가정을 다스리고 이끌어 가는 정신적 구심점이 되었다고 볼 수 있다.

현대사회에서 이와 같은 제례수행의무는 단지 자식된 者의 도리를 다한다는 차원보다 장자를 중심으로 한 한 가정과 가족의 결속을 다지는 매개체가 된다고 사료된다.

율곡의 『擊蒙要訣』을 통해 본래 제례의 의미가 孝를 기본으로 하여 부모나 윗사람에 대한 정성(精誠)을 강조하고 있고, 실천적 행례로서 형편껏 준비하여 제례에 임하도록 함을 알 수 있다. 가치관 혼란의 시대를 살아가고 있는 현대인에게 자신의 존재와 정체성을 찾는데 제례는 중요한 기능적 역할을 하리라 여겨진다.

제7장 『주자가례』와 『사례편람』의 제례

역사적으로 볼 때 우리나라는 지리적으로 근접해 있는 중국문화의 영향을 많이 받아 왔다. 민간신앙에 포함되어 있던 제례가 유교적 제례형식을 따르게 된 것은 고려 말 중국으로부터 주자가례가 들어오면서부터이다.

주자가례의 전래 이후 안향을 비롯한 일부 유학자들은 가묘를 세우고 삼년 상을 행하는 등 유교적 개념의 의식이 생활의 준거로 자리 잡게 되었다. 특히 사대부들은 새로운 개혁과 사회적 질서를 추구하는 이념으로 여겼으며, 조선이 건국된 이후 가례는 사대부 관료들에게 필수적으로 권장되었다.

한 문화의 특성을 정확히 이해하기 위해서는 타 문화와 비교하여 그 독특성을 유추해 나가는 방법이 있을 수 있다. 朱子의 『家禮』가 유입된 이후 많은 예학자들에 의해 禮書들이 편찬되면서 제례에 있어서도 『家禮』의 내용이 많이 인용되고 있다. 이와 관련하여 중국의 『家禮』와 조선 중기 예서 陶庵의 『四禮便覽』의 祭禮내용을 비교분석하여 한국 제례문화의 특징적 단면을 제시해 보고자 한다.

I. 『주자가례』와 『사례편람』의 내용구성

본 문헌으로 선정된 주자의 『家禮』, 陶庵의 『四禮便覽』을 개괄적으로 분석하면 다음과 같다.

『朱子家禮』는 여러 판본이 전해지고 있으나 별다른 차이는 없다. 『朱子家禮』의 내용은 사마광의 『서의』를 대부분 기본으로 하여 저술되었으나 祭禮를 독립시켜 그 비중을 많이 두었다는 점에서 차이는 있다.

『朱子家禮』는 본래 南宋 시대 孝宗 5년(1169)에 朱熹가 저술한 『家禮』를 일컫는 말로 『文公家禮』, 『文公家禮儀節』 등의 여러 판본이 전해지고 있다.

『四禮便覽』은 陶庵 李縡가 朱子의 『家禮』를 준칙으로 하고 沙溪의 『喪禮備要』를 중심으로 先賢의 禮設을 참작하여 의례의 잘잘못을 바로잡아 喪祭에 婚禮를 첨가하여 편저하여 필사본으로 전하다가 그의 후손 문간공(文簡公, 李光文, 1778~1828)과 문정공(文貞公, 李光正, 1780~1849)이 각각 그 내용을 보강하고 圖式까지 붙여 헌종 10년(1844)에 雲石 趙寅永(1782~1850)의 발문을 덧붙여 목판으로 간행되었다.

〈표 1〉 문헌의 내용

家禮(1169)	四禮便覽(1700년경)
1. 卷一 通禮 　　祠堂, 深衣制度, 司馬氏居家雜儀 2. 卷二 冠禮 3. 卷三 婚禮 4. 卷四 喪禮 5. 卷五 祭禮 　　四時祭, 初祖, 先祖, 禰, 忌日, 墓祭	1. 卷之 一 冠禮 2. 卷之 二 昏禮 3. 卷之 三 喪禮 一 4. 卷之 四 喪禮 二 5. 卷之 五 喪禮 三 6. 卷之 六 喪禮 四 7. 卷之 七 喪禮 五 8. 祭禮, 祠堂, 時祭, 禰祭, 忌日, 墓祭

전체적인 목차를 중심으로 『家禮』의 내용과 『四禮便覽』의 내용을 비교해 보면 다음과 같다. 『家禮』에는 卷一에 通禮라 하여 祠堂, 深衣制度, 居家雜儀 등 사당의 의미와 심의 제도법, 사마광의 집안에서의 각종 예절에 대한 부분을 첫머리에 두고, 「이 편에 쓰인 것은 모두 이른바 집에서 날마다 사용하는 상례(常禮)이니 하루라도 닦지 않을 수 없다.」(『家禮』 卷一 通禮,

此篇所著 皆所謂有家日用之常禮 不可一日而不修者〉하였다.

祠堂의 의미와 祠堂 祭祀에 관한 내용을 『四禮便覽』에서는 祭禮章에서 다루고 있고, 제례의 분류를 『家禮』에서는 四時祭, 初祖, 先祖, 禰, 忌日, 墓祭로 적고 있으나 『四禮便覽』에서는 初祖와 先祖祭에 관한 부분이 빠졌다. 한편 『四禮便覽』에서는 〔喪禮〕부분을 5장에 나누어 자세하게 다루고 있음을 볼 수 있다.

Ⅱ. 제례의 내용

栗谷學派의 맥을 이은 陶庵 李縡(1678~1746)는 尤庵의 제자로서 先賢의 禮設을 참작하여 의례의 잘잘못을 바로잡아 쉽게 상고할 수 있게 喪祭에 관례와 혼례까지 첨가해서 『四禮便覽』을 撰述하였는데 그 수요가 많아 계속 간행하여 오늘에 이르러서도 사람들이 이를 참고로 하여 가례를 연구하고 있다.

1. 제례구분 및 제례관

1) 제례구분

『家禮』의 卷五 祭禮章에서 구분하고 있는 祭禮의 종류는 四時祭, 初祖, 先祖, 禰, 忌日, 墓祭로 忌日을 제외한 모든 祭日에 대하여 다음과 같이 적고 있다.

四時祭는 「시제는 중월을 쓴다. 열흘 전에 날을 점친다.」(『家禮』卷五 祭禮 四時祭, 時祭用仲月 前旬卜日〉하였는데 이는 사계절의 가운데 달로 孟月인 국가의 時祭와 격을 달리해야 함을 강조한 내용이라 할 수 있다.

初祖는 시조에게 지내는 제사로 「이는 오직 시조를 잇는 종자가 제사를 지낸다.」(『家禮』 卷五 祭禮 初祖, 惟繼始祖之宗得祭) 하였다.

또한 「동지에 시조를 제사지낸다. 정자가 말하기를 이는 처음으로 사람을 낸 할아버지이다. 동지는 첫 陽의 시작이므로 그 유사함을 형상화하여 제사지내는 것이다(『家禮』 卷五 祭禮 初祖, 冬至祭始祖 程子曰 此厥初生民之祖也 冬至一陽之始 故象其類而祭之)」라 하며 시조의 제사를 冬至에 지내는 이유를 설명하고 있다.

先祖는 선조에 대한 제사로 「시조와 고조를 계승하는 종자가 제사를 지낸다. 시조를 계승하는 종자는 초조 이하를 제사지내고 고조를 계승하는 종자는 선조 이하를 제사지낸다.」(『家禮』 卷五 祭禮 先祖, 繼始祖高祖之宗得祭 繼始祖之宗 則自初祖而下 繼高祖之宗 則自先祖而下) 하였다. 또한 「입춘에 선조를 제사지낸다. 정자가 말하기를 초조 이하 고조 이상의 조상이다. 입춘은 만물이 생겨나는 처음이므로 그 유사함을 형상하여 제사지내는 것이다.」(『家禮』 卷五 祭禮 先祖, 立春祭先祖 程子曰 初祖以下 高祖以上之祖也 立春生物之始 高象其類而祭之)

「禰는 아버지에게 제사를 지내는 것이다. 아버지를 잇는 종자 이상은 모두 제사를 지낼 수 있다. 季秋에 아버지에게 제사지낸다. 정자가 말하기를 季秋는 만물이 성숙하기 시작하는 때이므로 역시 그 유사함을 형상하여 제사지내는 것이다.」(『家禮』 卷五 祭禮 禰, 繼禰之宗以上 皆得祭 季秋祭禰 程子曰 季秋成物之始 亦象其類而祭之)

「墓祭는 묘소에서 제사지낸다. 묘제는 삼월 상순에 날을 택하여 제사를 지내는 것이다.」(『家禮』 卷五 祭禮 墓祭, 三月上旬擇日)

한편 陶庵은 『四禮便覽』 卷之八 祭禮章에 祠堂, 四時祭, 禰祭, 忌祭, 墓祭로 분류하였는데, 祠堂을 祭禮章에 포함시켜 설명하고 있다.

祭禮章 처음 부분에서 陶庵은 君子가 집을 지으려 하면, 먼저 正寢의 동쪽에 사당을 세운다. 사당이 있는 집은 종손이 대대로 지키지 나누어 줄

수가 없다. (『四禮便覽』卷之八 祭禮章 四時祭, 君子將營宮室 先立祠堂於正
寢之東 祠堂所在之宅 宗子世守之 不得分析)하여 祠堂의 중요성을 설명하고
宗家의 종손이 이를 지켜야 마땅함을 피력하고 있다.

祠堂에 告하는 시기는 출입할 때와 집 안에 일이 있을 때이다. 그 밖에
정월과 동짓달 초하루와 보름이 되면 참배한다. 또한 세속의 명절, 즉 청명,
한식, 단오, 구월 구일 등에 그 계절 음식을 올리는 薦新을 한다.

四時祭는 仲月에 禰祭는 季秋(음력 9월)에 墓祭는 三月 上旬에 날을 택
하여 하는 것이 朱子의 『家禮』내용과 상통하다. 그러나 陶庵은 墓祭를 지
내는 것에 대해서 다음과 같은 부연 설명을 하고 있다.

「묘제는 옛 제도는 아니다. 주자는 세속에 따라 한 번 제사하라고 하였
고, 南軒은 오히려 예가 아니라고 해서 오고간 토론이 많은 뒤에 따랐다.
그렇다면 묘소와 사당의 차별을 알 수 있다. 이제 사당에서는 사시의 제사
를 행하고 또 네 명절날에는 성묘를 한다면 이는 묘소와 사당이 동등하게
여긴 것이니 어찌 옳다고 하랴. 네 계절의 墓祭를 우리나라 풍속에서는 행
한 지가 오래서 이미 변하기는 어렵다. 그러므로 栗谷은 『擊蒙要訣』에서
대략 덜어내기는 했지만 그래도 오히려 과중한 생각이 드니 『家禮』를 정칙
으로 삼아 3월 달에 한 번 제사하는 것만 같지 못하겠다. (『四禮便覽』卷
之八 墓祭. 墓祭非古也 朱子隋俗一祭而南軒猶謂之非禮 往復甚勤然後始從之
然卽墓廟事體之殊別可知矣 今於廟行四時祭 又於四節日上墓則是墓與廟等也
烏可乎哉 四節墓祭 國俗行之巳久 有難頓變故栗谷要訣 略加節損 然猶未免過
重終不若以家禮爲正而三月一祭也)하며 시제와 묘제에 차등을 두어 시행함
이 옳다고 하였다. 時俗에는 명절에 墓祭를 행하나 본래 사당에서 하는 것
이고 묘제는 3월에 한번만 제사지내는 것이 옳음을 나타내고 있다.

2) 제례관

문헌에 나타난 제례관(祭禮觀)에 대한 내용을 보면 다음과 같다.

『家禮』에는 家廟제도의 중함을 피력하기 위하여 祠堂을 文獻의 처음 부분에 다루고 있다.

「이 장은 본래 [祭禮]에 있어야 맞다. 지금 報本反始하는 마음과 조상을 높이고 宗子를 공경하는 뜻을 진실로 집안의 명분을 지키는 데 두는 것은 그것을 후손 대대로 전하는 근본이기 때문이다. 그러므로 특별히 이를 지어서 편의 첫머리에 놓았으니 보는 사람들에게 먼저 큰일을 세울 것을 알게 하고 후편의 周旋, 乘降, 出入, 向拜하는 곡절 또한 의거하여 상고할 것이 있게 하였다.」(『家禮』卷五 祭禮 祠堂, 此章 本合在祭禮篇 今以報本反始之心 尊祖敬宗之意 實有家名分之守 所以開業傳世之本也 故特著此 冠於篇端 使覽者 知所以先立乎其大者 而凡後篇所以周旋升降出入向背之曲折 亦有所據以考焉)

따라서 「군자가 장차 궁실을 지을 때는 먼저 사당을 정침의 동쪽에 세운다.」(『家禮』卷五 祭禮 祠堂, 君子將營宮室 先立祠堂於正寢之東) 하며 사당의 구조와 예의 법도, 제구를 갖추어 놓는 예에 대한 내용을 자세히 적고 있다.

朱子는 『家禮』의 四時祭에서 제례를 행하는 마음과 행동거지에 대하여 다음과 같이 적고 있다.

「제사는 사랑하고 공경하는 정성을 다하는 것만이 주요할 뿐이다. 가난하면 집의 있고 없음에 맞게 한다. 병들었으면 근력을 헤아려서 행한다. 재력이 미칠 만한 자는 스스로 마땅히 의례대로 해야 한다.」(『家禮』卷五 祭禮 四時祭, 凡祭主於盡愛敬之誠而已 貧則稱家之有無 疾則量筋力而行之 財力可及者 自當如儀) 하며 제례 시 誠·敬을 일러 훈계하며 근력이 다하는 대로 의례를 지켜 마땅히 시행하도록 하고 있다.

또한 齋戒의 중요성을 강조하며 제사 사흘 전에 재계하도록 한다.

「사흘 전에 주인은 뭇 장부들을 거느리고 밖에서 致齋한다. 주부는 뭇 부녀를 거느리고 안에서 致齋한다. 목욕하고 옷을 갈아입는다. 술을 마시되어지러운 가운데 이르지 않도록 하고 고기를 먹되 냄새나는 채소를 먹지 않는다. 조상하지 않으며 음악을 듣지 않는다. 흉하고 더러운 일에는 모두 참여하지 않는다.」(『家禮』 卷五 祭禮 四時祭, 前期三日 主人師衆丈夫 致齋於外 主婦師衆婦女 致齋於內沐浴更衣 飲酒不得至亂 食肉不得茹葷 不弔喪 不聽樂 凡凶穢之事 皆不得預) 하며 제사에 임하는 사람은 어지럽고 문란한 것은 가까이 하지 않으며 금기하도록 하고 있다.

한편 忌日의 設位에 대하여서는 「아버지를 제사지내는 의례와 같다. 단지 하나의 신위만 설치한다.」(『家禮』 卷五 祭禮 忌日, 如祭禰之儀 但止設一位) 하였다.

한편 陶庵은 忌祭 전에는 목욕재계하고 다만 제사지내는 분 한 분의 신위만 設한다 하였으니 이것이 예의 올바름이라 하였다. 그리하여 「다만 제사를 받아야 할 신위에게만 제사하고 함께 제사하지 않는다. 그것이 配位 제사를 박하게 여겨서가 아니라 슬픔은 제사해야 할 분에게 있기 때문일 따름이다.」(『四禮便覽』 卷之八 祭禮 忌日, 只祭所祭之位 而不爲配祭 非薄於所配祭 以哀在於所爲祭者故耳) 하였으며 제사준비 시의 마음가짐에 대하여서는 다음과 같이 언급하고 있다.

「四時祭를 행하기 사흘 전에 재계를 하고 하루 전날 주인은 남자식구를 인솔하여 심의를 입고 집사자들은 正寢을 청소하고 의자와 탁자를 닦아 청결하게 한다.」(『四禮便覽』 券之八 祭禮章 四時祭, 前期三日齊戒 前一日 設位 主人師衆丈夫 深衣及執事 灑掃正寢 洗拭椅 卓務令蠲潔) 하고 「주부는 여자 식구를 인솔하여 배자를 입고 제기를 닦고 솥을 씻고 제수를 준비하되 정결하도록 한다. 제사를 지내기 전에 먼저 먹거나 개나 고양이나 쥐 등이 더럽히는 일이 없게 한다.」(『四禮便覽』 卷之八 祭禮章 四時祭, 主婦師衆婦女 背子 滌濯祭器潔 金鼎 具祭饌 務令精潔 未祭之前 勿令人先食及爲猫犬蟲鼠所汚) 하며 주인과 주부 이하 제례에 임하기 전, 몸과 마음을 삼가고 제사준비 시 정결히 할 것을 당부하고 있다.

陶庵은 忌日의 중요성을 강조하여 己日祭는 초상의 이음(『四禮便覽』 卷之八 祭禮 忌祭, 忌日乃喪之餘)이므로 祭禮 후에는 「슬픔을 표하여 이날을 마쳐야 한다.」(『四禮便覽』 卷之八 祭禮 忌祭, 致哀示變以終) 하였다.

또한 「이제 사람들은 다만 忌祭가 큰 것만을 알고 忌日이 중하다는 것은 알지 못한다. 이미 제사한 뒤에는 손님을 접대하되, 평일과 다름없이 하면서 어떤 이는 이미 재계가 끝났으니 평소같이 출입한다 하니 심히 옳지 못하다.」(『四禮便覽』 卷之八 祭禮 忌祭, 今人但知忌祭之爲大 不知忌日之爲重 巳祭之後應接賓客不異平時或有謂已罷祭 出入如常者 甚不可也) 하니 지나치게 祭禮의 형식만을 가리고 진정 마음에 있어 그 禮를 다하지 못함을 경계하여 가르치고 있다.

3) 제례구분 및 제례관의 특징 분석

朱子의 『家禮』와 陶庵의 『四禮便覽』에 나타난 제례구분의 내용과 제례관에 대하여 비교분석하여 그 특징적인 면을 지적한다면 다음과 같다.(〈표 2〉 참조)

첫째, 제례구분에 있어서 『四禮便覽』의 내용에 비추어 보았을 때 『家禮』에는 初祖祭와 先祖祭가 명시되어 있으며 祭日과 그 祭日을 정한 이유가 자세하게 설명되어 있다. 또한 祠堂의 기능과 구조 그리고 祠堂의 위상과 당위성에 대하여 『家禮』에는 이를 매우 강조하여 卷一 通禮의 내용 처음 부분에 삽입하여 설명하고 있다. 『四禮便覽』에는 祠堂에 대한 內容을 祭禮 章에서 다루고 있는 데 出入告와 正月, 冬至, 朔望, 薦新 등의 제사에 대한 내용이 이 『家禮』의 내용을 인용하고 있어 『家禮』에서와 같이 祠堂에 대한 부분이 강조되지 않는다.

둘째, 祭禮觀에 있어서 陶庵은 家禮의 내용을 거의 수용하고 있어 많은 부분이 동일하게 나타나고 있다. 家禮에서는 祠堂, 初祖, 先祖祭 등에 대하여 강조된 바를 볼 때 『家禮』의 저자인 朱子는 祭禮를 통한 윗대 선조에 대

한 敬의 사상이 보다 강조되고 있음을 짐작케 한다. 한편 『四禮便覽』의 내
용에는 이에 관한 부분이 빠져 있고 忌日에 대하여 강조하며 기일제를 보
다 자세히 적고 있어 『家禮』와 다소 견해 차이를 보이고 있었다. 그 밖에
齊戒와 금기의 내용은 가례의 내용과 전적으로 유사하였고 設位에 있어서
는 朱子는 한 분의 신위만을 모실 것을 보다 강조하는 바를 볼 수 있었다.

2. 제례행례

〈표 2〉 문헌의 제례구분과 제례관

구 분	家 禮	四禮便覽
제 례 구 분	四時祭(仲月), 初祖(冬至), 先祖(立春), 禰(季秋), 忌日(忌日), 墓祭(三月)	祠堂(出入告, 正月, 冬至, 朔望, 薦新-청명, 한식, 단오, 중구일, 有事則告), 四時祭(仲月), 禰(季秋), 忌日(忌日), 墓祭(三月)
제례관	-祠堂의 중요성 강조 -宗子에 대한 恭敬 -齋戒 강조 -設位 時 한 분의 神位만 모심 -금기사항 제시	-祠堂이 중함 -齋戒 강조 -設位 時 한 분의 신위만을 모심 -금기사항 제시 -忌日의 중함을 강조

1) 『家禮』의 내용

『家禮』에 의하면 「四時祭를 행하기 하루 전에 신위를 설치하고 그릇을
진설한다.」(『家禮』 卷五 祭禮 四時祭, 前一日 設位陳器) 또한 「주인은 장부
를 거느리고 심의를 입고 집사와 함께 正寢을 청소하며 의자와 탁자를 깨
끗이 씻고 털어 정결하게 한다. 고조고비의 신위를 당의 서북쪽 벽 아래에
남향하도록 진설하는 데 考는 서쪽이요 妣는 동쪽이다. 각각 의자와 탁자
하나를 써서 합설한다.」(『家禮』 卷五 祭禮 四時祭, 主人師衆丈夫深衣 及執

事 灑掃正寢 洗拭倚卓 務令蠲潔 設高祖考妣位於 堂西北壁下南向 考西妣東 各用一倚一卓而合之)하며 신위를 設하는 예에 대하여 설명하고 있다.

한편 祭具의 陳器에 대하여서는 다음과 같다.

「향안을 당 가운데에 진설하고 향로와 향합을 그 위에 놓는다. 茅沙는 향안의 앞과 매 신위 앞의 땅 위에 놓는다. 酒架(술상)는 동쪽 계단 위에 진설하고 별도로 탁자를 그 동쪽에 놓고서 술주전자 하나, 뇌주잔 하나, 쟁반 하나, 수조반 하나, 시저 하나 수건 하나, 茶合, 茶筅, 찻잔, 찻잔받침, 소금그릇, 醋瓶을 그 위에 놓는다. 화로, 湯瓶, 香匙, 火筯를 서쪽 계단 위에 놓는다. 별도로 탁자를 그 서쪽에 놓고서 축판을 그 위에 진설한다. 세숫대야와 수건을 각각 두 개씩 동쪽 계단 아래의 동쪽과 서쪽에 진설한다. 그 서쪽의 것에는 臺架가 있다. 또한 음식을 진설할 큰상을 그 동쪽에 놓는다.」 (『家禮』 卷五 祭禮 四時祭, 設香案於堂中 置香爐香盒於其上 束茅聚沙於香案前 及逐位前地上 設酒架於東階上 別置卓子於其東 設酒注一 酹酒盞一 盤一 受胙盤一 匕一 巾一 茶合 茶筅 茶盞卓 鹽楪 醋瓶於其上 火爐 湯瓶 香匙 火筯於西階上 別置卓子於其西 設祝板於其上 設盥盆帨巾各二於阼階下之東西 其西者有臺架 又設陳饌大牀於其東)

한편 四時祭 時의 祭服과 祭需에 대하여서는,

「주인은 장부를 거느리고 심의를 입고서 희생이 죽음에 임한 것을 살핀다. 주부는 부녀자들을 거느리고 배자를 입고서 제기를 씻고 솥을 깨끗이 하며 제사음식을 갖춘다.」(『家禮』 卷五 祭禮 四時祭, 主人帥衆丈夫深衣 省牲涖殺 主婦帥衆婦女背子 滌濯祭器 潔釜鼎 具祭饌) 하여 제수마련 시 정결함에 힘쓰도록 가르치고 있다.

忌日의 祭具와 祭需는 동일하나 祭服은 四時祭와 다르다. 즉 아버지의 제사이면 주인과 형제는 黲紗幞頭, 黲布衫, 布裹, 角帶를 입는다. 할아버지 이상이면 黲紗衫을 입고, 방친이면 皂紗衫을 입는다. 주부는 민족두리에 장식은 하지 않고, 白大衣와 淡黃帔를 입고 나머지 사람은 모두 화려한 복색

을 하지 않도록 하며 친척의 범위에 따라 祭服을 달리하여 갖추어 입도록
하고 있다.

제례절차에 있어서는 사시제 때에는 참신, 강신, 진찬, 초헌, 아헌, 종헌,
유식, 합문, 계문, 수조, 사신, 납주, 철, 준의 순서로 이루어진다. 기일의 제
사 때에는 受胙(음복하는 것)나 餕(남은 제사음식을 대접하는 것)의 절차
가 없다.

기일의 제사 때에는 금기해야 할 예가 있다. 즉 「이날은 술을 마시지 않
고 고기도 먹지 않고 음악도 듣지 않는다. 검푸른 건과 소복과 소대로 지
내고 밤에는 바깥채에서 잔다.」(『家禮』 卷五 祭禮 忌日, 是日不飮酒 不食肉
不聽樂 黲布素服素帶以居 夕寢於外) 하였다.

2) 『四禮便覽』의 내용

도암의 『四禮便覽』에 나타난 제례행례는 제사 당일 새벽에 일어나 채소
와 과일, 술과 음식을 진설하고 祭服으로 갈아입는데, 주인과 형제는 부모
나 조부, 傍親祭祀에 따라 祭服이 다르고 주부는 特髻去飾에 白大衣, 淡黃
帔로 變服한다. 祭禮節次는 먼저 사당으로 가서 神主를 正寢으로 모셔 온
후 제사 참가자 모두 禮를 드리는 參神부터 시작한다.

제례절차는 四時祭 때의 참신, 강신, 진찬, 초헌, 독축, 아헌, 종헌, 유식,
합문, 계문, 수조, 사신, 납주, 철, 준의 내용으로 설명하고 있다. 기제 때에
는 受胙와 餕의 절차가 없다. 사시제와 기제시의 제사장소는 正寢이다.

『四禮便覽』 忌祭의 마지막 부분에는 술을 마시지 않고 고기를 먹지 않고
음악을 듣지 않으며 저녁에 남자는 바깥채에서 잔다고 하며 음식과 의복,
행동에 있어서의 금기사항과 함께 「이제 사람들은 다만 忌祭가 큰 것만을
알고 忌日이 중하다는 것은 알지 못한다. 이미 제사한 뒤에는 손님을 접대
하되 평일과 다름없이 하면서 어떤 이는 이미 재계가 끝났으니 평소같이
출입한다 하니 옳지 못하다.」(『四禮便覽』 卷之八 祭禮 忌祭, 今人但知忌祭

之爲大 不知忌日之爲重 巳祭之後應接賓 客不異平時或有謂巳罷齊 出入如常
者 甚不可也) 하며 忌日의 행동거지에 대하여 경계하여 가르치고 있다.

3) 제례행례의 특징 분석

제례행례는 제례를 행하기 위한 기구, 설비 및 예를 행하는 제반 절차
등이 포함된다.

『四禮便覽』의 祭具에 관하여 설명된 부분에 나타난 바와 같이(〈표 3〉 참
조) 『家禮』의 내용에 근거하여 제구마련에 대하여 기술한 듯하다. 다만
『家禮』에 있는 茶合, 茶筅, 茶盞 등은 茶具가 포함되어 있어 祭禮 時 茶를
올렸음을 볼 수 있다. 『四禮便覽』에서는 茶具에 대하여 기록된 바는 없고,
四時祭의 諸具 내용 중에 茶에 대하여 다음과 같이 설명하고 있다. 「喪禮
備要에 의하면 나라의 시속에 차를 물로 대신하는데, 즉 熟水이다.」(備要
國俗代以水 卽 熟水)라 하여 중국의 茶와는 다른 의미로 쓰여 있음을 알
수 있다.

제수로서는 『四禮便覽』에 있고 『家禮』에 없는 것은 食醢, 沈菜, 醬 등이
며, 蔬菜와 脯, 醢는 『家禮』에 각 3품으로 기록되어 있어 『四禮便覽』과 다
르다. 忌日의 祭具와 제수품목은 사시제와 동일하나 제복은 사시제와 기일
제가 차이가 있다.

祭服은 四時祭 時 주인은 심의를, 주부는 背子를 착용하도록 하고 있으
나 忌日의 祭服은 남자는 先祖에 따라 차이가 있고 주부는 特髻去飾으로
민족두리에 장식을 하지 않고 흰옷을 착용하도록 하고 있다.

『家禮』와 『四禮便覽』 모두 祭禮節次의 기본은 四時祭에 두고 있으며, 忌
日에는 受胙와 餕의 절차는 없다. 또한 祭祀 장소도 동일하게 모두 正寢이
라는 제사공간이 있어 여기에서 지내도록 하고 있다.

忌는 '禁'字와 같은 의미로 기일에는 술과 고기, 음악을 삼가고 素服에
부부 합방을 금하는 내용이 문헌에 공통적으로 적고 있다.

제례행례의 내용을 전체적으로 보았을 때 『家禮』와 『四禮便覽』의 다른 점
은 祭具와 祭需에서 나타나고 있고 그 밖의 내용은 동일하게 기술되고 있다.

<표 3> 문헌의 祭禮行禮

구 분		家 禮	四禮便覽
四時祭	祭具	香案, 香爐, 香盒, 茅沙, 酒架(술상), 酒注(술 주전자), 酹酒盞(뇌주잔), 盤(소반), 受胙盤(수조반), 匕(시저), 巾(수건), 茶合, 茶筅, 茶盞托, 鹽楪(소금그릇), 醋甁, 화로, 湯甁, 香匙, 火筯, 축판, 盥盆, 臺架, 大牀	香案, 香爐, 香盒, 촛대, 茅沙, 酒架, 酒注 酹酒盞(뇌주잔), 盤(소반), 受胙盤, 匕(시저), 巾(수건), 醋甁, 화로, 香匕(향 숟가락), 火筯, 축판, 盥盆, 巾, 臺架, 大牀
	祭需	果六品, 菜蔬·脯·醢 各三品, 肉·魚·饅頭·糕各一盤, 羹飯各一椀, 肝各一串, 肉各二串	果, 食醢, 醢, 沈菜, 醬, 蔬, 脯, 餠, 魚炙, 肉, 麵, 羹, 醋楪, 飯
	祭服	주인 이하-深衣 주부-背子	주인 이하-深衣 주부-背子
	節次	①參神 ②降神 ③進饌 ④初獻 ⑤亞獻⑥終獻 ⑦侑食 ⑧闔門 ⑨啓門 ⑩受胙⑪辭神 ⑫納主 ⑬徹 ⑭餕	①參神 ②降神 ③進饌 ④初獻 ⑤亞獻⑥終獻 ⑦侑食 ⑧闔門 ⑨啓門 ⑩受胙⑪辭神 ⑪納主 ⑫徹 ⑬餕
	場所	正寢	正寢
忌 日	祭具	四時祭와 동일	四時祭와 동일
	祭需	四時祭와 동일	四時祭와 동일
	祭服	① 주인과 형제 부모제사-黲紗幞頭, 黲布衫, 布裹, 角帶 조부 이상 제사-黲紗衫 방친제사-皂紗衫 ② 주 부 特髻去飾, 白大衣, 淡黃陂 ③ 나머지 사람 화려한 복식은 피한다.	① 주인과 형제 부모제사-黲紗帽, 黲布衫, 布角帶 조부 이상 제사-黲紗衫 방친제사-皁紗衫 ② 주 부 特髻去飾, 白大衣, 淡黃帔 ③ 나머지 사람 화려한 복식은 피한다.
	節次	①參神 ②降神 ③進饌 ④初獻 ⑤亞獻⑥終獻 ⑦侑食 ⑧闔門 ⑨啓門 ⑩辭神⑪納主 ⑫徹	①參神 ②降神 ③進饌 ④初獻 ⑤亞獻⑥終獻 ⑦侑食 ⑧闔門 ⑨啓門 ⑩辭神⑪納主 ⑫徹
	場所	正寢	正寢
	금기	- 술을 마시지 않고 고기도 먹지 않고 음악도 듣지 않는다. - 검푸른 건과 소복과 소대로 지내고 밤에는 바깥채에서 잔다.	- 술을 마시지 않고, 고기를 먹지 않고, 음악을 듣지 않는다. - 검푸른 건과 소복과 소대로 지내고 밤에는 바깥채에서 잔다.

3. 祭需의 陳設

1) 『家禮』의 내용

飯	盞盤	匙筯	醋楪	羹		飯	盞盤	匙筯	醋楪	羹
麵食	肉	炙肝	魚	米食		麵食	肉	炙肝	魚	米食
蔬菜 脯醢	蔬菜	脯醢	蔬菜	脯醢		蔬菜 脯醢	蔬菜	脯醢	蔬菜	脯醢
果 果	果	果	果	果		果 果	果	果	果	果

考 位   妣 位

〈그림 1〉 『家禮』의 每位設饌之圖

『家禮』에 의하면,

「신위마다 과일 여섯 가지와 채소·포·해 각각 세 가지, 肉魚, 饅頭, 떡 각각 한 쟁반, 국과 밥 각각 한 주발, 간 각각 한 꿰미, 고기 각각 두 꿰미를 차리되 정결하도록 힘쓴다. 제사지내기 전에는 사람들이 먼저 먹거나 고양이, 개, 벌레, 쥐가 더럽히지 않도록 한다.」(『家禮』卷五 祭禮 四時祭, 每位果六品 菜蔬及脯醢各三品 肉魚饅頭糕各一盤 羹飯各一椀 肝各一串 肉各二串 務令精潔 未祭之前 勿令人先食 及爲猫犬蟲鼠所汚) 하였다.

한편 제사음식의 陳設에 대하여서는,

「주인 이하는 심의를 입고 집사와 함께 제사지낼 곳에 나아가 손을 씻고 과일 접시를 신위마다 탁자의 남쪽 끝에 진설하고 채소와 포와 醢(젓갈)는 서로 사이를 두고 차례로 놓는다. 盞盤과 초 접시는 북쪽 끝에 진설하되, 잔은 서쪽에 초접은 동쪽에 놓고 匙筯(수저)는 가운데 놓는다. 玄酒 및 술은 각각 한 병씩 상 위에 진설한다. 현주는 그날 정화수로 채워서 술의 서쪽에 놓는다. 화로에 숯을 피우고 병에 물을 채운다. 주부는 배자를 입고 제사음식을 데운다. 잘 익혀 합에 담아 가지고 동쪽계단 아래 큰상 위에 놓는다.」(『家禮』卷五 祭禮 四時祭, 主人以下深衣 及執事者具詣祭所 盥手設

果楪於逐立卓子南端　蔬菜脯醢相間次之　設盞盤醋楪於北端　盞西楪東　匙筯居
中　設玄酒及酒各一瓶於架上　玄酒其日取井花水充　在酒之西　爇炭於爐　實水於
瓶　主婦背子　炊煖祭饌　皆令極熱　以合盛出　置東階下大牀上）

2) 『四禮便覽』의 내용

盞盤		匙筯		醋楪		飯		羹
麵		肉		炙		魚		餠
脯	蔬		醬		沈菜		醢	食醢
果		果		果		果		

〈그림 2〉 『四禮便覽』의 時祭陳饌之圖

『四禮便覽』의 「다음날 새벽 일찍 일어나 소채와 과일과 술과 음식을 진설한다.」(『四禮便覽』 卷之八 祭禮 四時祭, 厥明夙興設蔬果酒饌)하여 제수진설에 대하여 다음과 같이 적고 있다.

「주인 이하 심의를 입고 집사자와 함께 제사를 지낼 곳으로 간다. 손을 씻고 제상 남쪽 끝에 과일 접시를 진설하고 그 다음 줄에는 채소와 포와 醢(젓갈)를 차리고 북쪽 끝에 잔대와 초 접시를 놓되, 잔은 서쪽, 접시는 동쪽이다. 시저는 첫 줄의 중앙에 놓는다. 다른 상 위에 玄酒와 술병을 두되, 玄酒는 서쪽이다. 향로에 숯을 피운다. 주부는 제사음식을 따뜻하게 하되, 아주 뜨겁게 해서 합에 담아 내다가 동쪽 층계 위의 큰상에 놓는다.」(『四禮便覽』 卷之八 祭禮 四時祭, 主人以下深衣 及執事者 俱詣祭所 盥手 設果楪於逐位卓南端　蔬菜脯醢相間次之　設盞盤醋楪于北端　盞西楪東　匕筯居中　設玄酒及酒瓶於架上　玄酒在西　爇炭于爐　主婦背子　炊煖祭饌　皆令極執以盒盛出置東階下大牀上）

3) 제수진설의 특징 분석

朱子의 『家禮』(〈그림 1〉)와 陶庵의 『四禮便覽』의 陳設圖(〈그림 2〉)를 참고로 제수진설의 특징을 비교하여 보면 다음과 같다.

문헌의 진설도는 동일하게 4열로 나타났다. 맨 앞줄의 1열 果는 『家禮』에 6品이나 『四禮便覽』에는 4品으로 제시되어 있다. 陶庵은 이에 대해서 다음과 같이 설명하고 있다. 「家禮에는 6品이다. 일반적으로 나무에 달린 과실 중 먹을 수 있는 것이라면 쓰지 않는 것이 없다. 공자는 과일 중 복숭아는 낮은 과일로 제사 때에는 쓰지 않는다 하였고 沙溪는 만약 준비하기 어려우면 4品이나 2品도 좋다고 하였다.」(『四禮便覽』 家禮本註 六品 凡木實之可食者無不用 孔子曰 果屬桃爲下 祭祀不用 沙溪曰若難備 四品或兩品)

『四禮便覽』의 2열에는 醢(젓갈)와 食醢가 오른쪽에 있으면서 脯는 왼쪽, 醬과 沈菜를 중앙에 두고 있다. 『家禮』에는 蔬菜가 3品, 脯와 醢가 各各 3品으로 진설되어 있고, 醬과 沈菜, 食醢는 볼 수 없는 祭需品目으로 우리나라의 다양한 식생활 문화의 특성을 나타내 주는 부분이라 할 수 있다.

3열은 구이(炙)를 중심으로 왼쪽에는 麵을 오른쪽에는 떡류를 진설하면서 구이의 양 옆에 肉과 魚를 두고 있다.

진설도의 맨 뒷줄인 1열은 『四禮便覽』에는 飯과 羹의 위치가 오른쪽에 집중적으로 진설되어 있으면서 匕箸와 盞盤은 왼쪽에 그리고 醋楪이 중앙에 오른다. 『家禮』에는 飯과 羹이 양쪽 끝에 위치하여 匕箸가 중앙에 위치하여 두 문헌 간의 다소 차이가 있음을 볼 수 있는데, 이 부분의 祭需品目은 同一하다.

전체적으로 『家禮』와 『四禮便覽』의 진설도를 분석해 보면 祭需品目의 차이는 있으나 飯西羹東, 餠東麵西, 魚東肉西, 左脯右醢의 준칙은 동일하게 지켜지고 있는 것을 볼 수 있다.

Ⅲ. 祭需陳設의 특징 비교

朱子의 『家禮』와 陶庵의 『四禮便覽』에 나타난 이상과 같은 고찰을 통하여 종합적으로 다음과 같은 결론을 도출해 낼 수 있다.

첫째, 비록 문헌에 祭禮 부분이 많은 내용을 차지하고 있지는 않지만 祭禮의 중추적 역할을 하는 祠堂의 구조와 기능, 사당에서 행해지는 제반 祭儀에 관한 내용이 『家禮』 첫머리卷 之一 通禮 부분에서 다루어지고 있어 제례가 가례의 핵심적 부분을 담당하고 있음을 볼 수 있다. 그러나 『四禮便覽』에서는 祠堂에 대해 기술한 내용이 卷五 祭禮章에 있고 또한 初祖와 先祖 제사에 대한 부분을 포함시키지 않았으며 陶庵은 忌日의 중요성을 강조하고 있다. 한편 沙溪의 『家禮輯覽』(1599년)에서는 朱子의 『家禮』와 동일한 구성을 하고 있는데(김인옥, 1997) 그 이후에 쓴 『四禮便覽』은 당시의 사회문화를 반영한 저술이라고 할 수 있다. 또한 이와 같은 내용에서 陶庵의 『四禮便覽』은 한국적 祭禮를 표방하려 했음을 엿볼 수 있다.

둘째, 제례행례에서는 문헌 간 유사한 점이 많다. 그러나 祭具와 祭需의 品目에서는 차이가 있는데 『家禮』의 祭具에는 茶具가 포함되어 있어 중국에서는 물 대신 茶를 올렸음을 알 수 있다. 일각에서는 술 대신 茶를 올린 것으로 보고 있으나 『家禮』에는 술(酒)과 茶가 모두 사용된 것으로 제시되어 있다. 또한 『四禮便覽』에서도 茶가 표기되어 있으나 註에는 熟水라 하여 중국의 茶와 다른 개념으로 설명하고 있다.

祭需의 品目에서는 『家禮』에 蔬菜와 脯, 醢가 각 3品으로 제시되어 있고 『四禮便覽』의 食醢와 醬, 沈菜 등이 포함되지 않았다. 清醬과 沈菜는 『家禮輯覽』에서도 나타나고 있는 祭需의 品目이나 食醢는 『四禮便覽』에서만 볼 수 있어 祭需는 다분히 時俗에 따르고 있음을 볼 수 있다.

셋째, 문헌에 나타난 제수진설의 내용에서는 일반적인 준칙이라고 할 수 있는 飯西羹東, 魚東肉西, 左脯右醢, 餠東麵西 등 공통적 특징이 일치하였다. 그러나 진설도 일부분에서 다르게 그려지고 있는데, 특히 진설도 맨 위의 飯과 羹의 위치는 문헌 간 차이가 나타나는 부분이다. 한편 陶庵은 果에 대해서도 형편에 따라 4품이나 2품을 준비해도 무방하다 하였다.

朱子의 『家禮』는 우리의 문화와 의례생활에 지대한 공헌을 한 바 크다고 볼 수 있다. 조선조 많은 예서의 편찬자들이 『家禮』를 인용하고 모방하여 많은 가례서를 저술한 것을 보면 우리의 생활문화의 중심인 의례생활이 중국의 의례생활과 매우 흡사할 수도 있다고 생각해 볼 수 있다. 그러나 『四禮便覽』의 祭禮내용을 비교하여 보았을 때, 우리의 의례생활 문화는 중국의 영향을 받았으나 답습하지는 않았다. 또한 陶庵은 『四禮便覽』에서 의례를 時俗에 따라 행하려 하였고 형편에 따른 의례생활을 강조한 점이 돋보인다.

제8장 조선 후기 서울 반가의 제례

한 나라의 문화적 척도는 그 나라의 국민들이 갖고 있는 가치관과 문화적 정서에 따라 달라질 수 있다. 우리 민족은 소위 精의 文化 속에서 사람들 간의 人間的 관계를 매우 중요시했다. 文化가 있고 이를 계승하고자 하는 민족만이 성장하고 발전할 수 있다.

祭禮는 부모님이 살아 계실 때 정성을 다하여 모신 것처럼 돌아가신 후에도 이를 지속한다는 孝의 연장으로 설명될 수 있다. 또한 가정의 질서유지와 조상관을 통해 家道를 세우고 자신 존재에 대한 정체성을 찾아가는 데 의미를 둘 수 있다. 조상관은 선조의 돌아가신 날을 기억하고, 부복(俯伏)하여 머리를 숙이는 순간 후손들은 경외하는 마음을 갖게 되는 것이다.

I. 사례조사 대상

본 조사는 조선 후기 서울 班家 중 동래 정씨 댁, 전주 이씨 전계대원군 댁, 전주 이씨 광평대군 댁, 안동 김씨 댁 등 4가정을 대상으로 하여 면접법으로 사례조사를 실시하였다. 사례조사 시 조사자의 기초 자료를 토대로 기본 도구의 틀을 마련하고 조사대상자는 전적으로 구술 응답하였다. 사례조사 과정에서 그 댁의 며느리나 딸들이 응답할 수 있는 범위는 정해져 있고 또한 한 가문 내에서도 제례의 형식과 절차가 서로 다를 수 있었다. 따라서 한 가문에서도 여러 어른들을 대상으로 조사를 하였으며, 같은 내용을 여러 사람에게 반복적으로 질문하기보다 부족한 내용을 보충 설명하여 듣는 방법을 택하였다.

조선 후기의 제례를 설명하기에는 응답자들의 연령이 낮아 전반적인 제례행례를 상세히 조사하는 데 제한점이 있음을 밝히며, 따라서 그 가문 대대로 내려오는 독특한 제례의 모습에 초점을 맞추어 정리하였다.

〈표 1〉 사례조사대상자

구분	동래 정씨 댁 (문익공)				전주 이씨 댁 (전계대원군)		전주 이씨 댁 (광평대군)			안동 김씨 댁 (복온공주)	
성명	정정완	정진양	홍복영	정진국	이경주	권영춘	이병무	김명순	이병주	김숙년	이명자
연령	88세	54세	51세	72세	78세	64세	58세	53세	54세	67세	60세
성별	여	남	여	남	여	여	남	여	남	여	여
특기 사항	정인보 선생님의 맏따님	정인보 선생님 의장손	정인보 선생님 의손부	동래 정씨 임당공파 종친회 사무국장	전계대 원군의 6대손녀	전계대 원군의 6대손부	광평대군 의 21대손	광평대군 의 21대 손부	광평대군 의 21대손 (종친회)	복온공주의 6대손녀	복온공주의 6대손부

사례조사자의 연령은 50대에서 80대까지 분포되어 있는데, 50대의 응답은 현재에는 변화된 부분이 다소 있으므로 과거 자신의 부모님 혹은 시부모께서 해 오시던 제례를 회상하며 구술하기도 하였다. 대체로 여자 분들에게 전반적인 제례에 대하여 질문하고 응답하였는데, 부분적으로 제례절차나 형식 등은 남자 분들의 도움이 많았다.

Ⅱ. 사례조사 내용

1. 東萊 鄭氏

〈사례 1〉위당 정인보 선생님 댁

동래 정씨 문익공파 29대손이신 위당 정인보 선생님의 맏따님 정정완 할머니는 올해 88세(1913년 생)로 서울에서 태어나 17세에 혼인하시기 전까지 줄곧 회현동에 사시면서 친정의 제사를 보셨다. 위당 선생님의 둘째 아드님이신 정상모 선생님께서는 백부 출계하신 위당의 본 부모님의 제사를 현재 모시고 계신다. 위당 선생님의 장손자인 정진양 선생과 부인 홍 씨는 현재 증조부모(위당 선생님을 양자로 들이신 백부모님), 조부모, 부모 등 3대 봉사를 하고 계신다. 부인 홍 씨는 혼인한 지 26년이 되었는데 그동안은 지난해 돌아가신 시어머니께서 제사를 주관하여 모시다가 본인이 직접 제사를 지낸 것은 15년 전부터이다.

1) 제례의 종류

① 기제사

기제는 4대 봉사를 하며 양위합설을 하고 있다. 즉 아버지의 제사 시어머니의 메와 갱만 한 그릇씩 더 올린다. 현재 장자가 봉사하고 있으며 10촌 이내의 친척들이 참가하고 있다. 제사시간은 과거에 입제일 밤 11시에서 파제일 새벽 1시까지였으나 요즈음에는 입제일 저녁 8시에 지낸다. 장소는 과거에는 대청에서 지냈으나 요즈음은 안방에서 지내고 북향하며 제사를 지내기 전 출입하는 문을 열어 놓는다.

동래 정씨 댁에서는 축문을 읽지 않는데, 이는 陽坡公(鄭太和: 1632~1692) 유계라 한다. 동래 정씨 댁은 과거에는 기제사시 無祝單獻이었기 때문에 宗

婦가 잔을 올리지 않았으나 근래에는 종부가 아버님 제사만 잔을 올린다.

祭禮 時 정인보 선생님의 자제 분 종손의 삼촌, 숙모, 고모님께서 손자
손녀들과 함께 30여 명이 참석한다. 신위와 제상을 북쪽으로 하고 남자 분
들은 오른편에 서 있고, 여자 분들은 민족두리 낭자쪽을 하고 양수거지하
여 왼편에 서서 제사에 참여한다.

동래 정씨가의 기제사

∽ 한국전통생활문화학회 전시자료, 2001 ∽

② 차 례

동래 정씨 댁에서 모시는 차례는 과거에는 正朝(양 1월 1일), 上元(음 1
월 15일), 삼진(음 3월 3일), 端午(음 5월 5일), 流頭(음 6월 15일), 重九
(음 9월 9일), 冬至(음 11월 20일경) 차례 등을 지내며 오전 9시경 사당에
서 남자분만 참석하셨다. 차례상에는 正朝에는 떡국, 상원에는 오곡밥과 보
름나물, 삼진에는 화전, 단오에는 수단, 동지에서는 팥죽과 전약 등 시식과
술, 포, 과류가 오른다.

최근에는 正朝차례, 추석차례, 한식차례를 지내는데, 正朝차례는 댁에서 지내고 추석과 한식차례는 묘제로 지낸다.

③ 묘　제

한식과 추석에는 墓下에 가서 차례를 지낸다. 한식은 음력 4월 중 한식을 전후에, 추석은 음력 8월 보름에 지낸다. 묘소에는 남자분만 참석하고, 묘제에 쓰는 제물은 위답(位畓)으로 묘지기가 마련한다. 문중 어른이 돌아가시면 놋제기 2벌을 마련하여 한 벌은 家內 제사에 사용하고, 한 벌은 묘제 시에 사용한다. 현재에는 충주에 고조부모부터 모신 선산이 있어 묘제를 지내는데, 여자 분들은 참석하여 절만 하고 내려온다.

동래 정씨 댁에서는 家內에서 봉사할 수 없는 5대조 이상 선조 제사는 음력 10월 10일 時享으로 모신다. 時享의 제물은 위답으로 묘지기가 마련하고 남자 분만 참석한다.

④ 불천위제

동래 정씨 댁에는 문익공, 양파공, 도정공, 규정공 등 나라에 공적을 이룬 분의 제사를 지내는데, 이를 불천위제라 한다. 불천위제는 자손 중 항렬이 높은 장자 손들이 지낸다. 일반적으로 제사에는 사치스럽지 않게 정성을 다하여 제물을 마련하였으나 문익공의 제사와 같이 큰 제사에는 편과 적을 쓰며 최선을 다하여 제사를 준비하였다고 한다.

2) 제사준비와 과정

① 제사준비

제사지내기 전날부터 재계하고 준비한다. 사랑에서는 부녀자들에게 핀을 주셨다.(손으로 머리를 긁지 말라는 뜻) 동래 정씨 댁에서는 모든 祭物을 마련하는 데 있어 사치스럽지 말 것을 강조한다.

모사기에 정한 곳의 흙을 떠서 넣고 모사기에 띠 풀은 약 15cm 정도 길이로 한 묶음을 꽂아 놓는다.

기일 판이 있었는데, 6·25 때에 손실되었고 선조부터 물려온 놋제기를 보관하고 계시다. 현재 제사 시 제상과 교의, 글씨 병풍을 쓰고, 유기를 사용하고 있다. 예전에는 제상 위 사방에 앙장(회색의 천)이라는 휘장을 치고 제사를 지냈다.(이는 제상 위로 불결한 것이 떨어지는 것을 방지하기 위함이다.) 본래 제상 위에는 좌면지를 덮고 진설하였는데, 최근에는 천을 마련하여 쓴다고 한다.

② 제사 절차

기제사 시 남자 분들은 재배하고 여자 분들은 4배를 한다. 부녀자들은 참석하지 않으나 아버님 제사 시에는 참석하고 아헌을 올린다.(생전에 뵈었던 분 제사 시에는 그 며느리나 딸들이 참석하고 헌주한다.) 제주 병을 향 앞에 올려서 세 번에 나누어 잔을 채운다.(이때 잔을 돌리지 않는다) 잔을 올린 후 냉 물을 올려 수저로 메를 세 번 떠서 놓고, 闔門할 때에는 불을 끄고 마루로 나오는데, 이때 문신상을 들고 나와 현관 앞에 놓는다. 퇴주기의 술을 가지고 문신상 술을 올린다. 참석자들은 무릎을 꿇고 揖을 한다. 합문하는 동안 제사를 모시는 어른에 대한 이야기를 후손들에게 전한다.(5분~10분 정도) 헛기침 세 번을 하고 들어가서 揖을 한다. 어른들의 말씀에 의하면 혼백의 말씀을 듣는 시간이라고 한다.(너희들이 마련한 음식을 잘 먹었다. 다음 제사에 또 오마) 수저를 거두고 참가자 전원이 재배(여성은 4배)한 후 촛불을 소(燒)한다.

제사는 안방에서 지내는데 여자 분들은 밖에서 제사준비만 도와 드리고 아버님 제사 시에만 참석하여 아헌잔만 올린다.

차례와 묘제 시에는 단헌하고 절차가 간소하다. 불천위제는 기제 시와 같다.

이 댁의 특징은 축을 하지 않고, 문신상을 따로 마련하는 것이다.

문신상은 큰 주발에 밥을 떠서 수저를 다섯 개쯤 놓고 작은 소반에 간단히 마련한다. 조상이 유식하는 동안에는 현관 앞에 놓고 수저를 꽂아 놓는다.

〈사례 2〉林塘公派 종친회

東萊 鄭氏 林塘公派 종친회(서울 동작구 사당동 소재)의 사무국장 정진국(72세) 선생님은 文翼公 光弼의 16대손이자 林塘公 惟吉의 14대손, 陽坡公 太和의 11대손이시다.

동래 정씨 댁에서는 현재 기제사 시 축문을 읽지 않는다. 그 이유로 陽坡公의 일화가 있다.

「陽坡公이 집안에서 부리는 종과 어디를 가다가 주막에 머물게 되었다. 밤이 되었는데, 주막 주인이 잠을 안자고 들락거리더니 잠시 후 축을 읽는 소리가 들리는데, 그 축문이 귀에 읽는 것이었다. 그 연유를 종에게 물었더니 告하기를 제사를 지내야 하는데 축관이 오지를 않아 축을 대신 써 주었다는 것이다. 얼마 후 축을 읽는 소리가 나서 알아보니 축관이 당도하여 축을 써 주어 또다시 제사를 지내고 있다는 것이다. 이후로 양파공은 자손 중에 무식한 자손이 나올 수 있기 때문에 기제사에 한해 축을 읽지 말라고 하시었고 묘제 시에는 여러 사람이 모이니 그중 축을 할 수 있는 자손이 있을 수 있으므로 그때에 축을 하라고 하셨다.」

陽坡公의 아우이신 좌의정 治和와 萬和도 형님 댁에서 축을 안 하시니 우리도 축을 하지 말자 하셨다 한다.

陽坡公(인조 10년~숙종 18년)은 孝宗 때(1659년) 領議政에 除授되었다. 孝宗이 逝去하자 당시 第一次 禮訟이 일어나자 宋時烈의 朞年說을 지지하여 이를 시행케 하기도 하였다. 公은 「神道碑를 세우지 말라.」고 遺命하여 이후로 公의 후손들은 신도비를 立碑하지 않았다. 陽坡公의 또 다른 유명한 일화가 있다.

「陽坡公의 후손들이 公의 제사를 지내는데, 한 제관이 늦게 도착했다. 제관이 마당에 들어섰는데, 陽坡公 할아버지가 진지를 잡숫고 나오시면서 "나는 먹기는 잘 먹었다. 그런데 그네들이(부리는 아랫사람) 안됐다. 네가 가서 문간에 상을 하나 더 차리라고 일러라. 네가 지금 가서 말하면 아무도 곧이듣지 않을 것이다."말씀하시면서, 도포자락에서 배를 하나 꺼내어 "내가 배를 하나 빼어 왔으니, 이 배를 갖다 줘라. 그러면 네 말을 들을 것이다." 하셨다.」

그 후로 동래 정씨 댁에서는 제사 시 문신상을 따로 마련한다.

동작구 사당동의 林塘公派 先塋에는 현재 임당공, 수죽공, 양파공 등 23位의 묘를 모셔놓고 있다. 종친회에서는 묘제로서 일년에 한 번 10월 초이레에 시향을 지낸다.

묘제 시에는 축문이 있고 모사기를 쓰지 않는다.

2. 全州 李氏 댁

〈사례 1〉 전계대원군

全州 李氏 댁의 이경주 할머니(78세)는 전계대원군(철종의 부친)의 6대손이시다. 아버지 청풍군과 정경부인이신 어머니 심상봉 씨의 둘째 딸로 23세에 혼인하시기 전까지 서울에 자라면서 친정의 제사를 봐 오셨다.

지난해까지 제사를 직접 주관하여 지낸 청풍군의 막내 며느님이 혼인하여 지금까지 媤家의 제사를 모시고 있다.

1) 제사의 종류

① 기제사

선조이신 전계대원군의 불천위제사를 지내면서 부인이신 완양부대부인

최 씨, 용성부대부인 염 씨(철종조의 친어머니)의 제사를 함께 모신다. 이후 5대조 영평군(영평군 배위 정경부인 신 씨와 김 씨), 4대조 청안군(청안군 배위 정경부인 홍 씨), 3대조 풍성군(풍성군 배위 정경부인 홍 씨), 2대조부 청풍군(청풍군 배위 정경부인 심 씨) 등 모두 열두 분의 제사를 모신다. 큰댁이 기독교인 관계로 넷째 며느님이 계속 제사를 모셨다.

제사지내는 시간은 입제일 밤 11시에 지냈는데, 요즈음은 저녁 7~8시경에 지낸다. 이때 대문을 열어 놓고 대청에서 북쪽을 향해서 지낸다. 제사 시 여자 분들이 참석하지만 잔을 올리거나 절을 하지는 않는다. 할아버지 제사 시 할머니(두 분인 경우에는 두 분 모두)도 함께 배위합설한다.

② 차례와 묘제

차례는 음력설에 정초차례를 지내고 한식과 추석에는 산소에 가서 묘제를 지낸다. 묘제 시에는 묘지기가 제사에 필요한 모든 제물(祭物)들을 마련한다.

한편 전주 이씨(누동궁) 댁에서는 삼월삼진, 유월유두, 오월단오, 중구일, 동지 등 절기마다 새로 나온 음식과 술을 올리고 절을 하며 사당에서 천신제(薦新祭)를 지냈다 한다.

전계대원군(누동궁)의 불천위제사를 비롯하여 그 후대 선조들의 기제사를 모시고 있고 시향은 없다.

③ 불천위제

불천위제는 과거에는 사당의 신주와 와룡촛대 2개를 양손에 들고 사당에서 대청으로 가지고 와서 지냈다. 불천위제를 지내는 시간이나 절차는 기제사와 같고, 여자 분들이 모두 참석하였다. 다만 불천위제에는 은제기를 쓰고 실과의 가짓수가 기제사보다 많다.

2) 제사준비와 과정

① 제사준비

제사 시 소 병풍에 교의, 제상을 준비하여 제사지내고, 불천위제사에는 銀祭器를 쓰나 현재는 은제기는 소실된 상태이고 놋제기에 은잔으로 올린다. 다른 선조분 제사 시에는 놋제기를 쓴다. 제기는 깨끗이 닦아 놓는다.

기제사에 남자 분들은 도포에 갓을 쓰고, 여자 분들은 옥색치마에 흰 저고리를 입는다.

불천위제를 지낼 때 여자 분들은 큰머리를 하고 옥색당의에 남치마를 입고, 첩지를 하고 검은 민족두리를 한다. 남자 분들은 도포에 갓을 쓴다.

② 제사 절차

독집을 대청으로 가지고 와서 위패에 지방을 서서 붙이고 제사에 임한다. 처음 참석한 모든 분들이 절을 한다. 진메와 갱을 내온다. 육적을 놓고 시작한다. 주인이 첫 번째 잔을 올린다. 이때 어적을 올린다. 축문을 읽는다. 다른 자제분이 두 번째 잔을 올리고 재배한다. 소적을 올린다. 첨작의 절차는 없다. 숟가락은 메에 꽂고 젓가락은 시접에 걸쳐 놓는다. 초를 끄고 문을 닫고 나온다. 그 사이에 돌아가신 분의 이야기를 후손들에게 들려준다. (약 10분 정도 소요) 기침을 하고 문을 연다. 냉 물에 밥을 떠서 말아드린다. 축문과 지방을 燒한다. 철상한 후 음복을 하는데 국말이를 한다. 여자 분들은 참석하지만 헌주하거나 절을 하지 않는다. 정조차례 시에는 祝이 없고 술은 한 잔씩만 올리는데, 6대조부터 삼내외분의 차례상을 준비하여 술을 올리고, 재배한 뒤 철(徹)하며 5대조 삼내외분의 차례상을 다시 마련하여 차례를 지내고 철한 뒤 다시 4대조, 3대조, 2대조의 순으로 해서 차례상을 각각 준비하여 차례를 지내고 철(撤)한다.

차례를 지내는 시간은 당일 날 아침 오전 9:30경부터 촛불을 켜고 지낸다. 묘제 시에도 차례와 같이 한다.

이 댁의 특징은 불천위제에 은잔을 쓰고, 차례 시 선조 어른들의 차례상을 각각 마련한다는 것이다.

〈사례 2〉 광평대군

광평대군은 세종대왕의 여덟 왕자 중 다섯째 아드님이시다. 광평대군의 증손인 定安副正公 李千壽는 1487년 必敬齋를 건립해 현재 19대를 이어오고 있다. 必敬齋는 99칸 한옥으로 지어졌으나 현재는 40칸 만 남아 있고, 필경재 뒤로 鹿川君을 비롯하여 선조들의 墓가 있다.

현재 必敬齋에는 定安副正公의 18대손 이병무 씨가 부인 김명순 씨와 살고 있다. 부인 김씨는 26세에 혼인하였고, 12년 전부터 본인이 직접 제사를 주관하여 모시고 있다.

한편 동대문구 안암동의 대종가가 90여 년 전 현재 수서동에 위치한 궁 말로 옮겨왔으나 대가 끊기고 정안부정공파에서 대대로 벼슬이 그치지 않아 현재까지 종가의 축을 이루고 있다. 광평대군의 21대손이고 이병무 씨의 아우이신 이병주 씨가 현재 수서동 궁 말의 종친회 일을 보고 있다. 수서동에 위치한 광평대군 종친회 內에는 사당이 있어, 撫安大君 芳蕃과 廣平大君 그리고 광평대군의 아드님이신 永順君을 모시고 있고, 그 뒤로 70여 位의 墓가 있다.

이 댁에서는 『家禮要覽』을 비롯하여 『祭儀』, 『祭考』 등 가례서가 전하고 있다. 광평대군의 19대손인 後川 李胤鍾(1865~1938)과 광종 형제분이 丙子年(1936)에 선조 대대로 내려오는 자료들을 집대성하여 정리해 놓은 것이다.

현재 종회에 보관되어 있는 『家禮要覽』은 종친회에서 재구성한 것이다.

광평대군 사당 내부

1) 제례의 종류

① 必敬齋(小宗家)

현재 必敬齋에서는 기제사, 차례, 불천위제를 지내고 있다. 기제사는 부모부터 고조부모까지 4代 奉事를 하고, 돌아가신 날 밤 11시경에 대청마루에서 제사를 지낸다. 차례는 정조차례, 한식차례, 추석차례를 지내고 있는데, 과거에는 한식차례와 추석차례는 묘제로서 묘에 가서 지내었으나 현재에는 필경재 대청에서 차례를 지내고 묘에 가서는 배례만 한다. 이때 남자분은 재배, 여자 분은 남자 분들 뒤에 서서 4배를 한다. 현재 필경재에서는 鹿川君 李濡과 貞敬夫人 咸從魚 氏의 불천위제를 지내고 있으며 모든 절차는 기제사와 같다. 시향은 10월 중 택일하여 지내는데 오시는 친척들만 해도 150여 명이 된다.

광평대군의 신주와 주독

② 廣平大君 宗會

광평대군 종회에서는 大祭라 하여 撫安大君(태조대왕의 7남), 廣平大君 (1世), 永順君(2世)을 모셔 놓은 사당에서 일 년에 한 번 삼월 보름에 선 조제를 지낸다. 과거에는 정월 초하루, 삼월 보름, 오월 단오, 시월 보름 등 일 년에 4번 지냈다. 永順君의 子인 남천군, 청안군, 회원군 등 후손 중 가 장 위 항렬의 長子가 음력 10월 초하루부터 보름 사이에 墓에 가서 묘제를 지낸다.

2) 제례준비와 과정

① 제례준비

제례 시 두 개의 병풍을 마련하여 하나는 제상 뒤에 설치하고 다른 하나 는 합문 시에 쓴다. 적사지는 가로 20cm, 세로 3cm의 한지를 세 개 마련 하여 앞뒤로(아코디언 모양) 한 번씩 접어서 싸리가지 대를 끼워서 쓴다.

② 제사 절차

현재 必敬齋에서는 『家禮要覽』의 忌祭笏記에 준해서 제사를 지내고 있었다. 그 내용은 다음과 같다.

降神: 주인이 향상 앞에 꿇어 앉아 분향하고 일어나 재배하고 일어선다. 다시 꿇어 앉아 강신 잔을 들고 주인 우측 집사로 하여금 주전자를 들고 술을 따르게 하여 주인이 왼손에 잔반을 들고 바른손으로 잔을 들어 모사 그릇에 세 번째 나누어 따른 다음 빈 잔을 제자리에 놓고 일어나 재배하고 선다.(잔을 올릴 때에는 빙빙 돌리지 않고 술을 따른 잔을 주인이 잠시 향로 위로 올렸다가 집사자를 준다) 參神: 주인 이하 전 참사자는 신위전에 재배(부인 4배)하고 일어선다. 進饌: 제수 올림. 반갱을 올리고 삼적을 준비하여 놓는다.(겨울에는 제주를 데워야 함) 初獻: 주인이 신위전에 서서 주인 좌측 집사로 하여금 신위전에 있는 잔을 내려오게 하여 잔을 받고 우측 집사로 하여금 주전자를 들고 술을 따르게 하여 좌측 집사에게 주어 신위전에 올리고 합설 시는 비위전 잔도 이와 같이 하여 올리고 나서 주인이 꿇어 앉아 좌측 집사로 하여금 잔을 내려오게 한다. 집사는 잔을 들고 꿇어 앉아 주인에게 전한다. 주인은 잔을 받아 왼손에 잔반을 들고 바른손으로 잔을 들어 모사에 조금씩 세 번 따르고 남은 술잔을 다시 집사에게 전하면 집사는 신위전에 놓는다. 합설 시는 우측 집사가 위와 같이하고 주인이 일어선다. 집사가 炙(산적)을 올리고 반갱 뚜껑을 열어 놓고 주인 이하 전 참사원들은 고개를 숙이고 축은 주인 좌측에서 동향하고 꿇어 앉아 독축한다. 곡(哭)을 하고 주인 이하 전원이 일어난다. 주인은 재배하고 일어선다. 재배가 끝나면 집사는 잔을 내려 퇴주하고 빈 잔을 다시 올려놓는다. 亞獻: 주부가 두 번째 잔을 올린다. 초헌과 같은 절차로 올리고 炙(육적)을 올리고 독축은 아니 한다. 형편에 의하여 주부가 아헌을 못하면 차자순으로 하고 집사가 퇴주한다. 終獻: 차자순으로 초헌과 같은 절차로 잔을 올리고 炙(어적)을 올린다. 종헌할 사람이 없을 시는 주인이 하여야 한다.

侑食: 주인이 신위전에 나아가 주전자를 들고 잔에 가득 차도록 따르고 주전자를 제자리에 놓으며 주부는 숟가락을 밥그릇 복판에 꽂고 젓가락을 잘 갖추어 시접 그릇 위에 자루가 서쪽으로 가게 놓고(젓가락은 가지런히 해서 맞추어 놓되 이때 소리가 나지 않게 한다) 향상 서남쪽에 서서 신위전에 배례하되 주인 재배(주인 4배)하고 제자리에 선다. 闔門: 축관은 주인 이하 전원을 문밖으로 나가게 하고 문을 닫고 나온다.(현재는 병풍으로 가림) 주인은 서문에 주부는 동문에 문을 바라보고 양수거지하고 정숙하게 서 있는다. 참사원도 남자는 주인 뒤에, 여자는 주부 뒤에 양수거지하고 정숙하게 서 있는다. 노약자는 다른 곳에서 앉아 기다릴 수도 있다. 합문하는 시간이 一食九飯之頃이니 약 4~5분 기다린다. 啓門: 축관이 문 앞에 다가가 「희엄」세 번하며 문을 열면 주인 이하 전 참사원이 들어가 선다. 집사는 「다수」를 올리되 국을 내려 옆에 놓고 그 자리에 올린다. 告利成: 잠시 후 축관이 서쪽 뜰 주인은 동쪽 뜰에 마주보고 서서 「이성」한다. 집사는 수저를 내려 시접에 놓고 뚜껑을 덮는다. 辭神: 주인 이하 전 참사원은 재배(부인 4배)하고 일어선다. 축관이 분 축(지방 축)한다. 徹饌: 제수를 물리되 먼저 주부가 술잔을 퇴주하고 과실, 채소, 적, 밥의 순으로 철상한다.

3. 安東 金氏 댁(昌寧君)

宗孫 金貴年 선생님은 조선조 23대 純祖의 둘째 따님 福溫公主의 六代孫으로 현재에는 福溫公主와 駙馬(金炳疇)의 불천위제사를 모시고 있다. 宗婦 李明子(용인 이 씨) 씨와는 1965년에(당시 신부는 25세) 혼인하였다. 혼인한 지 3년 만에 시어머니께서 집안 살림을 며느리에게 맡기셨고 이때부터 제사도 직접 주관하게 되었다.

경기도 남양주 덕소에는 조상님들의 墓와 墓幕이 있었고, 梧峴집(현재 강북구 번동)에 사당이 있었으나 전쟁 후 평창동으로 모셨다. 현재에는 경기도 용인의 선조들의 墓 근처에 집을 지으면서 재실을 마련하여 그곳으로 모셨다.

안동 김씨 댁 사당내부

1) 제사의 종류

① 기제사

고조부모부터 부모까지 현재 4대 봉사를 하고 있으며 선조들이 돌아가신 날 밤 12시에 제사를 지낸다. 경기도 용인에 사당(선조들의 신주를 모셔둔 방)이 있어, 제사를 지낼 때에는 마루에 제상과 신주를 모셔놓고 제사를 지내고 있다.

② 차례와 묘제

정월에는 초하룻날 아침 댁에서 차례를 지내고 한식과 추석차례는 묘제로 지내는데, 제물은 묘지기가 마련한다. 정월 초하룻날에 여자들은 설빔과 비단옷, 비단댕기 화려한 족두리 차림으로 차례에 참석하지 않고 세배만 한다. 이날은 하루 종일 사당문을 열어 놓고 오는 손님들이 세배를 한다.

요즈음에는 사당에서 차례를 지낸 뒤 墓下에서 성묘한다.

한편, 예전에는 단오차례와 동지차례를 지냈는데, 단옷날에는 단오빔(숙고사, 생고사로 색스럽게 해 입는다)을 입고, 증편과 수단의 절식으로 차례를 지내며 새로 나온 과실(앵두, 버찌, 오이)로 사당에 薦新을 지냈다. 동지차례 때에는 팥죽과 찹쌀 경단을 절식으로 썼다. 지금은 단오와 동지차례는 지내지 않는다. 차례는 오전 9시경에 지낸다.

매월 초하루와 보름날 아침에는 宗子와 손자들이 사당에 허배를 드린다.

時享은 음력 10월 첫째 일요일에 墓下에서 지내는데, 묘지기가 제물과 제수를 준비한다. 모든 墓祭에 여자 분들은 참석하지 않는다.

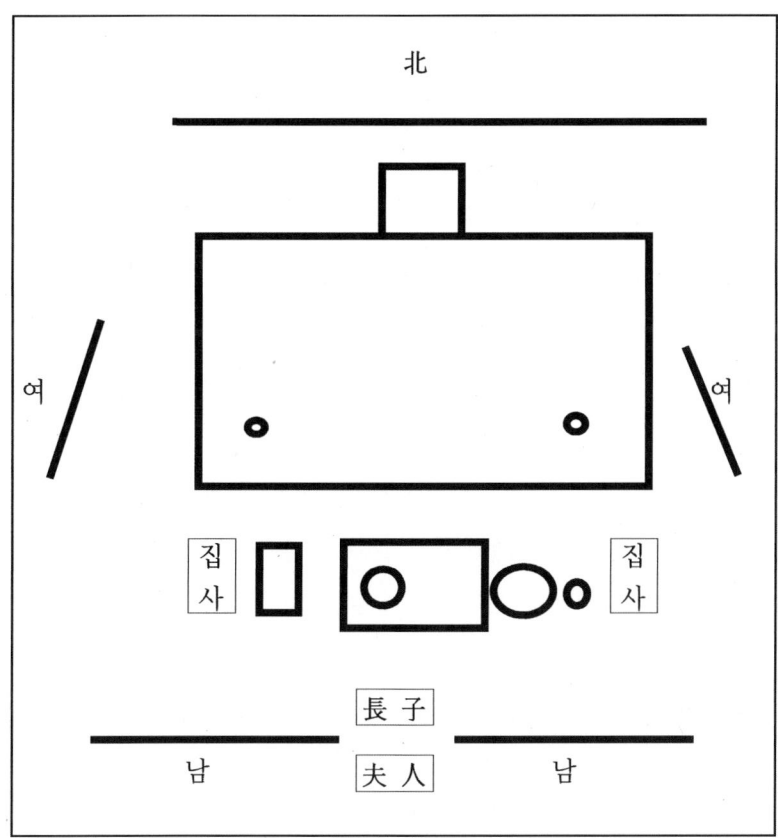

〈그림 1〉 안동 김씨 댁 祭聽之圖

③ 불천위제

福溫公主와 駙馬의 불천위제를 지내는데 이때에는 銀祭器를 쓰고, 實果 6색(기제사 시에는 4색을 쓴다)을 6치에서 8치로 높이 괴고 편은 갖은 편을 썼다. 또한 제상 뒤에는 모란병풍을 치고 여자들은 남치마 옥색저고리, 첩지를 하고 민족두리(검은 공단)를 썼다.

2) 제사준비와 과정

① 제사준비

글씨나 그림이 없는 소병풍이 두 개 마련되어 있어, 하나는 기제사 때에 교의와 제상 뒤에 두르고 합문 시에 제상 앞을 두른다. 제상 앞에는 향안(香案)을 놓고 그 위에 향로(香爐)와 향합(香盒)을 놓는다. 불천위제에는 은제기를 사용하나 다른 선조의 제사 시에는 놋제기를 쓴다. 사당에서 차례를 지낼 때에는 제상 둘레에 청홍의 휘장을 이은 비단을 친다. 향상을 감실(龕室) 앞에 놓고 香爐와 香盒을 놓는데, 향합에는 향나무를 어슷하게 깎아 담아 놓는다. 향로 우측에는 지름 40cm가량 되는 중반에 현주병과 주전자, 강신잔, 퇴주기를 놓는다.

② 제사 절차

제사지내는 당일 날 새벽에 온 집 안 전체를 대청소하여 청결하게 해야 하고 제사에 임하는 사람은 재계하고 소복차림(여자는 옥색치마에 흰 저고리, 민족두리를 하고 남자는 두루마기 도포차림에 갓을 쓰고 의관을 정비한다)을 하며, 제수는 수컷(새것을 의미)으로 소담스럽게 담아야 한다. 제수마련을 정성스럽게 하고 수두룩하게 담는 것은 그렇게 함으로써 '자손이 잘 된다.'고 믿고 德을 쌓기 위함이다.

제기를 비롯하여 모든 제물은 주로 남자들이 다루고 모든 과정이 남자분들에 의해 주도된다. 기제사의 절차는 다음과 같다.

제사 전 대문을 열어 놓고(겨울에는 분합문을 열고) 제사에 임하는 사람들은 놋대야에 손을 닦는다. 祭主가 재배한 후 술을 올린 뒤 다시 재배한다.(降神) 참사자들이 두 번 절한다.(여자는 4배한다)(參神) 따뜻한 음식을 내어 온다.(進饌) 종손이 잔을 올리고 재배한다. 이때 肉炙을 올린다.(初獻) 축문을 읽고 어이어이 곡(哭)을 한다.(讀祝) 종부가 두 번째 잔을 올린다. 이때 魚炙을 올린다.(亞獻) 장손이 잔을 올리고 절을 한다. 이때 鷄炙을 올린다.(終獻) 종헌 잔에 술을 한번에 따르고 잔을 채운다.(添酌) 메에 숟가락을 수직으로 꽂고 젓가락을 시접에 세 번 치고 반듯하게 걸쳐 놓는다.(開飯揷匙) 소병풍으로 제상 앞을 가리고 무릎을 꿇어 5분 정도 읍한다.(闔門) 기침을 세 번 한 후 병풍을 치운다.(啓門) 羹을 내리고 냉수에 한 번 숟가락을 떠서 말아서 올린다.(進茶) 절을 한 후 축문과 지방을 젓가락으로 잡아서 燒한다.(辭神) 남자 분들이 서로 마주보고 이성하고 외친다.(告利成) 모든 제물들을 남자 분들이 내어 온다(徹). 飮福한다. 음복하는 동안 가족 간의 화합과 화목을 강조한다.

차례 시에는 福溫公主와 부마의 신주 앞에 초를 켠 후 5대조, 4대조, 3대조, 2대조 순으로 차례대로 초를 켜고 잔을 올리며 재배한다. 축문은 읽지 않는다.

Ⅲ. 사례결과 분석

제례행례에 대하여 조사한 바가 〈표 2〉에 제시되어 있다. 사례조사된 내용으로 각 가정마다 제례 종류, 시간, 장소, 제의 기구, 절차, 그리고 제례행례 시 나타나는 그 집안의 독특한 특징을 구분해 보았다.

첫째, 조선 후기 서울 반가의 전반적인 제례행례는 다음과 같다.

공통적으로 기제사, 차례, 불천위제를 지내고 있었다. 기제사는 고조부모까지 4대 봉사를 하고 있으며, 기제사를 지내는 시간은 입제일 밤 11시부

터 시작하는데, 안동 김씨 댁의 경우 자정(밤 12시)에 지내고 있었다. 기제
사를 지내는 장소는 대청이었는데, 현재에는 동래 정씨의 경우 안방에서
북향하여 제사를 지내고 있었다.

차례는 공통적으로 정조차례, 한식과 추석차례를 지내는데, 정조차례는
대청에서 지내고 한식과 추석차례 시에는 묘제로 한다. 지금은 가정에서
차례를 지내고 성묘를 가나 과거에는 묘제로 위답으로 묘지기가 모든 제물
과 제수를 마련하였고 남자 분만 참석한다. 차례지내는 시간은 오전 9시에
서 9시 30분경이다.

불천위제는 기제사와 절차가 같으나 다만 宮家(누동궁, 창녕궁)의 불천
위제는 나라에서 하사받은 銀器를 사용하고 있었다. 또한 실과의 가짓수를
보다 많이 하고 높이 괸다. 안동 김씨(창녕궁) 댁에서는 이때 모란병풍을
치고 남치마에 옥색저고리를 입고 민족두리를, 전주 이씨(누동궁)에서는
옥색당의에 남치마를 입고 첩지머리에 검은색 민족두리를 쓴다.

<표 2> 사례조사 가정의 제례행례

구 분	제례종류	시 간	장 소	제의기구	절 차	특 징
동래 정씨	기제(4대조) 차례(정조, 한식, 추석) 시향 불천위제	기제-입제일 밤11시 차례-정월 초 하루, 한식 전 후, 추석날 오전 9시경	기제-대청 (안방) 정조차례-대청 한식, 추석-墓下	놋제기, 제상, 교의, 모사기 (띠풀), 현주 병, 좌면지, 앙장, 적사지	기제사, 차례-單獻에 無祝 (아버님 제사시 만 종부가 아헌) 시향-祝이 있고 三獻	제상차림에 문신상이 있다. 축문이 없다.
전주 이씨 전계대원군	기제(4대조) 차례(정조, 한식, 추석) 불천위제 (전계대원군) 천신제	기제-입제일 밤11시 (現저녁7-8시) 차례-오전9시 30분경	기제, 불천위 제-대청 정조차례-대청 薦新-사당 한식, 추석-墓	은잔, 놋제기, 소병풍 2개, 교 의, 제상, 적사 지, 모사기	기제 시 祝이 있고 三獻 進饌 의 과정에 메와 갱, 육적이 오 른다. 초헌 후 어적, 아헌 후 소적이 오른다. 여자는 헌주하 거나 절하지 않 는다. 차례 시에는 無 祝單獻이다.	불천위제사에 는 은제기를 쓴다. 차례 시에는 조상의 차례상 을 각각 마련 하여 올린다. 현재 시향이 없다.

구 분	제례종류	시 간	장 소	제의기구	절 차	특 징
전주 이씨 광평대군	기제사(4대조) 차례(정조, 한식, 추석) 불천위제 (녹천군) 時享 先祖祭 (무안대군, 광평대군, 영순군)	기제 - 입제일 밤 11시 차례 - 오전 9시경 시향 - 음력 10월 초 선조제 - 삼월 보름	기제 - 대청 정조 - 대청 한식, 추석 - 墓 (現 대청에서 지낸 후 墓에 참배) 선조제 - 사당	두 개의 병풍, 놋제기, 제상, 향안, 모사기, 적사지	기제사시 祝을한 뒤 哭을 한다. 三獻을 하는 데 헌주 할 때마다 산적, 육적, 어적을 올린다.	대대로 내려오는 『祭儀』『祭考』가 있어 후손들이 이를 기본으로 제사 지낸다. 대청 뒤로 선조들의 묘가 있다. 광평대군 사당이 있다.
안동 김씨	기제사(4대조) 차례(정조, 한식, 추석) 불천위제 (복온공주) 시향	기제 - 입제일 밤 12시 차례 - 오전 9시경 시향 - 음력10월	기제 - 대청 정조차례 - 사당 한식, 추석 - 묘제 (現 사당차례 후 성묘)	사당에 감실 독, 신주가 있고, 교의와 제상, 향안(향로와 향합),축판, 중반, 청홍의 휘장	祝을 읽고 哭을 한다. 三獻 하는 데, 잔을 올릴 때마다 육적, 어적, 계적이 오른다.	불천위제시에는 실과수를 6색으로 하여 높이 괴고 갖은 편을 한다. 모란병풍을 두르고, 은제기를 쓴다.

時享은 대체로 일 년에 한 번 10월 중 적당한 날에 올린다. 時享은 묘제로 지내고 묘지기가 모든 제물을 마련하는데, 이때에도 남자 분만 참석하신다. 시향이 없는 댁은 현대 6대조 전계대원군 삼내외분의 불천위제를 모시고 있고 그 아래 선조 분들은 기제사를 지내고 있기 때문에 시향으로 모실 필요가 없기 때문이라 한다.

둘째, 제의기구와 제사 절차에 있어 다소 차이를 보이고 있었다.

공통적으로 기제나 차례 시에는 놋제기를 쓰고 있고, 宮家의 불천위제에는 銀祭器와 銀盞을 쓴다. 제상 뒤에는 글씨나 그림이 없는 소(민)병풍을 두르고 그 앞에 교의가 있으며 제상 앞에 香案이 있어 향로와 향합을 놓는다. 그 앞에 모사기를 놓는데, 모사기에 흙만 담아 놓기도 하고(안동 김씨 댁), 흙을 담은 후 띠풀(전주 이씨 전계대원군 댁에서는 볏짚이라고 함)을 꽂아 놓기도 하였다. 적사지도 공통적으로 사용하고 있었는데, 그 모양은 서로 다르다. 예컨대 동래 정씨 댁에서는 가로 10cm, 세로 2cm 정도로 한

지로 오려 육적과 어적을 괴어 놓은 그 사이에 놓는다고 하였고 전주 이씨 (전계대원군 댁)에서는 가로 10cm, 세로 2cm 정도 되는 한지를 세 개 만들어 요지에 붙여 적(炙)을 올릴 때마다 적에 꿰어서 놓는다. 한편 전주 이씨 광평대군 댁에서는 가로 20cm, 세로 3cm 되는 한지를 세 개 오려서 한 번씩 앞뒤로 접은 후 싸리가지 대를 끼워서 쓴다.

그 밖에 좌면지를 제상에 깔고 제상을 중심으로 천정에 앙장을 치는 것은 동래 정씨 댁의 특색이다. 안동 김씨 댁은 사당의 감실 앞에 교의와 제상이 있다. 제상 앞에는 향로, 향합을 놓는 향안이 있고, 향안의 좌측으로 축판이 있으며 우측에는 중반 위에 현주병과 주전자, 퇴수기, 강신 잔을 둔다.

셋째, 절차상의 차이가 다소 있었고 각 가정마다 제례행례의 특징이 있었다.

공통적으로 기제 시에 축이 있고 三獻을 하며, 차례 시에는 無祝單獻인데, 동래 정씨 댁에서는 기제 시에도 無祝單獻이었다. 또한 제사에 여자들은 참석하여 헌주하거나 절하지 않는데, 종부는 예외였다. 기제사 시 哭을 하는 댁은 안동 김씨 댁과 광평대군 댁이었다.

각 가정마다 제례행례의 독특한 특징이 있었다. 동래 정씨 댁에서는 축문을 읽지 않고 단헌을 하며 제상차림에 문신상을 하나 더 마련하고 있었다. 이는 陽坡公의 유계로 알려지고 있다. 전주 이씨 전계대원군 댁에서는 차례 시 선조 내외분의 차례상을 각각 마련하여 지내고 있었으며, 전주 이씨 광평대군 댁에서는 家內에 선조들의 先塋이 있으므로 차례를 대청에서 지내고 墓에 가서 참배를 하고 있었다. 안동 김씨 댁에서는 최근 사당을 지어 선조들의 신주를 모셔 놓고 정성스럽게 제사를 모시고 있었다.

각 가정의 후손들 특히 본 조사에 응답해 주신 며느리나 따님들은 조상의 제사를 모시는 것에 대하여 자긍심을 가지고 조사에 임하여 주셨다. 후손들은 제례를 반드시 해야 할 일을 하는 것이라는 의식이 강하게 나타났으며 공통적으로 지극히 정성을 다해 모시고 있음을 강조하였다. 특히 선조들의 뜻을 받들고 유계를 지키고자 하였다. 동래 정씨 댁에서는 陽坡公의 일화를 소개하며 동래 정씨 댁의 공통적인 불편부당(不偏不黨)과 근검절약 (勤儉節約)의 정신을 실천하며 제례 시에도 그 뜻을 받들고 있다고 하였다. 또한 안동 김씨 댁에서는 제례에 임하여 반드시 지켜 준비해야 할 것이 대청소 후 소복을 입고, 제수를 마련할 때에는 숫것이어야 한다는 것이다. 또한 음복할 때에는 가족과 친척 간 화합과 화목을 강조한다고 하였다.

제9장 제수(祭需)에 관한 문헌고찰

역사적으로 볼 때 우리나라는 중국문화의 영향을 많이 받아왔다. 史料에 의하면 삼국시대 이전까지만 해도 天地神에게 제사지내는 제천의식이 성행하였고, 삼국시대에는 始祖의 사당을 세우고 祭를 지낸다는 기록이 많이 나타나 이때부터 선조에게 제사지냄으로써 유교적 제례의식과 민간신앙이 혼재되었던 시기라 할 수 있다. 이후 고려는 불교가 성행하여 불교적 영향을 받았으나 고려 말 朱子家禮가 전래된 이후 제례는 유교적 조상제사에 중점을 두게 되어 家禮를 중심으로 가정 내 조상제사에 대한 기록이 많이 나타나고 있다. 따라서 제수에 대한 구체적 기록은 고려 말 이후 『고려사』에서 볼 수 있다.

조상제사는 이후 더욱 보편화되었으며 많은 유학자들은 가가례에 따른 예를 정립하기 위하여 禮書들을 편찬하면서 제수에 대한 기록을 상세히 설명하고 있다.

제례는 자식된 자로서 부모님이 생존하셨을 때 몸과 마음을 편안히 해드리고 돌아가신 뒤에는 精誠으로 섬기는 지극히 자연스러운 도리라 볼 수 있다. 제사를 모시는 모든 자손들은 그 마음가짐과 행동을 삼가고 근신하며 제례를 행하였는데, 제례의 전반적인 의식과 절차에서 중요한 부분을 차지하는 것이 제사음식을 마련하는 일이다.

오늘날 모든 사회구조가 여성들이 전통사회의 의례를 중심으로 한 주부들의 역할을 요구하기에는 어려운 점이 적지 않다. 또한 전통적 의례나 의식주 생활관습이 현대사회에서 받아들여질 수 있는 부분은 매우 제한적이다. 이와 같은 생활관습이 현대 한국사회의 의례문화를 이루는 밑거름이 되는 것으로, 연구에 의하면(김인옥, 1997) 제례는 가정의 생활문화 창조와 가치형성에 중요한 의례로 나타나고 있었다.

祭需란 제사에 쓰이는 모든 물품으로, 주부들이 가장 정성을 기울여 준비해야 하는 것이 음식마련이다.

본 연구를 위해 활용된 문헌으로는 『禮記』, 『論語』 등과 같은 중국의 四書五經과 『擊蒙要訣』, 『增補山林經濟』, 『退溪集』 등 조선 시대 유학자들의 문헌, 『계녀서』, 『여사서』 등과 같은 여성규범류이다. 祭需의 역사적 변천을 알아보기 위하여 『三國史記』, 『三國遺事』, 『高麗圖經』, 『高麗史』 등의 史書를 참고하였고, 조선조의 기록으로 『五禮儀』, 『經國大典』 등이 활용되었다. 『四禮便覽』은 현대사회에서 후학들이 가례를 연구하는 데 활용되는 대표적 家禮書로서 이를 근간으로 전통사회 제수의 종류에 대하여 살펴볼 것이다.

I. 제수의 역사적 변천

1. 삼국시대

기록에 의하면 삼국시대에는 生肉으로서 희생(犧牲)을 쓰고 있었다.

『三國史記』 雜誌에 「고구려는 항상 3월 3일에 樂浪벌에 모여 사냥하여 돼지·사슴을 잡아 하늘과 산천에 제사한다.」[7]고 하였다. 제사에 쓸 犧牲은 사냥하여 쓰는데, 이를 매우 신성시 여기고 소중하게 다루었음을 볼 수 있다. 同書 高句麗本紀에 琉璃王 19년 「祭祀의 犧牲으로 쓸 도망가는 돼지의 다리를 잘라 왕이 이를 듣고 노하였다[8]」 한다. 또한 百濟本紀 比流王

---

7) 『三國史記』 雜誌 第一祭祀, 高句麗常以三月三日會獵 樂浪之丘 獲猪麗 祭天及山天

10년에는 「天地에 祭祀를 지내는데 祭祀에 바칠 犧牲物을 王이 친히 손질하였다.」[9] 하였다. 雜誌 祭祀條에는 「新羅에서 王廟에 제사하는데 풍년에 大牢를 쓰고 흉년에 小牢를 썼다.」[10]고 한 것으로 보아 三國時代에 基本的인 제물은 소·양·돼지 등의 犧牲이 主를 이루었는데, 당시 나라의 경제 상황에 따라 犧牲의 크기가 달리 쓰이고 있었음을 볼 수 있다.

『三國遺事』 駕洛國記에는 法興王 19년, 「伽倻國 17世孫 賡世級干이 매년 술을 빚고, 餅(떡), 飯(메), 茶(차), 菓(과) 등 여러 음식을 갖추어 제사지냈다.」[11]는 기록에서 犧牲이 주요 제수로 사용되고 술과 함께 메(飯)와 떡, 菓 등이 쓰이고 있었으며 또한 茶를 사용하고 있었다.

고구려의 東盟이라는 祭天儀式은 곡신제(穀神祭)의 하나로 穀物의 신에게 祭를 지내며, 이때 노래를 부르고 춤추며 술을 주야로 마셨는데 이때 이미 술이 보편화되었다(강인희, 1986)고 한다.

2. 고려 시대

고려 중엽까지만 해도 생육으로서 주로 犧牲과 술(酒)이 사용되고 있다.
『高麗圖經』에 「神祠로서 백리 안에 있는 것에는 四時에 관원을 보내어 太牢로서 祭祀를 하게 하였다.」[12] 하고, 『東國李相國集』에 「山麗 한 마리와 맑은 술 등 제수를 갖추어 제사지낸다.」[13] 하였다. 고려 중엽까지만 해

8) 『三國史記』 高句麗本紀 第一 琉璃王, 效豕逸 王使託利 斯卑追之 至長屋澤中得之以刀斷 基脚節 王聞之 怒日 祭天之牲 豈可傷也
9) 『三國史記』 百濟本紀 第二 比流王, 十年春正月 祀天地於南郊 王新割往
10) 『三國史記』 雜誌 第一 祭祀, 豊年用大牢 凶年用小牢
11) 『三國遺事』 第二卷 駕洛國記, 王之十 七代孫賡世級干 祇稟朝旨 每歲時 釀醪醴 設以餅飯茶菓庶羞 等奠
12) 『高麗圖經』 第十七卷 祠宇, 其神祠在 百里內者 四時遣官 祠以太牢
13) 『東國李相國集』 卷之 三十七 哀祠祭文, 致山麗一淸酌之專 申祭干馬浦大王之靈

도 삼국시대의 犧牲과 酒가 主를 이루었음을 짐작케 할 뿐이다. 高麗 末 恭愍王 代에 이르러 祭需에 관한 내용이 보다 구체적으로 기록되고 있다.

『高麗史』에 의하면,

「一品에서 二品에 이르기까지는 蔬(채소)·果(과) 각 5楪, 肉(육) 2楪, 麵(면)·餅(떡) 각 1器, 羹(갱)·飯(메) 각 2器, 수저·盞(잔) 각 2개이고, 三品에서 六品에 이르기까지는 蔬菜(채소) 3楪, 果(과) 2楪, 盞(잔)·餅 (떡)·魚(어)·肉(육) 각 1器이며, 七品에서 庶人까지는 菜(채소) 2楪, 果 (과) 1楪, 魚(어)·肉(육) 각 1器이고, 羹(갱)·飯(메)·盞(잔)은 위와 같 으며 兩位를 함께 한상에 차린다.」(『高麗史』 第六 志二) 하였다.

즉 兩位合設을 기본으로 하고 있으며 1품·2품에서 肉만 두 접시 쓰던 것이 3품 이하에서는 肉 한 접시하고 魚 한 접시를 놓게 되어 있으며 麵은 쓰지 않게 되어 품계에 따른 차이를 두고 있다.

3. 조선 시대

朝鮮時代 기록에는 祭需에 관한 내용이 자세히 설명되고 있다.

『經國大典』 禮典에 의하면, 「文武官 六品 以上은 부모, 조부모, 증조부모 의 三代奉祀하고 七品 以下는 三代를, 庶人은 단지 죽은 부모(考比)만을 제사한다.」 하며, 「宗廟의 各 室, 王后 부모의 忌日과 四季節 중간달, 俗節, 家廟에 지내는 제사에는 官에서 祭物을 지급한다.」 하였다. 제사의 봉사대 상을 신분에 따라 차등을 두며 제수의 내용도 차이를 두는데, 王家의 祭物 은 관에서 지급되나 자세한 제수내용은 설명되지 않고 있다.

五禮儀에 「士大夫·庶人의 제례는 時享에 考妣한 탁자에 함께 하되 2품 이상은 과일이 다섯 그릇, 菜蔬 세 그릇, 脯(포)·醢(해)·麵(면)·餅(떡)·魚(어)·肉(육)·炙(적)·肝(간)·飯(반)·羹(갱)이 각각 한 그릇이 고 술은 세 번 올린다. 6품 이상은 과일이 두 그릇, 脯(포)·醢(해)·蔬菜

(채소)·麵(면)·餠(떡)·魚(어)·肉(육)·炙(적)·肝(간)·飯(메)·羹 (갱)이 각각 한 그릇씩이고 술은 세 번 올린다. 9품 이상은 과일·蔬菜(채소)·魚(어)·肉(육)·炙(적)·肝(간)·飯(반)·羹(갱)이 각각 한 그릇씩이고, 脯(포)·醢(해) 중에서 한 그릇이며 술은 세 번 올린다. 庶人은 9品에 비하되 魚·肉은 없다.」(『增補文獻備考』 禮考, 私祭禮)며 품계에 따라 陳饌이 차이가 있음을 설명하고 있다.

조선 시대 기록에서는 『高麗史』에 수록된 祭需보다 脯·醢·炙 등이 포함되어 있고, 그 품목의 종류도 다양하며 士庶人에 따라 차등을 두었음을 볼 수 있다.

Ⅱ. 제수의 종류

조선조 대표적 家禮書로서 李縡의 『四禮便覽』에 나타난 기록을 보면, 「牲(희생)·果(과)·脯(포)·醢(해)·蔬菜(채소)·淸醬(청장)·米食(餠: 떡)·麵食(면)·飯(메)·羹(갱)·肉(육)·魚(어)·酒(주)·炙(적)·茶(차)」 (『四禮便覽』 卷之入祭禮) 등이다. 제수의 종류에 관한 고찰은 家禮書를 중심으로 알아보고자 한다.

1) 牲(생)

고대로부터 우리 민족이 제사에 반드시 사용했던 제수인 牲은 오늘날 祭祀에서 거의 볼 수 없다.

牲이라 함은 天地宗廟에 바치는 산 짐승을 일컫는다. 과거에는 조상의 제사에 牲을 썼다. 따라서 주인은 忌日 前 祭祀에 쓸 犧牲을 잡는다. 본래 제사에는 大牢와 小牢가 있는데 大牢는 소·양·돼지를 사용하고 小牢는 양·돼지만을 사용한다. 小牢에 「大牢의 제사로 양과 돼지를 쓰고, 선비는

돼지와 개를 썼으며 庶人은 일정한 牲은 없지만 禮書에 보이는 것으로 계
란, 생선, 돼지, 기러기, 오리, 닭 같은 것이 있다.」[14]

2) 果(과)

果는 예부터 棗栗柿梨를 기본으로 하여 재래의 제사에 많이 쓰였는데,
이는 쉽게 저장할 수 있기 때문이다. 오늘날 제사에는 이외에 많은 과실과
약과 다식과 같은 造菓類를 쓰기도 한다.

陶庵은 「果에는 6품이 있고, 모든 나무의 열매 중 먹을 수 있는 것은 쓰
지 않은 것이 없다. 孔子는 과일 중 복숭아는 낮은 것으로 제사에 쓰지 않
는다. 沙溪는 만약 다 갖추기 어려우면 4品 혹은 2品을 쓴다.」[15]고 하였으
니 일반적으로 복숭아를 쓰지 않은 연유를 알 수 있다. 陶庵과 沙溪는 果
類를 2·4·6품의 짝수로 쓰고 있었다.

한편 栗谷은 「가난해서 果實 다섯 가지를 다 마련하지 못하겠으면 세 가
지라도 좋다.」 하였다. 이것은 果의 數에 있어서는 家家禮에 따라 일정치
않음을 나타낸다.

3) 脯(포)와 醢(해)

脯와 醢는 左脯右醢라 하여 제상의 같은 열에 진설하도록 되어 있다.
脯에는 肉脯, 魚脯가 있는데 魚脯는 대구, 오징어, 북어 등을 쓴다.
栗谷은 「脯를 佐飯」(『擊蒙要訣』 祭儀抄)이라 하였고, 尤庵은 「乾魚肉을
모두 脯라 하였다.」(『四禮便覽』 卷之入)고 한다. 한편 『增補山林經濟』에는
乾魚를 佐飯이라 하며 牛脯(쇠고기포)와 구분하고 있다.

---

14) 『四禮便覽』 卷之入 祭禮, 大夫以羊豕 士以豚犬 庶人無常牲 見於禮書者 有卵魚
    豚 鴈鷄鵝鴨

15) 『四禮便覽』 卷之入 祭禮, 家禮本, 註六品凡木實之可食者無不用 孔子曰果屬挑爲
    下 祭祀不用 沙溪曰若難備四品或兩品

醢는 밥으로 한 것과 고기로 한 食醢와 魚醢가 있다. 魚醢는 젓갈이라고
도 한다.

4) 蔬菜(소채)

蔬菜에 있어 陶庵은 「熟菜와 沈菜가 있다.」[16]고 하였다. 『增補山林經濟』
에는 여기에 生菜와 葉菜를 첨가하여 4가지를 쓰고 있다.(『增補山林經濟』
家政 編)

茶山은 「나물에 菁芼(무우), 芹芼(미나리), 薇芼(고비)를 쓴다.」[17] 하였
다. 熟菜의 종류로 이외에 도라지, 시금치, 숙주나물 등을 쓴다. 한편 栗谷
은 제상에 올려지는 나물로 익은 나물 한 접시, 초나물 한 접시를 놓고, 김
치 한 그릇을 함께 놓는다(『擊蒙要訣』 祭儀抄) 하였다.

5) 醬(장)

醬은 음식에 主가 되는 것이니 빠뜨릴 수 없다. 『家禮』에서는 다만 「醋
菜만 있을 뿐이고 醬을 쓴다.」는 글이 없으나 栗谷과 沈菜는 古禮에 근거
하여 「蔬菜와 脯醢의 가운데에 놓는다. 그리고 淸醬은 醢를 대신 한다[18]」
하였다.

6) 餠(병)과 麵(면)

餠과 麵은 餠東麵西로 제상의 한 열에 陳設하는데, 떡은 동쪽에 면은 서
쪽에 놓이게 된다.

米食은 餠, 즉 떡을 일컫는다. 떡은 우리나라 吉凶事 때 가장 보편적으로

---

16) 『四禮便覽』 熟菜沈菜之屬

17) 『與猶堂全書』 第二集 祭禮考定 祭饌考, 菁芼 一鉶, 芹芼 一鉶, 薇芼 一鉶

18) 『四禮便覽』 卷之入 祭禮, 醬是食之主 似不可闕 家禮兄有醋楪而無用醬之文 栗
谷 沈菜如以淸醬古禮添入於 蔬菜脯醢之中 今以淸醬代醢一品 用之爲宜

쓰는 음식으로 제사 시에는 보통 백편이나 색이 없는 편을 쓰며 그 위에 주악과 같은 웃기를 놓는다. 제사에 가장 높이 괴는 것이 떡으로 낮으면 다섯 켜, 높으면 일곱 켜 정도로 차린다.

麵食은 麵을 말하는 것으로 그 종류는 饅頭와 昌麵, 酸麵, 菊羞가 있다.[19)

7) 飯(반)과 羹(갱)

飯은, 즉 밥을 말한다. 禮記에 「국과 밥은 음식에 주요한 것이므로 제후 이하 서인에 이르기까지 차등이 없다.」[20) 하니, 제사상에는 아무리 가난한 집일지라도 잡곡밥을 올리지 않고 쌀밥으로 진 메를 올렸다(姜仁嬉·李慶馥, 1984).

陶庵은 羹에 대해서 다음과 같이 설명하고 있다.

「大羹은 고깃국으로 五味를 넣지 않은 것이고, 鉶羹은 고기와 채소로 끓인 국으로 오미를 넣는다. 菜羹은 곧 채소만 쓰는 것이다.」[21) 大羹이라 함은 나라의 큰 제사에 올리는 국이고 五味라 함은 매운맛, 쓴맛, 단맛, 짠맛, 신맛을 말하는 것이니 『禮記』에 「나라에 큰 제사를 올리는 大羹은 조미료를 섞지 않는다.」[22)는 의미와 같은 맥락에서 설명될 수 있다. 한편 陶庵은 「湯에 魚와 肉을 쓰면 羹에는 菜를 써야 하고 만일 湯에 魚肉을 사용하지 않으면 羹에 肉을 쓴다.」[23) 하였다.

8) 肉과 魚

肉은 가축이나 산짐승 중 먹을 수 있는 것은 사용하지 않은 것이 없고, 魚는

---

19) 『四禮便覽』 卷之入 祭禮, 如饅頭及俗所謂昌麵酸麵菊羞
20) 『禮記』 第十二 內則, 羹食自諸候以下 至於庶人無等
21) 『四禮便覽』 大羹不致五味者 鉶羹 卽肉和菜調五味者菜羹 卽純用菜者
22) 『禮記』 第十 祭器, 父黨無容 大圭不琢: 大羹不和
23) 『四禮便覽』 卷之入 祭禮, 今湯用魚肉則羹當用菜 湯不用魚肉則羹當用肉

물에서 나는 것이면 모두 사용하였으나 잉어는 제사에 쓰지 않는다.[24)]

또한 沙溪는 땅은 陰이므로 땅에서 나는 과실(地産)은 음수로 쓰나 하늘은 陽이므로 하늘이 낸 魚肉(天産)은 양수인 홀수로 쓴다고 했다.(이길표, 1982)

9) 湯과 炙

栗谷은 제사음식으로 魚肉과 湯을 구분하여 놓았다. 따라서 「생선과 고기는 마땅히 신선한 것으로 하고 湯은 다섯 가지 놓되 가난해서 마련하기 어려우면 세 가지도 좋다.」고 하였다(『擊蒙要訣』祭儀抄).

家禮本註에 「炙은 肝 1꼬치, 肉 1꼬치를 쓰는데, 肝은 初獻에 肉은 각각 亞獻과 終獻에 내보내고 각각 그릇에 담는다.」[25)] 하였다. 『增補山林經濟』에는 「세 꼬치나 다섯 꼬치까지 하고 반드시 기거나 나는 것 세 종류와 간 구이는 없어서는 안 된다.」[26)] 하였으니 제사에 肝炙은 반드시 썼고, 3炙이나 5炙을 썼다. 栗谷은 또한 「구운 고기(炙) 세 가지를 쓰는데 간이나 고기, 생선 또는 꿩 같은 것으로 한다.」(『四禮便覽』卷之入 祭禮) 하였다.

10) 酒과 茶

술은 제사 시 맑은 술을 쓴다 하여 玄酒나 淸酒를 보통 쓴다. 燒酒는 원나라 때 술인데[27)], 외국에서 들어온 것이라 하여 제사에 쓰지 않는다.

『사례편람』에는 茶에 대해서 설명하였다. 茶는 「물로 대신하는데 숙수라 하여 더운 숭늉을 쓴다.」[28)]라 하였다.

---

24) 『四禮便覽』家畜及山澤之族可食者 無不用 凡水族之可食者 無不用

25) 『四禮便覽』卷之入 祭禮, 家禮本註 肝一串 肉一串 肝進於初獻 肉分進於亞終獻 名盛干盤

26) 『增補山林經濟』忌祭饌定式 炙一串至五串必用飛走沈三物而肝炙不可無也

27) 『芝峰類說』食物部 燒酒出於元時而

그 밖에 『增補山林經濟』에는 膾와 正果類가 더 있고, 俗節음식으로 정월 대보름에 藥食, 삼짇날에는 진달래전, 花煎, 重陽節에는 국화전, 花酒가 있다[29] 하였다.

문헌에 나타난 제수를 보면, 果類와 脯, 醢, 蔬菜類, 餅, 湯, 炙 등이 主를 이룬다. 蔬와 菜는 문헌에 따라 각각으로 구분하여 쓰이기도 하고 五禮儀에서는 蔬菜가 함께 쓰이고 있었다. 果는 이에 대한 구체적 종류를 언급할 수 없지만 고대로부터 현재까지 항시 제상에 놓이는 음식이라 할 수 있다. 脯와 醢는 『高麗史』 기록에는 없고 醬과 醋는 『增補山林經濟』와 『四禮便覽』에 내용이 나타나고 있다. 餅과 麵은 품계에 따라 낮은 품계인 경우 쓰지 않도록 되어 있고, 肉과 魚는 『增補山林經濟』에는 나타나지 않고 대신 肉湯과 魚湯, 肉膾와 魚膾가 놓이게 된다. 현대사회에서 醢보다 食醢를 더 잘 쓰고 있는데 食醢에 대한 기록은 『增補山林經濟』와 『四禮便覽』에 나타나고 있어 조선조 이후에 식혜를 제상에 올렸음을 알 수 있다.

문헌에 언급된 내용들을 정리해 보면, 오래전부터 제수는 품계에 따른 양과 종류에 차이를 보이고 있으며 시대에 따라 그 품목에 차이가 있었다.

우리나라 전통 祭需에 대해 윤서석(1986)은 普遍性과 尙古性으로 설명하고 있다.

제사에 사용되는 규범적인 품목은 각 가정에서 무리 없이 갖출 수 있는 보편성을 가짐과 동시에 조상이 생존 시에 드셨던 음식이 기본적인 제수로 사용되고 있고 그것이 현재 생활에서도 보편성을 갖는 품목이고 보면 대를 거슬러 올라간 상고성을 지니고 있다고 볼 수 있다.

현대사회에서 사용되고 있는 제수들은 문헌의 내용이 기본이 되지만 준비과정에서 차이가 있다.

오늘날 가정에서 제사 시 준비하는 음식을 실태 조사한 바에 의하면(손

---

28) 『四禮便覽』 卷之入 祭禮, 國俗代以水 卽熟水

29) 『增補山林經濟』 俗節, 正月十五日時食藥飯三月三日社鵑 花煎九月九日菊花煎祭 酒 乏貨

유미, 1991). 제례 시에는 메, 나물, 식혜, 약과, 전과, 강정류, 다식류, 탕(육탕, 소탕), 적(육적, 소적, 어적), 갈납(생선전, 육전), 포(북어포, 육포), 건과류(밤, 대추, 실백), 생실과, 제주와 함께 고인이 평소에 좋아하시던 음식을 일반적으로 이용하고 있었는데, 脯 종류인 마른문어, 마른전복, 북어포, 육포와 매작과, 약과, 강정, 다식류, 정과는 전문 업체에서 구입하는 비율이 높았다.

전문 업체에서 구입하는 경우, 만드는 과정이 번거롭고 일상생활에서 자주 애용하는 음식이 아니며 마른 果類로 주로 시중에서 상품화되어 손쉽게 구입할 수 있는 것이다.

문헌에 「肉類는 古禮에 大夫는 羊과 豕로 牲을 供하였으나 그 品階에 따라 頭數에 差가 있었고, 七·八品 以下는 牲을 ♠穀(殺?)하지 않고 切肉을 使用하였다. 後世에는 一般으로 牲을 쓰지 않고 炙肉을 代用하게 되었다.」(황경환, 1967) 하니, 오늘날에는 牲을 쓰기보다는 肉을 구워 적사지로 꽂아 肉炙을 써 자연히 切肉하여 사용하고 있다. 또한 실제 제사음식에 대하여 조사한 결과를 보면 육류와 어류를 대부분 익혀서(각각 97.0%, 95.1%) 쓰고 있었다.

한편 생선은 잉어뿐 아니라 대체로 비늘 없는 생선은 忌하고(윤서석, 1986). "치"자가 든 고기는 뱀하고 가깝다고 하여 쓰지 않는다.(성병희, 1983)

湯이나 炙, 저냐 등은 시중에서 대량 생산되어 나오지 않고 직접 가정에서 준비해야 하는 것으로 오늘날 가정에서 주부들이 제수를 마련하는 데 드는 시간과 가사수행에 부담을 느끼고 있었다(김인옥, 1997).

최근 '제례음식 공급업체'(1998. 2. 조선일보 광고)가 등장함으로써 모든 제사음식을 상품화하여 공급하고 있다. 의례음식을 대행해 준다면 주부들의 가사수행 부담은 줄지만 살아 계셨을 때의 봉양을 돌아가신 후에도 지속한다는 '효'의 가치는 평가가 달라질 수 있다. 이는 제사를 통해 자손 된 도리를 다하고자 하는 일부 현대인에게 새로운 과제가 아닐 수 없다.

Ⅲ. 제수준비

祭需는 돌아가신 분의 忌日을 맞아 祖上에게 올리는 것으로, 조상에 대한 공경과 추모의 정을 표현하는 외적도구라 할 수 있다. 조상에 대한 제사는 孝의 연장으로 제수준비 시 精誠과 淸潔을 강조한다. 따라서 제례 前日부터 祭主 이하 온 가족들은 齊戒하고 제수에 사용할 곡식이나 과류를 미리 준비해 두고 임한다.

退溪는 「제사에 쓸 술을 빚을 때는 반드시 깨끗한 곳을 가리었고 과실이나 마른고기는 제사를 위해 간직한 것이면 감히 달리 쓰지 않았다.」[30]고 한다. 孔子께서는 「죽은 사람을 제사하는 경우 마치 그 사람이 살아서 거기 계시는 듯이 대하셨다. 또 神께 祭祀지낼 때에도 神이 거기에 와 있는 듯이 대하셨다.」[31] 하니 祭需를 장만하는 데 있어 精誠이 담겨 있지 않으면 감히 奉祭祀를 제대로 올렸다고 할 수 없음을 의미한다. 禮記에도 임금이 하사한 것이라 하더라도 飮食이 아니면 이것으로 선조에게 제사지내지 않는다.」[32]하여 반듯하게 마련되어 갖추어진 음식만을 제사에 씀으로써 정성을 다했던 것이다.

『士小節』婦儀〈祭祀〉에 의하면 「무릇 과실·곡식·채소는 반드시 먼저 나누어 제사의 소용을 마련하여 둔 연후에 감히 다른 데에다 쓰도록 할 것이다.」 하여 제수로 쓰일 것을 먼저 준비한 후 다른 음식에 쓰도록 하는 정성을 강조하고 있다. 또한 「제사를 당하여 제사음식을 마련할 때는 떠들고 웃거나 말을 많이 하지 말고 아이들을 때리거나 종을 꾸짖지 말고, 삶고 지지는 물건은 뜨겁게 하여 김을 올려 신이 흠향하게 하고 떡과 과실을 너무 높게 괴어 무너져 떨어지게 하는 것은 깨끗한 정성이 아니다 제사떡

---

30) 『退溪集』言行錄(二) 奉先, 釀祭酒 必擇淨處 果脯爲祭而儲則不敢他用
31) 『論語』第二卷 三章 八佾 篇, 祭如在 祭神如神在
32) 『禮記』第一曲禮上, 餕餘不祭 父不祭子 夫不祭妻

을 높이 괴도록 하되 겉면만 가지런히 하고 가운데는 부서진 덩어리와 문드러진 조각을 마구 섞어 채워 놓으니, 이 어찌 신을 섬기는 참된 정성이겠는가?」하였고, 제수의 과다보다는 정성스러운 마음을 강조하며 「대체로 제사란 깨끗하게 갖추기를 힘쓰고 슬픈 정성을 다하는 것이다. 진실로 이와 같이 한다면 한 그릇의 飯과 나물을 가지고도 족히 귀신이 흠향하게 할 수 있고 진실로 이와 같이 하지 아니 한다면 비록 큰 소(大牢)를 잡고 다섯 가지 술(五齊)을 갖추더라도 다만 남의 눈에 자랑해 보일 뿐이고 정성스러운 마음에 어긋나는 것이다. 그러므로 군자의 제사는 집의 형세에 따라 알맞게 갖추지 그 가난하고 부유함을 헤아리지 아니한다.」하였다.

한편 祭需는 오직 청결하도록 해야 하니 「제사 올리기 前에는 먼저 음식을 먹게 해서는 안 되고, 고양이나 개·벌레·쥐 같은 것들이 더럽히지 않도록 한다.」[33] 또한 풍속에는 제사지낼 음식을 만들 때 입에 창호지를 물고 입을 벌리는 일이 없게 하였으며, 머리에는 쓰개를 써서 머리카락이 제수에 떨어지지 않도록 하였다(강인희·이경복, 1984).

宋尤庵은 출가하는 딸에게 써준 계녀서에서 「……제수 장만ᄒᆞᆯ제 걱정 말고 종도 꾸짖지 말고 하ᄒᆞ웃지 말고 현허 사ᄉᆞᆨᄒᆞ며 근심말고 업ᄂᆞᆫ 것 구차이 엇지 말며 제물의 퇴 들게 말고 먼저 먹지 말고 어린아희 보ᄎᆡ여도 주지 말고 만니 장만ᄒᆞ면 자연 불결ᄒᆞ니 쓸만치 장만ᄒᆞ고 훗 제사의 불족ᄒᆞᆯ 작시면 일년 제수 소임을 생각ᄒᆞ여 후제사의 궐 제을 아니하게 ᄒᆞ여 풍박이 너머 현수하게 말고 정성으로 머리비고 목욕ᄒᆞ듸 겨울이라도 폐치 말고 긔 졔ᄉᆞ의 ᄉᆞᆨ옷 입지 말고 손톱 발톱 베히고 정결이 하면 신명이 흠향ᄒᆞ고 ᄌᆞ손이 복이 잇고 그럿지 아니ᄒᆞ면 ᄌᆡ화 잇나니라.」하였다. 즉 제수마련시 집 안에서 큰 소리가 나지 않도록 하며, 음식을 쓸 만치 깨끗하게 장만하도록 하며 청결함과 함께 규모와 절제 있는 제수마련을 강조하고 있다.

---

33) 柳重臨 『增補山林經濟』 家政篇, 凡祭物務令精誠未祭之前勿令人先食及爲措犬蟲 鼠 所汚

한편, 祭祀를 정성껏 검소하게 지내라는 뜻에서 退溪의 言行錄에 보면 평소 退溪는 수수하고 검소하여 遺戒에 「유밀과를 쓰지 말라.」[34] 하였다.

이상으로 제수마련 시 준비되어야 할 내용들을 정리하여 보면 다음과 같다.

첫째, 주부들이 제수마련 시 가장 중요시 여겼던 부분이 제수용품의 과다보다는 조심하고 삼가 근신하여 정성스럽게 마련하는 것이었다. 따라서 조상이 마치 그 자리에 계신 듯하였다 하니 제수마련 시 미리 걱정하거나 아랫사람을 꾸짖거나 크게 웃어서도 안 되는 등 집 안에서 큰 소리가 나지 않게 하였는데 이는 모두 재계하는 마음으로 임해야 함을 강조한 것이라 할 수 있다. 또한 계녀서에 일 년 제수를 생각하여 그때그때 제수를 쓸 만치만 마련토록 하여 일 년 제사를 미리 계획하여 규모 있는 생활을 하도록 이르고 있다.

제수는 또한 제사를 지내는 상징적 표현물로서 어린아이에게 먼저 먹이지 않도록 한 것은 孝를 강조한 제례행례에서 제수를 정성스럽게 마련함으로써 조상에 대한 제례의무수행을 중요시 여겼기 때문이다.

둘째, 정성을 다해 제수를 준비해야 함과 동시에 중요시 여겼던 부분이 청결을 강조한 것이다. 즉 제례 전 온갖 오물에 더럽혀지지 않도록 하였고 깨끗한 곳을 가리었으며 손톱발톱을 깎고 제사에 임하도록 한 것은 정성을 기울여 깨끗하게 준비하여야 했음을 의미한다. 전통사회 여성들은 어른의 진지를 올릴 때 반드시 딸이나 며느리가 床을 들여갔는데 이때 「擧案齋眉」라 하여 상을 눈높이까지 들어 올렸다. 이는 어른의 진지를 모시는 사람으로서 공경의 뜻과 함께 耳目口鼻에서 나오는 오물이 상으로 떨어지지 않도록 조심함에서 비롯된 것이라 볼 때 살아계실 때 청결하게 朝夕진지를 올렸던 것이 돌아가신 후 제수마련에도 지속됨을 볼 수 있다.

셋째, 문헌의 내용에 의하면 그 집안의 형편과 분수에 따라 가늠하여 제수를 마련토록 하며 규모와 절제, 검소함을 강조하고 있다.

---

34) 『退溪集』言行錄(五) 考終記. 先生遺戒 不用油密果

『사소절』에 「집의 형세에 따라 알맞게 마련토록 하고 슬픈 정성을 다할 것이지 그 가난하고 부유함을 헤아리지 않는다.」 하였다. 즉 제수양의 과다보다는 집안 형편껏 정성스럽게 마련함이 옳다는 것이다.

한편 『계녀서』에 제수 장만할 때 남에게 꾸러 가지 말고 많이 장만하게 되면 불결하니 쓸 만치 장만하라 이르니, 제사 때문에 미리 걱정하거나 남에게 얻어 제사지냄은 조상을 욕되게 하는 것으로 여겼으며 일년 제수 생각하여 규모 있게 미리 계획하고 준비하도록 당부하고 있다. 또한 퇴계가 油蜜果를 쓰지 말라고 하였는데, 유밀과는 고려 시대까지만 해도 크게 유행하였던 造菓로서 한때 유행이 지나쳐 왕명으로 사용제약을 받았으며 조선조에는 일반인의 사용을 금지하여 제례와 혼례에 대하여 쓸 수 있도록 하였던(윤서석, 1984) 것이다.

제례 전반에 내재되어 있는 조상숭배 사상은 제수마련 시에도 엿볼 수 있다. 무엇보다도 제수 양과 과다에 치우쳐 오히려 조상을 욕되게 하고 사치함을 경계하여, 우리 선조들의 청렴하고 검소했던 생활을 제례를 통해 알 수 있었다.

Ⅳ. 현대 가정에서 제수준비의 의미

1) 제수준비의 실태

제수준비 시 문헌에서는 제수양의 많고 적음보다는 돌아가신 부모를 공양하며 살아계셨을 때 孝를 지속적으로 실천하여 지극한 정성으로 마련해야 한다는 것이다.

제수에 관한 전반적 의식과 행례를 조사한 이길표(1982)의 연구에 의하면, 제수마련에 대하여 전체 69%가 「정성껏 깨끗하게 새로 마련한다.」고 응답하여 기일이 되면 새로이 제수를 마련함으로써 자손으로서 정성을 다하고자 하였다. 이는 주부들의 제례행례의식에 대하여 조사한 한재숙의 (1989) 연구에서도 같은 결과를 보여 약 85%의 주부가 세사음식을 정성껏 깨끗하게 마련한다고 응답하고 있었다.

제사를 주관하는 댁의 주부를 대상으로 사례조사한 결과(김인옥, 1997), 「개인적으로 조상을 기리더라도 상차림에 돈이 들고, 규격화되어 있어 기독교의 추모식처럼 간소하게 하고 싶지만 며느리의 입장이다 보니 부모님께서 하셨던 대로 그대로 하고, 정성을 들여 하기를 남편이 바란다. 개인적 의사와 상관없이 집안의 규칙이라 그대로 한다.」하였는데, 자식된 도리로 부모님 대에서 하시던 대로 그대로 따르고는 있지만 실질적으로 가사수행에 경제적, 심리적 부담을 느끼고 있었다. 그러나 자손들이 많은 경우 형제 간 분담하여 제수를 준비하거나 제수전(祭需錢)을 가져와 주부들의 경제적 부담이나 가사수행의 어려움을 덜 수 있다고 보고한 바 있다.

한편 규범서에 의하면 「한 그릇의 飯을 가지고도 정성이 있으면 진실한 제례라 할 수 있으며 大牢와 五齊를 갖추었더라도 정성이 없으면 단지 남에게 보이기 위한 제례」라 하였으니 제수마련의 본질적 의미가 孝를 실천하려는 모든 자손들의 정성된 마음에 있음을 인식해야 할 것이다. 또한 「제사음식은 먼저 맛을 보거나 어린아이 보채어도 주지 않는다.」하였다. 과거 전통사회의 상차림에서 父子간에도 겸상을 하지 않고 오직 손자만이 할아버지와 겸상이 가능했는데, 어른 앞에서의 식사 시 예절은 이때 익힐 수 있었던 것이다. 따라서 제사음식에 먼저 맛보거나 아이에게 주지 않음은 어른에 대한 공경과 봉양의 의미가 돌아가신 후에도 지속적으로 실천되었음을 의미한다.

이길표(1989)의 연구에 의하면 「陳設 前 음식 맛을 보지도 먹지도 않는다.」가 51.9%로 과반수 정도의 가정에는 잘 지켜지지 않고 있었다. 이와 같은 결과에서 오늘날의 제수마련이 단순한 의례형식에 치우쳐 있지 않나 하는 우려가 앞선다.

2) 종교적 의미

산업사회로 접어들면서 대가족제도는 해체되었고 그에 따라 제례에 바탕이 되었던 인간관계가 어떤 형태로든 변화하게 됨으로써 제례형식과 의미도 변질되지 않을 수 없다. 합리화, 간소화 등을 요구하는 사회구조상 제례의식의 변화는 불가피한 것이며 대가족 중심의 농경사회에서 제례의 위상이 핵가족 위주의 산업사회로 전환되면서 부분적으로 그 의미를 상실하지 않을 수 없다.

오늘날 가정의례는 각 종파별로 종교적 의식에 따라 시행되고 있다. 현대사회는 종교가 다양하고 또 각 종교인구도 적지 않아, 그 종교마다 상이한 의식절차를 따르고 있기 때문에 의례를 하나로 규합하여 시행하기에는 적지 않은 어려움이 따른다.

단지 가정에서 가풍이나 종교에 따라 예의에 맞게 절제된 의식을 행하길 기대할 뿐이다. 특히 제례의 경우 종교에 따른 그 특색이 상이한 관계로 현대사회에서 규범화된 제례의식을 정하기는 매우 어렵다. 또한 제수마련에 있어서도 종교에 따라 그 의미가 달리 받아들여져, 祭需를 돌아가신 조상을 위한 봉양의 차원보다는 형식적, 의례적 행례로 간주되기도 한다. 종교에 따른 상이한 제례형식만큼이나 祭需의 내용이나 의미도 다르다.

기독교의 추모식 경우, 제사음식을 마련할 때 제사상과 같은 인상을 주지 않도록 상 위에 미리 음식을 놓지 않고 추모식을 마친 후 조촐한 음식을 나눔이 좋을 것이며, 불신 가족들이 강력히 주장할 때는 차려도 무방하다(최유환, 1995).

따라서 제례의 출발이 報本反始에 있으며 본래의 의의가 孝에 있다는 점을 감안할 때 정형화된 제례규정이 존재하지 않아도 종교와 家家禮에 따른 제례의식은 우리가 수용하고 존중해야 할 것이다.

제10장 제수진설의 문헌적 비교

- 격몽요결, 가례집람, 사례편람을 중심으로 -

　古代의 제례는 그 대상에 있어 天神이나 地神 및 日, 月, 山, 川 등 自然神이었고 간혹 동식물도 그 대상에 속하는 Shamanism적 성격을 띠고 있었다. 고대인들은 자연의 모든 사물에 精靈이 깃들어 있다고 믿으며 자연을 경외하면서 생활하였다. 이들은 추수가 끝나면 감사제로 집단이 함께 행했으며 제사의 대상은 주로 천신이나 국조신이었다.

　학자들은 일찍이 禮의 기원을 祭天儀式에서 행하여지던 "禁忌"의 관습에서 찾고 있다. 禮라는 글자는 『說文』에 「禮履也 所以事神致福也」라 하여 「神을 섬기고 福을 빈다.」는 의미가 있는 것으로(李東仁, 1986), 禮를 풀이해 보면 「示」와 「豊」의 合意이다. 「示」는 「二」와 「川」의 合字로 「二」는 上의 古字이며 「川」은 日·月·星 셋이란 뜻이다. 따라서 「示」는 "上天이 日·月·星으로 하여금 여러 가지 天文現象을 내려 보임으로써 사람에게 吉凶을 계시한다."는 뜻이고 「豊」은 "고대의 祭器"였다.(『設文解字詁林』장기근 재인용, 1970). 고대인들은 禮로서 하늘에 제사를 지내고 天命을 받아 이를 지키고 따르고자 했던 것이다.

　한편 「說文解字」에 보면 祭는 고기(肉), 右手, 「示」는 하늘이 길흉을 내리는 것이라 했으니, 이는 곧 犧牲을 바치고 가호를 비는 것이라 할 수 있다(金義淑, 1993). 이와 같은 내용은 본래 祭의 뜻이 神에게 지극정성을 다하여 제물을 바치고 그 뜻을 따른다는 의미로 볼 수 있다.

禮를 행하는 본질이 神에게 祭祀를 지내고 천명을 받든다고 한다면, 祭는 신에게 제물을 바치고 신을 따르는 것에서 그 본질을 찾을 수 있다. 禮의 始原은 祭에 있고 祭는 祭物을 올리는 것에서 시작된다고 할 수 있다.

오늘날 祭禮는 핵가족 중심의 현대사회적 특성과 자유로운 종교 활동으로 인하여 간소화되거나 변화된 경향이다.

Ⅰ. 문헌 소개

조선조 이념적 통치기반을 바탕으로 당시 성리학이 주류를 이루었는데 17C 들어 예학으로 발전하며 더욱 빛을 발휘하게 되었다. 대표적인 예학자로는 沙溪 金長生(1548~1631)을 꼽을 수 있다. 金長生을 필두로 하여 많은 유학자들은 家家禮에 따라 이를 정리하여 禮書를 편찬하였다.

한국 성리학의 태두이며 金長生의 스승인 栗谷 李珥와 후학 陶庵 李縡 등 栗谷系의 인물들을 중심으로[35] 대표적 禮書, 즉 李珥의 『擊蒙要訣』, 金長生의 『家禮輯覽』, 李縡의 『四禮便覽』에 대하여 소개하면 다음과 같다.

『擊蒙要訣』은 栗谷 李珥의 저서 栗谷全書 속에 수록되어 있는 글이다. 모두 38권으로 되어 있는 栗谷全書 속에 이 擊蒙要訣은 27권에 들어 있다. 내용을 보면, 立志章, 革舊習章, 持身章, 讀書章, 事親章, 常制章, 祭祀章, 居家章, 接人章, 處世章 등 전체 10장 89문단으로 구성되어 있으며, 부록 祭儀抄에는 제례에 대한 내용을 出入義, 參禮儀, 薦獻議, 告事儀, 時祭儀, 忌祭儀, 墓祭儀, 喪服中行祭儀로 분류하여 그 내용을 알기 쉽게 상세히 설명하고 있다.

沙溪의 『家禮輯覽』은 본문이 10권 5책이고 책머리에 圖說 1책을 붙여 10

---

35) 栗谷系의 대표적 脈을 보면,

李珥(栗谷: 1536~1584)－金長生(沙溪: 1548~1631)－宋時烈(尤庵: 1608~1721)
－李縡(陶庵: 1678~1746)

권 6책으로 편집되었다. 沙溪는 序文에 밝혔듯이 諸家의 設을 모아 편집하여 『家禮輯覽』이라 명명하였는데, 책머리에 家禮圖總이라 하여 그림을 앞에 붙여 그의 禮說 내용을 보충해 주고 있으며, 1685년 송시열의 後序가 붙은 상태에서 목판본으로 간행되었다.

『四禮便覽』은 陶庵 李縡가 朱子의 『家禮』를 준칙으로 하고 沙溪의 『喪禮備要』를 중심으로 先賢의 禮設을 참작하여 의례의 잘잘못을 바로잡아 喪祭에 冠禮와 婚禮를 첨가해서 편저하여 필사본으로 전하다가 그의 후손 문간공(文簡公, 李光文, 1778~1828)과 문정공(文貞公, 李光正, 1780~1849)이 각각 그 내용을 보강하고 圖式까지 붙여 헌종 10년(1884)에 雲石 趙寅永(1782~1850)의 발문을 덧붙여 목판으로 간행되었다.

이상의 문헌에 나타난 陳設圖를 중심으로 제수진설에 대하여 살펴보면 다음과 같다.

Ⅱ. 제수의 종류

祭需의 내용은 가정에 따라 다르나 제수진설에 관한 이해를 돕고자 문헌에 진설된 제수의 종류를 먼저 제시한다.

■ 果는 棗栗柿梨를 기본으로 하여 제사에 많이 쓰이고 있는데 이는 연수회(數回) 치르는 제수를 위해 1년을 계획하여 마련하고자할 때 쉽게 저장할 수 있는 과실이기 때문으로 보인다. 『四禮便覽』에 「果에는 6품이 있고 모든 나무의 열매 중 먹을 수 있는 것은 쓰지 않은 것이 없다. 孔子는 과일 중 복숭아는 낮은 것으로 제사에 쓰지 않는다. 沙溪는 만약 다 갖추기 어려우면 4品 혹은 2品을 쓴다.」고 하였다. 가정의 형편에 따라 제수의 양과 수는 조절할 수 있다. 복숭아는 현대사회 가정에서도 제수로는 금기

시하는 과류로 그 내용이 문헌에 설명되고 있음을 볼 수 있다.

■ 脯에는 생선을 말린 어포와 고기말린 육포가 있다. 어포에는 대구, 오징어, 북어 등을 쓴다. 醢(해)는 생선젓으로 대개 소금에 절인 조기를 쓴다. 醯(혜)는 식혜 건더기만을 담고 대추 등으로 웃기 한다. 醯는 차례 때에 쓰지 않고, 醢는 기일제에 쓰지 않는다(성균관 전례연구위원, 1996).

■ 熟采 혹은 蔬는 익은 채소, 즉 나물을 뜻하고, 沈菜는 김치로 주로 무로 담근 나박김치 건더기만 쓴다. 淸醬은 맑은 간장으로 종지에 담는다.

■ 湯에는 고기로 한 肉湯, 생선으로 한 魚湯, 그리고 채소로 한 素湯과 닭을 재료로 한 鷄湯 등이 있다. 栗谷은 祭儀抄에서 「湯은 다섯 가지 놓되 가난해서 마련하기 어려우면 세 가지도 좋다.」고 하였다.

■ 麵은 국수로 삶은 국수의 건더기만을 상에 올린다. 제사 시 餠(떡)은 거피한 팥으로 편을 쪄서 주악 같은 웃기를 얹는다. 炙은 구이로서 육적, 어적, 소적, 계적 등을 쓰고 제사 때 三獻(술을 올리는 절차)에 하나씩 올린다. 魚와 肉은 生魚肉으로 보기도 하고 후에는 湯에 포함시키기도 하여 학자들의 의견이 분분하다.

■ 匙楪 혹은 匙筯는 수저를 놓는 그릇이고, 飯과 羹은 제사에서의 진지와 국을 의미한다. 盞盤은 祭酒잔과 받침이다. 醋慄은 식초이고, 醋菜는 나물에 초를 넣어 무친 것이다.

제상에 음식을 차리는 것을 陳設이라 하는데, 神位를 중심으로 오른쪽은 동쪽, 왼쪽은 서쪽이다. 또한 제상에 맨 아래인 과류는 제5열이라 하고 위로 향하면서 제4열, 제3열, 제2열, 飯과 羹의 열을 제1열이라 한다.

Ⅲ. 제수진설의 특징 비교

禮書에서 보여주고 있는 내용을 보면 다음과 같다.

1. 『擊蒙要訣』의 陳設 (1577)

栗谷의 『擊蒙要訣』 祭儀抄 時祭儀에 의하면 「주부는 여러 婦女들을 데리고 祭器를 씻고 솥을 깨끗이 씻어서 제사음식을 장만한다. 신위 한 분에 과실 다섯 가지와 포 한 접시, 익은 나물 한 접시, 식혜 한 그릇, 김치 한 그릇, 간장 한 종지, 초나물 한 접시, 생선과 고기 각각 한 접시, 떡 한 접시, 국수 한 대접, 국 한 그릇, 밥 한 주발, 탕 다섯 가지, 구운 고기 세 가지를 쓴다.」고 하며 이런 음식들은 모두 깨끗이 마련하도록 힘쓰고 제사를 지내기 전에 먼저 먹지 못하게 하였다. 또한 栗谷은 考와 妣의 신주를 따로 마련하되 경우에 따라 두 분 합설할 수도 있다고 하였다.

〈그림 1〉은 擊蒙要訣에 수록된 每位陳設圖이다.

栗谷의 陳設圖를 보면 湯이 제시되어 있고, 匙楪은 신위의 오른쪽에 놓았다. 또한 盞盤이 飯과 羹의 중앙에 있는 것을 볼 수 있다. 栗谷은 果와 湯을 다섯 가지로 쓰고 있으며 그 이유는 설명하지 않고, 다만 祭儀抄에는 「가난해서 다섯 가지를 다 마련하지 못 하겠으면 세 가지라도 좋다.」고 하여 형편껏 장만토록 하되 홀수로 쓰도록 하였다. 또한 時祭儀에서는 「脯는 佐飯이라고도 한다.」 하여 脯 대신 佐飯을 써도 무방함을 나타냈다.

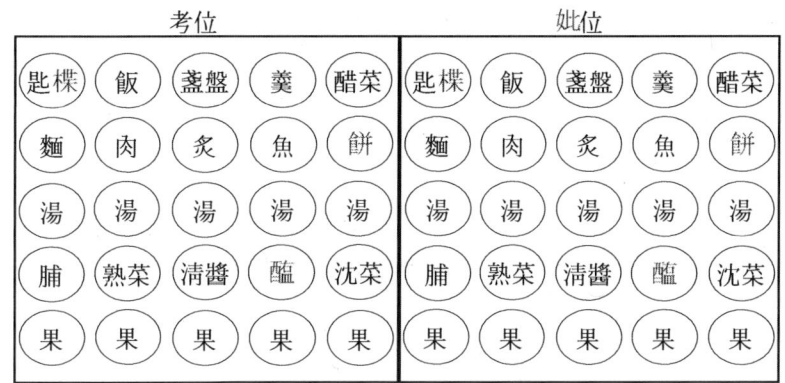

〈그림 1〉 栗谷의 陳設圖

2. 『家禮輯覽』의 陳設 (1599)

沙溪는 신위를 모심에 있어 「장소가 넉넉하면 한 분 한 분 각각 교의 하나 제상 하나씩 모시고 장소가 좁으면 考妣를 함께 모신다.」 하고, 考妣 各設이 원칙이나 사람 된 자의 인정으로 兩位를 함께 設할 수도 있다고 하였다. 『家禮輯覽』에 나타난 陳設圖를 보면 〈그림 2〉와 같다.

沙溪의 『家禮輯覽』에서는 湯이 없어 栗谷의 陳設圖와 다르게 모두 제4열로 진설되어 있다. 시접이 중앙에 있고 果는 짝수를 쓰고 있다. 또한 飯과 羹이 제상 1열 끝에 위치하며, 그 가운데 盞盤과 醋楪이 있다. 『家禮輯覽』에는 〈具饌〉에서 「祭祀에는 마땅히 生魚肉을 써야 한다. 그런데 『家禮』 陳設圖의 이른바 魚肉이란 바로 날 것을 가리킨다.」

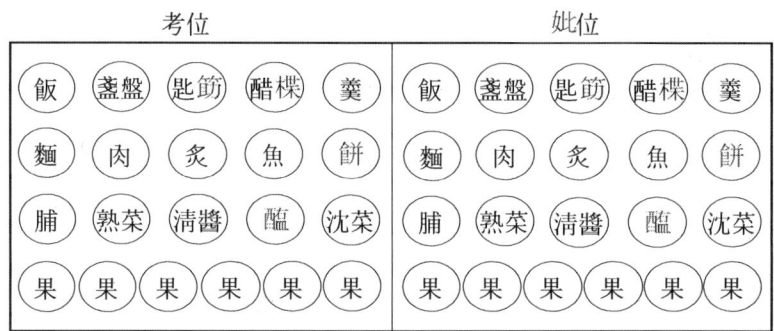

〈그림 2〉沙溪의 陳設圖

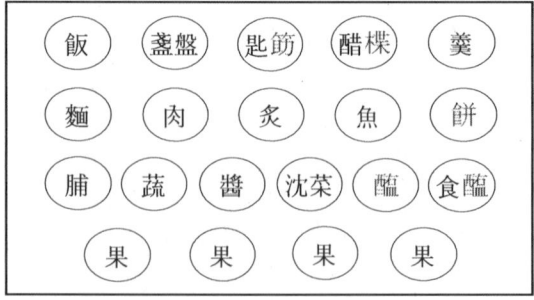

〈그림 3〉陶庵의 陳設圖

3. 『四禮便覽』의 陳設 (1700년경)

陶庵은 『四禮便覽』〈四時祭〉에서 「주인 이하 심의를 입고 집사자와 함께 제사를 지낼 곳으로 간다. 손을 씻고 제상 남쪽 끝(제4열)에 果를 진설하고, 그다음 줄(제3열)에는 菜蔬와 脯와 食醢를 차리고, 북쪽 끝에 잔대와 초 접시를 놓되 잔은 서쪽, 접시는 동쪽이다. 匙楪는 첫 줄의 중앙에 놓는다.」 하며 진설을 설명하고 있다. 도암의 陳設圖는 沙溪의 『家禮輯覽』과 전체적으로 유사하나 醢(생선젓)와 침채(김치)의 위치를 바꾸고 있고, 食醢를 쓰고 있는 점이 다르다.

이상으로 禮書에서 보여주고 있는 陳設圖를 참고로 하여 제수진설에 대하여 분석한 결과 다음과 같은 특징을 볼 수 있다.

첫째, 제상을 준비하는 데 있어 兩位各設을 원칙으로 하며 내외분이라도 考位와 妣位의 상을 따로 차림을 볼 수 있다. 栗谷과 沙溪는 사람의 정리로 어찌 한 분만을 設할 수 있는가 하며 각각의 진설을 예시하였다. 즉 두 분의 제사를 모시게 될 때에는 各設하는 것이 옳다.

수저를 담는 匙楪 혹은 匙筋는 栗谷의 陳設圖에서는 제1열의 끝에 위치하고 있었지만 후에 沙溪와 陶庵의 陳設圖에서는 중앙에 위치해 있는 것을 볼 수 있다. 또한 栗谷을 제1열에 醋菜(초나물)을 設饌하였으나 후에는 醋楪으로 나타나며 飯과 羹 가운데 놓인다.

그러나 문헌에 예시된 진설도 제1열의 공통적 특징은 飯은 서쪽에 위치해 있고 羹은 동쪽에 있으며(飯西羹東), 잔은 서쪽에 있고 초는 동쪽에 위치해 있다는 것이다.

둘째, 炙은 중앙에 위치하며 炙을 중심으로 魚肉이 놓이고 그 줄의 양 끝에 麵과 餠(편)이 위치함을 볼 수 있다. 따라서 魚는 동쪽에 肉은 서쪽에 위치하며(魚東肉西), 餠은 동쪽에 麵은 서쪽에 위치함을 볼 수 있다(餠東麵西).

湯은 栗谷의 陳設圖에서만 볼 수 있는데 栗谷은 제상 제5열의 가장 가운데 줄인 제3열에 놓고 있다.

셋째, 제4열에는 공통적으로 脯와 醢가 놓이는데, 왼쪽에는 脯를 오른쪽에는 醢 혹은 食醢가 위치해 있고(左脯右醢), 熟菜(나물)와 沈菜(김치)의 위치는 沈菜는 동쪽에 熟菜는 서쪽에(生東熟西) 있음을 볼 수 있다. 청장은 제4열 중앙에 위치한다.

넷째, 제상의 가장 앞줄인 제5열에는 공통적으로 果類가 위치하고 있는데, 沙溪와 陶庵은 모두 짝수를 쓰고 있으나 栗谷은 홀수로 놓고 있다. 이에 대하여 尹拯은 栗谷은 禮도 모르고 변동시켰으니 불가하다. 마땅히 家禮에 따라 禮를 訂正하여야 한다고 하였고, 尤庵 宋時烈은 그렇지 않다 時俗을 따르면 된다고 하였다(이길표, 1975).

禮書에서 볼 수 있는 바와 같이 제수진설은 家家禮에 따라 다소 차이는 있으나 공통적인 배치를 볼 수 있었다. 오늘날 禮를 하나로 통합하여 설명하기 어려울 뿐 아니라 사회상황에서 제수마련에 대한 문제도 생각해야 할 부분이다.

제 Ⅲ부　산업사회와　관혼상제

제11장 개별 성년례 프로그램 모델

冠禮라 함은 외형적으로 관을 씌워 어른이 되었다는 것을 표시함으로써 어른으로서의 책무를 갖게 하고 아울러 이를 축하하는 의식이다. 이 의식에는 남자는 상투를 틀어 올리고 관자를 쓰며, 여자는 머리를 올려 비녀를 꽂고 쪽을 지게 된다. 성년의 표시는 冠으로 나타나므로 관례라 하고, 여자는 筓禮라 한다. 이와 같은 관례의식을 행함으로써 冠者는 성인으로서 권리를 부여받는 한편 이에 상응하는 자질을 갖추도록 하였다. 때문에 冠者는 「효경」과 「논어」에 능통하고 예의를 알아야 하였다.

문헌상의 기록으로 고려 광종 16년(965년)에 왕세자에게 관례를 행하였으며 조선 시대에도 왕세자와 문무백관에 관례를 행하였다는 기록이 나타나는 점으로 보아 왕가 및 귀족층의 계급에서부터 널리 시행되기 시작한 듯하다. 관례는 형식적인 면이 있고, 경제적 부담도 커 문헌에 명시된 대로 전형적인 의식을 다 갖추기가 어렵다. 이후 간소화하여 시행되다가 1898년(고종 광무 2년) 단발령을 계기로 관례의식은 사라졌고 오늘날 이것과 성격이 유사한 성년례가 행해지고 있다. 매년 5월 셋째 주 월요일에 만 19세가 되는 남녀 청소년들은 단체나 집단에 의해 성년례를 행하고 있다.

종래의 관례와 같이 성년례는 본인이 정신적으로나 육체적으로 온전한 성인이 되었음을 확인하는 의식이라고 할 수 있다. 성인식을 마친 남녀는 성인의 대접을 받는 한편 성인으로서의 의무와 책임을 지는 역할을 담당해야 한다. 성인으로서의 올바른 판단력, 생업을 유지할 수 있는 능력, 가정을 유지하며 나아가 사회에 기여할 수 있는 능력, 윤리적 양심과 질서의식 등 막중한 책임과 의무가 따른다.

요즈음 단체에서 행해지고 있는 성년례는 일정한 형식이 없다. 대개 가정과 학교, 회사에서 알맞은 자리를 마련하여 성인이 되었음을 축하하고, 성인으로서의 책임과 의무를 강조하는 축사를 한 후 간단한 기념품을 선물한다. 근래에는 성인이 되는 기준을 결혼에 두고 있으므로 성년의식은 소홀해지고 있는 경향이다. 보다 여유 있고 풍부한 생활로 청소년들의 신체적 성숙이 빨라지고 있으나, 과거와 같은 가정 안에서의 인륜과 인성을 중심으로 한 도덕교육은 학교 교육에 밀려 거의 상실한 상태이다. 몸은 어른이 되었으나 이들을 잡아 줄 정신적 구심점은 어디에도 찾아볼 수 없다. 성년례는 오늘날과 같은 상황에서 그 어떤 의례보다도 청소년들에게 반드시 시행해야 하는 의식이라고 본다.

어떠한 禮든지 그 禮를 행할 때에는 일정한 형식과 절차를 필요로 한다. 형식과 절차가 없는 禮는 禮의 본질을 상실시키기 쉽고, 또한 禮의 본질을 망각한 형식과 절차는 허례허식에 흐르기 쉽다. 급속한 사회변화로 과거 의례의 儀式을 갖추어 하기에는 어려운 점이 많다. 다른 모든 의례와 마찬가지로 관례도 현대사회에 맞는 의례로 거듭나야 하고 또한 이에 대한 모델이 제시되어 청소년 문화를 이끌어가야 할 것이다.

Ⅰ. 관례의 절차와 관행

현대사회 성년례의 원형을 파악하기 위하여 우리의 선조들이 敎示하고 실천하였던 관례와 계례에 대하여 알아보고자 한다. 조선 중기 陶庵 李縡가 쓴 『四禮便覽』에 나타난 내용을 중심으로 관례의 의미와 형식, 절차 등에 대하여 살펴보면 다음과 같다.

1. 전통사회의 관·계례

관례와 계례는 어른으로서 책임을 일깨우는 예로 이를 責成人之禮라고 한다.『四禮便覽』에는 「남자의 나이 15세에서 20세까지 모두 관례는 할 수 있다.」하며 최소 연령을 15세로 정하였다. 관례와 계례를 행하는 날짜는 나이가 되는 해 정월 중에 하루를 택하였다.

성년이 되는 사람은 반드시 부모의 상이나 기년(朞年) 이상의 상중이 아니어야 한다. 또한 성년이 되는 사람이 대공(大功)의 상에 아직 장례를 지내지 않았으면 행할 수 없도록 되어 있다.

한편 계례는 혼례에 흡수되어 혼인식 전에 간소하게 행하여지는 경우가 많았다.『四禮便覽』에 나타난 관·계례 형식과 절차를 보면 〈표 1〉과 같다.

관례와 계례의 절차 중 공통적으로 거행되는 부분이 사당에 고하는 告于祠堂, 주례를 모시는 戒賓, 의례 기구를 배설해 놓는 陳設 그리고 의식을 다 행하고 난 후 어른들을 찾아뵙는 見于尊長이다. 다른 의례와 같이 관례와 계례를 행하기 전, 자손 아무개가 모 월 모 일 어른이 되는 의식을 행하겠다는 내용이다. 사당에 고한 뒤 賓을 청하게 된다. 賓은 의식을 이끌어 갈 주례자를 말한다. 주례자는 관자와 주인이 직접 賓의 집에 방문하여 정중히 청하고 승낙을 받게 되면 하루 전에 모셔 관자의 집에 유숙케 한다. 관례 전 의식에 필요한 기구들을 배설해 놓게 된다. 冠禮 時에는 三加禮의 식에 필요한 의복과 醮禮 時의 술상을 준비한다. 筓禮 時에는 合髮과 加筓 의복과 醮禮의 술상을 준비한다. 이후 冠者에게는 字를 지어 주게 되고 筓者에게는 당호를 지어준다. 의식이 거행된 후 주관자인 부모님을 비롯하여 집안의 어른들께 예를 갖추어 인사를 올린다.

<표 1> 관·계례의 형식과 절차

형 식	관 례	계 례
시 기	15세~20세 정월, 4월, 7월 중	15세경, 혼례 전
장 소	冠者의 집	笄者의 집
절 차	告于祠堂 笄 賓 陳 設 始加(初加) 再 加 三 加 醮 禮 冠 字 見于尊長	告于祠堂 笄 賓 陳 設 合 髮 加 笄 醮 禮 笄 字 見于尊長
의 복	始加- 심의, 유건 再加- 조삼, 모자(笠) 三加- 난삼, 복두(幞頭)	加笄- 비녀, 배자
주관자	父(주인)	母(주부)
賓 (주례자)	덕망 있고 학문과 예를 잘 아는 주관자의 친구 분이나 冠者의 스승	집안의 부인으로 예를 잘 아는 분

2. 현대 성년례의 시행현황

우리나라에서 '성년의 날'이 제정된 것은 1973년이다. 기존 법률상에는 만 20세가 되면 당당한 사회인으로서 권리와 의무를 갖고 선거권 등의 성인 자격을 갖는다. 1999년에 개정된 건전가정의례준칙에 따르면 성년례는 이제 만 19세에 행할 수 있도록 하였다. 현대의 성년례는 집단 성년례와 개별 성년례는 대별하여 볼 수 있다.

1) 집단 성년례

일반적으로 현대의 성년례는 가정에서 없어진 의례가 되어 국가에서 정한 매년 5월 셋째 주 월요일에 성년이 된 자를 대상으로 각 기관, 단체, 대학 등에서 하나의 행사로 진행되는 것을 볼 수 있다. 각 기관이나 단체, 대학 등에서 행해지고 있는 성년례는 집단을 대상으로 각기 나름대로의 형식과 절차로 진행되고 있다.

⟨표 2⟩의 각 기관의 성년례 시행현황을 보면 행사일정에 맞추어 국민의례와 기관의 단체장 축사가 있고 대표 성년자가 전체를 대신하여 성년례를 하거나 전통 성년례를 시연하고 있다. 전통사회 관례는 三加禮와 醮禮 時 주례자가 祝을 해 주는데 오늘날 성년례에서는 성년선서와 성년선언을 하게 된다. 이후 축하행사나 특별공연이 이어진다. 건전가정의례준칙에서는 개식 후 국민의례, 성년자 호명, 성년자 경례, 주례의 훈화, 성년선서 및 서명, 성년선언 및 서명, 내빈축사 및 답사, 성년자 내빈에 대한 경례 후 폐식의 순으로 진행된다.

과거 관례는 부모의 주도로 개인이 성인 됨을 인식하게 하는 의식으로 여겨졌으나 오늘날의 집단 성년례는 단체로 행하게 되어 성년 대표자가 전체 성년자를 대신하게 된다.

전통관례와 현행 집단 성년례의 구조를 분석한 연구에 의하면(조희진 외, 1998), 관례는 개인을 대상으로 하기 때문에 성년자 본인이 직접 모든 절차에 참여함으로써 성년례의 의미를 되새길 수 있는 충분한 기회가 주어지지만 현행 성년례는 대부분 집단으로 행해지므로 일반 성년자들을 대표하는 "성년자 대표"라는 새로운 역할이 존재하며 주로 이들을 중심으로 많은 절차가 이루어지기 때문에 일반 성년자들은 성년자 대표를 위한 행사에 들러리로 참여하고 있는 듯한 생각을 가질 수도 있다는 지적을 하고 있다. 또한 부모가 관례를 직접 주관하여 시행했던 과거의 전통관례에 비해 현행 성년례는 단체가 그 역할을 대신하게 됨에 따라 실제 부모는 행사에 단순히 참여할 뿐 고유한 부모의 역할은 거의 사라졌다고 보고하고 있다. 기관의 주도하에 이루어지는 집단 성년례는 대표자가 선출되어 이루어지는 경우가 많아 본래 개인의 성인 됨을 의식하고 축하하는 의미로서는 거리감이 있다는 지적이다.

<표 2> 각 기관의 성년례 절차

기 관	성균관(1999)	서울시(1995)
절 차	1. 성년례에 대한 안내 1. 성년의 날 축하인사 1. 기념 메시지 낭독 1. 성년례시연 1. 기념촬영 1. 오 찬 ※ 이때 누구나 원하면 字를 지어준다.	제1부 기념식 　　개 식 　　국민의례 　　시 상 　　기념사 　　축 사 　　성년의 결의 제2부 성년식 　　주례입장 　　관자, 계례 입장 　　상견례 　　삼가례 축사 　　초 례 　　자를 일러줌 　　성년선언 　　주례 퇴장 제3부 특별공연

성균관의 성년례

2) 개별 성년례

건전가정의례준칙(1999)에는 개별 성년례의 식순을 다음과 같이 적고 있다. 개식-성년자 배례-축사-성년선서 및 서명-성년선언 및 서명-초례 및 주례의 훈화-성년자 배례-폐식의 순으로 진행되며 성년선서와 성년선 언문 내용은 다음과 같다.

성 년 선 서

저는 이제 성년이 됨에 있어서 오늘을 있게 하신 조상님과 부모님의 은혜에 감사하고 자손의 도리를 다할 것과 국가와 사회의 주인으로서 정 당한 권리에 참여하고 신성한 의무에 충실하여 성년으로서의 본분을 다할 것을 엄숙히 선서합니다.

년   월   일
성년자   ○○○(서명 또는 인)

〈그림 1〉 성년선서

성 년 선 언

성 년 자 ○○○
생년월일   년 월 일

그대는 이제 성년이 됨에 있어서 자손으로서 도리를 다하고 국가와 사회의 주인으로서 정당한 권리와 신성한 의무에 충실할 것을 다짐하고 서명하였으므로 성년이 되었음을 엄숙하게 선언합니다.

년   월   일
주 례   ○ ○ ○(서명 또는 인)

〈그림 2〉 성년선언

집단 성년례와 비교하여 보았을 때 성년선서, 성년선언, 주례의 훈화내용
은 유사하고 집단 성년례의 경례를 대신하여 성년자가 배례하는 절차가 있
고 초례의 의식이 포함되어 있다.

술의 의식인 초례(醮禮)는 초례 축사로 대신하기도 하지만 여기에는 술을 마
실 수 있는 연령이 되었음을 인정함과 동시에 어른으로부터 올바른 음주법을
익히고 숙지하는 자리이므로 간소하게나마 술좌석을 마련함이 좋을 듯하다.

개별 성년례 의식의 예로 다음과 같이 할 수 있다.(김득중, 1999)

먼저 가족 대표로서 아버지와 할아버지가 계시고 가족들의 좌석과 손님
좌석이 마련되도록 한다. 큰손님(주례자)은 학문과 덕망이 있고 존경받으
며 본받을 만하고 예를 잘 아는 사람에게 청하고, 사회는 예를 잘 아는 사
람으로서 성년례 식순(홀기)을 읽는다. 개별 성년례 순서를 보면, 거례선언
(擧禮宣言)-성년자 입장-일동경례-성년자 배례(손님에게는 평절, 가족
에게는 큰절)-문명(問名)-다짐-성년선서와 서명-성년선언과 서명-술
의 의식-큰손님 수훈(授訓)-성년자 경례-일동경례-필례 선언(畢禮 宣
言)에 이어서 사진촬영, 선물교환, 손님접대 등의 禮後 행사를 갖는다. 식
을 거행하기 전 성년자가 배례할 때에는 손님에게 평절을, 가족에게는 큰
절을 재배하도록 하고 이때 절을 받은 어른들은 답배를 하지 않는다. 큰손
님 수훈(授訓)이 내려진 후에는 성년자의 큰절에 큰손님을 비롯하여 웃어
른들은 답배하도록 하고 있다. 또한 성년으로서의 책무를 일깨우는 교훈을
내릴 때 말씨는 '하게'로 쓴다. 성년선서와 성년선언의 내용은 건전가정의
례준칙의 내용과 유사하다. 술의 의식에서 큰손님이 내리는 술의 교훈내용
을 보면 「술은 향기로운 것일세, 그래서 우리나라의 모든 의식에서 쓰는
것일세, 그러나 많이 마시면 정신이 혼미하고 몸을 가눌 수 없게 되네. 그
러므로 술을 조심스럽게 마셔야 하네. 이제 먼저 천지신명에게 다짐하고
천천히 마시게.」라고 한다.

그러나 이와 같은 개별 성년례는 아직까지 일반적이지 않고 있다.

Ⅱ. 개별 성년례 프로그램 모델

1. 개별 성년례 프로그램의 가설적 모델

1) 개별 성년례 프로그램

성년자의 연령: 15세 ~ 19세
주 관 자: 부모
주 례 자: 친지 중 덕망과 존경을 받는 어른이나 성년자의 스승
참 석 자: 가족과 친척, 가까운 친지, 성년자의 친구
택   일: 성년자의 생일날
장   소: 성년자의 집
복   장: 정장
기구배설: 초례상 혹은 다과상

성년자의 연령은 15세~19세 사이로 성년이 되는 해의 생일에 하도록 한다.

부모님이 직접 주관하여 친지 중 존경하는 어른을 주례자로 초청한다.
집단 성년례는 각 기관에서 주최하여 행사가 이루어지나 개별 성년례를 대
행해 주는 곳은 없다. 따라서 장소는 성년자의 집에서 함이 마땅하다. 복장
은 부모님이 정장을 갖추어 새로 마련하여 주는 것이 좋으나 학생이거나
마련하지 못하는 경우에는 교복을 입는 것도 무방하다.

한편 초례의식을 위한 간단한 주안상 혹은 다과상을 준비하도록 한다.

2) 개별 성년례 절차

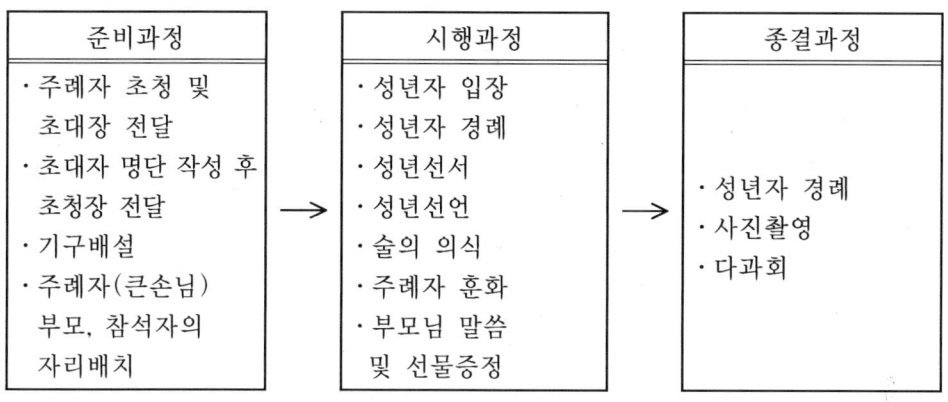

준비과정	시행과정	종결과정
· 주례자 초청 및 　초대장 전달 · 초대자 명단 작성 후 　초청장 전달 · 기구배설 · 주례자(큰손님) 　부모, 참석자의 　자리배치	· 성년자 입장 · 성년자 경례 · 성년선서 · 성년선언 · 술의 의식 · 주례자 훈화 · 부모님 말씀 　및 선물증정	· 성년자 경례 · 사진촬영 · 다과회

〈그림 3〉 개별 성년례 모델

2. 개별 성년례 프로그램의 원리

1) 성년의 시기

　성년례는 과거 관례를 행하였던 15세~19세 연령의 생일날에 하도록 한다. 과거에는 성년이 되는 해 정월이나 4월, 7월에 행하도록 하였으나, 오늘날에는 어린아이라도 가족의 생일은 반드시 기억하며 가족뿐 아니라 친구들에게도 축하받는 행사가 보편적으로 이루어지기 때문이다.

　오늘날 건전가정의례준칙(1999년 개정)에 의하면 만 19세가 되는 해 5월 셋째 주 월요일을 성년의 날로 정하고 있으나 국가나 사회, 단체에서 시행하고 있는 성년례는 본질적으로 개개인의 의례로 보기에는 제한점이 있으므로 성년이 되는 사람의 생일로 정하여 성년자 자신의 의례임을 인지시키도록 한다.

　청소년기인 이때는 신체적으로 2차 성징이 나타나고, 감수성이 예민한 사춘기로 접어드는 시기이다. 이 시기로 정한 구체적인 이유는 다음과 같다.

　첫째, 오늘날 청소년들은 빠른 신체적 성숙에 비하여 정신적으로는 미성숙한 측면을 살펴볼 수 있다. 식생활의 변화로 영양상태가 점차 좋아지면서 과거에 비하여 체격이 커지고 있다. 그러나 부모들의 자녀에 대한 애착과 관심은 정신적으로 자녀들을 분리시키지 못하고, 자녀 또한 부모로부터 독립하는 데 어려움을 겪고 있다.

이와 같이 신체적 성숙의 조기화에 따라가지 못하는 정신적 미성숙의 문제를 고려하고 성년례의 시기를 종전의 만 19세보다 앞당겨, 청소년들이 자아정체감을 확립하고 스스로의 문제를 느끼고 판단하며 독립적인 한 인격체로서 성장할 수 있는 계기를 마련해 주어야 한다.

둘째, 오늘날의 청소년들은 매스미디어와 정보통신의 발달로 다양한 대중 매체에 노출되어 있다. 특히 컴퓨터 등 통신기기를 이용한 성인 음란물의 접근. 통신 관련 범죄 행위 등 오늘날의 청소년 문제를 가중시키기는 결과를 초래하고 있다. 정보화 사회의 현대인으로 살아가기 위한 필수 요건으로 어린 아이들조차도 컴퓨터를 두드리고 있는 현실을 감안한다면 앞으로 통신을 통한 청소년 문제와 범죄는 사라지지 않을 것이라고 본다. 자유와 권리는 맘껏 누리려 하나 책임과 의무에는 소홀하기 쉬운 청소년들에게 성년례를 통한 올바른 가치관과 자아 정체감을 확립시켜 주는 일은 시급하다.

셋째, 감수성이 예민한 이 시기의 자녀들은 신체적 변화에 민감하게 반응하며 성인으로 성장하는 과정에서 부모들과 심각한 갈등을 겪게 된다. 과거의 관례는 부모가 직접 주관하여 시행함으로써 자녀에게 어른으로서의 책임을 일깨워 줌과 동시에 관례 후 말씨와 범절에 있어 성인으로 대접해 주었으나 오늘날의 부모들은 부모 자신들이 느끼는 것보다 성숙하고 어른이 된 자녀를 분리시키지 못하고 있다. 청소년기 자녀들은 주체성 있는 자아를 확립하고자 하며 부모에게서 점차 벗어나 독립된 객체로 인정받고자 한다. 따라서 부모자녀 관계가 갈등적 상황으로 악화될 수 있는 이 시기에 성년례는 새로운 부모자녀 관계를 형성할 수 있는 전환점이 될 것이다.

이와 같은 성년례의 의식을 통하여 개인은 스스로 몸과 마음의 주인이라는 주체성을 획득하며 부모들도 자녀를 더 이상 어린 아이가 아닌 인격체로서 인정하면서 그들에 대한 신뢰와 믿음의 바탕 아래 진정한 부모자식 간의 사랑이 자리 잡을 수 있는 계기가 마련될 수 있을 것이다.

2) 주관자

성년례의 의식을 주관하는 사람은 부모님으로 정함이 옳다. 오늘날 가정의 많은 기능이 사회화되어 가정에서 전담하였던 의례의 양상도 사회구조 속에 흡수되어 시행되고 있다. 성년례도 현재 각 단체에서 주관하여 산발적으로 진행되고 있어 성년례 본래 의미가 축소되어 가고 있다. 따라서 성년례는 부모님이 주관하여 시행하게 함으로써 성년자에게는 성년이 됨의 책임과 의무를 다하도록 하고, 부모님과 친지 분들은 성년자를 집안의 한 구성원으로서 성인됨을 축하하며 그에 상응한 예우를 해야 할 것이다.

3) 주례자(큰손님)

특별한 제한을 두지는 않았지만 집안어른이나 친지 중에 덕망 있고 존경받을 만한 분으로 할 수도 있고, 성년자의 스승 혹은 성직자 등을 모시고 한다. 성년자가 존경하는 분을 모셔와 오래 기억하게 될 것이며, 또한 성년례를 공식화된 의례로 받아들일 수 있을 것이다.

4) 참석자

대표적인 손님으로 집안의 어른들을 초청하여 성인이 되었음을 알리고 인정받는 자리가 되도록 한다. 또한 성년자의 친구들을 초청하여 친구들로부터 축하를 받고 세대 간 공감대를 형성하며 진행하는 의례는 보다 의미가 깊다고 볼 수 있다.

5) 절 차

① 준비과정

■ **주례자 초청** 성년례를 진행시켜 나가고 교훈 말씀을 전해 주실 주례자를 초대할 때 초대장을 준비하여 전달한다. 초대장 전달의 절차를 포함시켜 성년식의 공식화와 중요성을 부각시키며, 주관하는 사람도 초대에 대한 준비와 의무를 다할 수 있게 한다.

○○○ 께

저의 ○째 아들(딸) ○○가 만 ○세가 되어 성년을 맞이하여 성년식을 치르게 되었습니다.
○○가 성인으로서 참된 의미를 생각하고 책임과 의무를 다할 수 있도록 오셔서 좋은 말씀을 해 주십시오.

일시: ○○년 ○월○일○시
장소: (집주소)
○○○ 올림

〈그림 4〉 주례자 초청장의 예

■ **친지 및 친구초청** 친척 및 친구들에게도 초대장을 보낸다. 이들의 초청은 성년자가 직접 초대장을 전달하여 성년식에 참석해 주시기를 청한다.

○○○ 께

저의 ○째 아들(딸) ○○가 만 ○세가 되어 성년식을 치르고자 합니다.
부디 참석하셔서 함께 축하해 주시기 바랍니다.

일시: ○○년 ○월○일○시
장소: (집주소)
○○○ 올림

〈그림 5〉 손님 초청장의 예

■ **초례상과 참석자 자리 배치**　　술의 의식에 필요한 초례상을 준비한다. 초례상에는 부모님이 허락할 수 있는 범위의 술과 안주가 마련된다. 이때 주례의 진행에 따라 주도(酒道)와 예절을 익히는 시간을 갖는다. 만약 술의 의식이 허락되지 않는다면 차상(茶床)을 마련하여 茶로 대신할 수 있다.

　성년례를 할 장소는 깨끗이 정돈하고 주례자(큰손님)와 친지 분, 친구들을 맞이한다. 주례자는 중앙에 위치하고 부모님은 그 양 옆에 좌석을 배치한다. 성년자는 주례자와 마주하여 앉고 손님과 친구들은 성년자의 뒤에 선다.

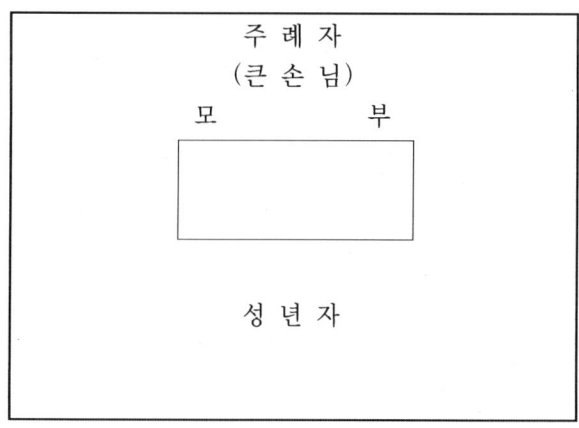

〈그림 6〉 성년례 좌석배치의 예

　이 그림은 성년례 좌석배치도의 일례로서 여기에는 일정한 형식이 있기보다 하나의 모델로서 제시한 것이므로 상황에 따라 다를 수 있다.

　② 시행과정

■ **성년자 입장 후 경례**　　부모님의 안내에 따라 주례자와 손님들이 자리에 앉게 되면 성년자가 정장하여 갖추어 입고 입장한 후 경례를 한다. 이때 주례자인 큰손님과 부모님께는 큰 경례를 2번 하도록 한다.

■ **성년선서와 성년선언문 낭독**　　경례 후 성년자는 성년선서를 하고

성년선언을 한다. 그 내용은 건전가정의례준칙에 준한다. 성년선서와 선언문 낭독 후에는 그 내용을 성년자에게 전해 주어 성년이 되었음을 증명하고 성년자가 생활 속에서 그 의미를 되새기고 실천할 수 있도록 한다.

■ **술의 의식**   성년례에서 술의 의식은 성년자에게 음주를 허락하거나 술을 권하는 의미가 아니라 바른 酒道를 익히고 음주 시 경계해야 할 바를 인도하는 과정이다. 간소하게 술과 안주를 마련하여 권하고 마신 후에는 술을 마실 때의 마음가짐과 행동거지에 대하여 일러 준다.

■ **주례자 훈화**   주례자는 성년자에게 오래도록 기억에 남을 훈화를 한다. 성년이 된 사람에게 축하의 말과 함께 성년 됨의 구실을 일깨워 주는 자리가 된다.

그 내용의 예를 보면 다음과 같다.

성년자 ○○○에게

먼저 저를 ○○○의 아들(딸)의 성년이 되는 뜻 깊은 날에 초대해 주신 것에 대해 감사를 드립니다. 또한 ○○(군)양의 성년을 맞이한 것을 진심으로 축하합니다. 과거부터 우리의 조상님들은 마땅한 시기가 되면 관·계례를 행하였고 성년으로서의 책임과 의무를 강조하였습니다. 절차나 모습은 달라도 그 정신은 오늘날에도 마땅히 이어져야 합니다.

성인이 되었다는 것은 그만큼 성숙되었다는 의미이자 자신의 행동에 대한 책임감을 갖고 바른 판단으로 인생을 설계해야 함을 의미하는 것입니다. 어려운 일이 있어도 슬기롭게 대처해 나갈 수 있는 지혜를 길러야 하며 타인에게 베풀며 살 수 있는 여유 있는 사람도 되어야 합니다.

우리 민족과 국가의 장래를 짊어질 젊은이로서 자긍심과 긍지를 갖고, 새 시대를 열어갈 수 있는 꿈과 희망을 향해 바르게 행동하시길 바랍니다.

○○년 ○월○일
주례자 ○○○ 씀

〈그림 7〉 주례자 훈화말씀의 예

주례자의 훈화내용은 성년자에게 전달하여 오래도록 성년자가 그 의미를 깊이 새길 수 있도록 한다.

■ **부모님 말씀 및 선물증정** 부모님께서도 자녀에게 바라는 당부의 말씀을 이때에 전달하고 성년의 날을 맞이하여 정성이 담긴 선물을 한다. 만약 주례자를 모시지 못했을 경우에는 부모님 중 한 분이 주례자가 되어 가슴에 새길 말씀과 함께 선물증정의 시간을 갖도록 한다.

③ 종결과정

■ **성년자 경례** 주례자(큰손님)와 부모님으로부터 교훈의 말씀을 듣고 성년자는 큰 경례를 2번 한다. 또한 오신 손님들께도 감사의 의미로 평경례를 한다. 참석한 모든 사람들과 이날을 기념하며 사진을 촬영하고 다과회를 하면서 성년례를 마친다.

Ⅲ. 프로그램 활성화를 위한 제언

개별 성년례 프로그램의 가설적 모델을 설정하면서 다음의 몇 가지 내용에 주안점을 두었다.

첫째, 우리는 오늘날의 성년례 절차에 있어서 집단으로 하는 성년례에서는 개개인의 성년자에 대한 의미 전달 부족의 문제점을 지적하며 그러한 측면을 고려하여 보완적으로 부모님이 주관하여 이루어지는 개별 성년례를 프로그램화한 것이다.

둘째, 오늘날 개별 성년례에 대한 인식이 부족하고, 개별 성년례를 시행하기 위한 사회적 분위기가 조성되고 있지 않은 상황에서 성년자의 친지와 동년배를 초대하여 성년례의 자리를 마련함으로써 개별 성년례에 대한 인식을 확대하고 그 필요성을 증대시키는 계기를 마련하고자 함이다.

셋째, 현재 만 19세 이하의 미성년자는 술이 금지되어 있고, 또한 미성년자의 음주는 사회적 통념상 금기시되어 있다. 그러나 전통사회 관례 시 초례의식은 음주를 공식화하여 인정함과 동시에 주도에 대한 규율을 가르치고자 함이다. 오늘날 청소년 음주율이 70%(표갑수, 2000)를 상회하고 있음을 감안하여 볼 때 개별 성년례 과정 중 술의 의식은 반드시 필요하리라고 본다.

넷째, 주례자(큰손님)의 훈화는 의례의식으로서 예를 갖추고자 한다면 반드시 필요한 과정이다. 훈화내용은 글로 적어 성년자가 간직하여 보관할 수 있도록 한다. 만약 주례자를 모시기 어렵다면 부모님이 직접 교훈의 내용을 글로 써서 전하도록 한다.

마지막으로 개별 성년례 프로그램에서 주지의 목적은 전통관례의 현대적 계승과 발전적 방향의 모색이라는 관점에서 큰 의의를 가지며 집단 성년례의 단점을 보완하여 부모님이 주관하고 성년자가 치르는 성년의식임을 강조하고자 한다.

전통 의례문화를 계승하여 이를 현대사회에 맞게 적용하여 발전시키고자 할 때 대체로 형식과 절차를 대부분 수정하여 간소화하거나 변화시킨다. 그러나 그 의미의 본질은 지속시킴을 원칙으로 한다. 모든 의례의 형식과 절차에 따른 하나하나의 의미는 매우 심오하고 깊다. 관례 또한 성인으로서의 책무를 일깨우는 예로서 오늘날의 성년례는 이에 대한 본질적인 의미 전달이 중요하다고 보며, 그 형식과 절차는 현 상황에 적절하게 프로그램화한 것이다. 이에 몇 가지 제언을 하면 다음과 같다.

첫째, 건전가정의례준칙에서와 같이 개별 성년례의 중요성을 일깨우고, 그 의미와 과정에 대한 홍보를 널리 시행하여 하루 빨리 이를 사회적으로 확산시키는 일이 시급하다고 본다.

둘째, 청소년, 즉 성년자들에게 성년례를 의례로 여기며 이를 진행시킴으로써 성인됨의 계기를 마련해 주는 것이 중요하지만 복잡한 진행과 절차, 자녀를 훈계하는 부모 말씀을 전해 듣는 자리가 되어서는 안 된다고 본다.

부모 스스로의 성년례에 대한 인식을 새롭게 하고 자녀를 성인의 세계로
올바르게 인도하며 안내하는 자리가 되도록 노력해야 한다. 더불어 차후로
는 성인으로 인정해 줄 만한 마음의 여유와 자세가 준비되어 있도록 한다.

　셋째, 본 프로그램은 하나의 가설적 모델을 제시한 것으로 개별 성년례
프로그램은 각 가정의 범례로 개별화하여 시행될 수 있는 것이다. 가정의
가훈이나 가풍에 준하여 혹은 자녀의 연령이나 성별에 따라 다양한 모델이
제시될 수 있다.

제12장 혼인예식산업의 현황과 발전방향

우리나라의 혼례는 양가 혼인 의사를 전달하는 의혼(議婚), 혼인 날짜를 정하는 납채(納采), 예물을 보내는 납폐(納幣), 혼례식을 올리는 친영(親迎)으로 이루어졌다. 집안 간 학식, 인품 등을 견주어 혼인여부를 결정하는 과정을 의혼이라고 한다. 신랑 집의 청혼서와 사주단자가 신부의 집으로 가면, 신부 집에서는 허혼서와 함께 혼례 날을 택일하여 신랑 집에 연길단자를 보낸다. 신랑 집에서는 보통 혼인 전날 신부용 혼수(婚需)와 혼서(婚書) 및 물목(物目)을 넣은 혼수함을 보내는데 이것을 납폐(納幣)라 한다. 이러한 절차가 모두 끝나면 비로소 혼인식이 이루어지는데, 당시에는 신랑이 신부 집에 가서 혼례를 치르고 신부를 맞아오는 방식을 취해 친영(親迎)이라고 했다. 혼인식은 전안례(奠雁禮), 교배례(交拜禮), 합근례(合졸禮)의 순으로 주례자가 홀기(笏記)에 따라 식을 진행하게 된다. 식이 끝난 후 신랑과 함께 신부가 시가(媤家)에 가 시댁 어른들께 처음으로 인사를 여쭙는 현구고(見舅姑)의 과정으로 진행된다.

이와 같은 혼례방식은 1930년대 서양식 결혼식의 등장(장철수, 1995)으로, 예물을 보내는 납폐와 시댁 어른들께 인사를 드리는 현구고만이 각각 함(函)과 폐백(幣帛)이라는 이름으로 서양식 결혼식과 결합하는 양상을 보이고 있다. 현재와 같이 예식이 끝나자마자 예식장 내의 폐백실에서 시부모님께 폐백을 드리는 형태는 1960년대 후반부터 본격화되었던 것으로 보인다. 서양식 결혼식이 처음 보편화되던 때에는 예식은 예식대로 가지되

폐백만큼은 시댁에서 치르는 경우가 많았으나 가정의례준칙의 영향으로 피로연 등이 금지되는 과정에서 폐백이 예식장 안으로 자연스럽게 들어오게 되었다.

가정의 전반적 의례가 산업화의 영향으로 사회에서 전담하게 되면서 가정의례관련 산업은 급격하게 변화하고 있는 것이 오늘날의 실정이다. 혼인관련업체 또한 해마다 증가하고 있다. 그러나 혼인에 대한 현대적 모델이 구체화되지 않은 상황에서 관련업체의 주도로 오늘날 예식문화가 흐르고 있는 것에 주지할 필요가 있다. 따라서 본 연구의 목적은 첫째, 현대인들의 다양한 요구와 개성을 반영한 혼인문화의 현주소를 통찰한다. 둘째, 혼인예식산업의 팽창과 확대라는 관점에서 관련 산업의 경향을 분석하고, 현대사회 혼인문화가 나아갈 방향을 제시해 보고자 한다. 다만 혼인(婚姻)의 의미가 본래 '장가가고 시집간다'는 것으로 요즈음에는 결혼(結婚)이라는 용어가 일상화되어 통용되고 있으므로 내용의 흐름에 맞추어 혼용하여 쓰고자 한다.

학문적 측면에서 전통혼례에 대한 문헌고찰은 이미 많이 이루어지고 있다. 또한 현대 혼인문화는 일반인들을 대상으로 한 행태 중심의 실태연구가 많이 이루어지고 있으나, 예식 관련 산업의 최근 경향을 다룬 자료는 매우 미미한 상태이다. 따라서 이들 관련 산업체나 저널에서 자체 조사한 기초통계 자료와 홍보자료를 근거로 하여 현대 예식산업의 흐름과 발전방향에 대하여 논의하고자 한다.

I. 혼인문화의 흐름과 경향

1950년대 우리나라의 미혼남녀의 평균 초혼 연령은 여자는 만 20.4세, 남자 만 24.5세(1955년 조사)로, 이와 같은 경향은 80년대까지 지속되었다. 당시만 해도 여성들의 교육수준과 사회 활동력은 매우 미약하였으며, 남녀를 불문하고 나이가 차면 혼인을 해야 하는 것이 당연시되었던 것이다.

1990년대 들어 평균 초혼연령은 남자 만 27.8세, 여자 만 24.8세였다. 그리고 지난 2001년 남자는 만 29.6세, 여자는 만 26.8세였다.(통계청 자료, 2001) 이와 같은 초혼 연령상승은 매년 꾸준히 늘어 2003년 현재 남자의 평균 초혼 연령은 만 30세를 넘어섰고, 여자는 만 27세를 넘어서게 되었다.

배우자 선택의 유형은 크게 중매혼과 연애혼, 절충혼으로 구분이 된다. 남녀대학생을 대상(500명)으로 원하는 배우자 선택 유형을 조사한 결과(안혜숙, 김인옥, 2000), 전체적으로 81.4%에 해당하는 응답자들이 연애결혼을 원하는 것으로 조사되었다. 또한 친구나 친지 등 주변의 소개로 만나 결혼하고자 하는 응답자는 0.8%이었으며, 중매나 소개로 만나 일정 기간 연애를 하는 절충혼은 17.9%로 나타났다. 최근 결혼정보회사가 급부상하면서 전문 중매인인 커플매니저(couple manager)의 역할이 확대되고 있다. 결혼정보업체는 90년대 들어 본격화되어 (주) 선우를 시작으로 결혼산업시장의 신선한 바람을 불러일으키며 대규모업체들이 자리매김하고 있다.

1. 혼인비용과 예식문화

한국결혼문화연구소(선우리서치, 2000)에서 발표한 자료에 의하면, 신혼부부 한 쌍당 평균 결혼비용은 7,800여만 원으로, 이 중 신랑이 68.7%, 신부는 31.3%를 부담하고 있었다. 총 결혼비용 중 주택자금 비용이 59%를 차지하여 주택마련의 일차적 부담을 안고 있는 신랑 측의 결혼비용은 주택가격상승과 비례하여 증가하게 된다. 살림살이 마련에 14%, 결혼식 7.9%, 예단 7.4%, 예물 6.4%, 신혼여행 3.5%이고, 기타 비용이 1.9%를 차지한다. 이와 같은 결혼비용의 적정성 여부에 대하여 신혼부부들은 「적당하다」가 54.8%로 가장 높았고, 「검소한 편이다」(24.9%)와 「매우 검소하다」(5.3%) 등 '검소하다'라고 응답한 사람은 전체적으로 30%를 차지하고 있었다.(〈표 1〉 참조)

〈표 1〉 총결혼비용에 대한 적정성 평가

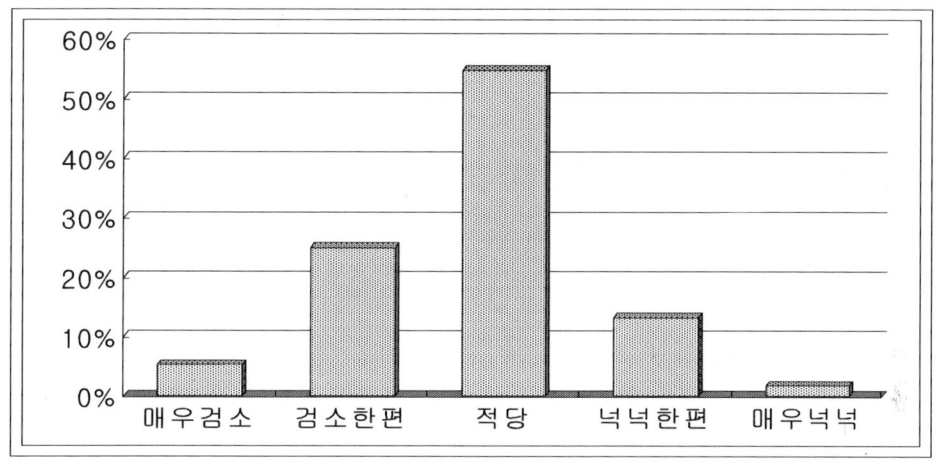

　결혼비용에 대한 조사는 소비자단체, 시민단체, 결혼정보회사 등 각종 단체에서 매년 조사해 그 결과를 발표할 만큼 사회적으로 관심을 끌고 있는 부분이다. 결혼에 드는 총 지출액이 일반인들에게 이처럼 관심을 끌고 있는 것은 결혼비용이 경제흐름과 사회 의식구조의 변화를 가늠하는 척도기 될 수 있기 때문이다. 결혼비용은 실질경제 여건에 비례해 상승하기도 하고 하락하기도 한다. 그러나 최근 우리나라 신세대들의 결혼비용은 국내 경제상황이 매우 좋지 않은 상황임에도 지속적인 상승세를 유지하고 있어, 신세대들의 결혼에 대한 문화적 욕구가 실질경제를 앞서고 있다고 파악할 수 있다.

　2003년 결혼한 신혼부부 308쌍의 평균 결혼비용을 조사한 결과(선우리서치, 결혼문화연구소), 1억 3천4백여만 원으로 지난 2000년도에 비해 불과 3년 사이에 5천6백여만 원이나 증가하였다. 총 결혼비용 중 신랑 측 부담률은 70.5%이고, 신부 측에서는 29.5%로 해마다 신랑 측 부담률이 다소 상승하고 있음을 볼 수 있다.

　신랑이 신혼집을 마련하고 신부가 살림살이(혼수)를 책임지는 비용분담

구조는 전통적으로 우리나라 결혼문화를 구성하는 중요한 축의 하나였다. 이러한 사회적 관례가 여성들보다 남성들의 결혼비용을 크게 상승시키고 있다. 70년대만 하더라도 신랑 측이 신혼집에 들이는 비용은 2~3백만 원 정도의 수준이었으나, 2000년대 들어 신혼집 전세 마련비용은 평균 6천만 원 이상으로 30여 년 지난 후 20배 이상 증가한 것이다. 물론 여기에는 경제발전에 따른 사회경제적 측면의 물가상승이 작용한다. 주택마련비용 6천여만 원을 포함하여 평균 결혼비용 1억여 원이라는 결혼비용을 당사자들이 혼자서 감당하기란 쉽지 않다. 결국 이와 같은 고비용의 결혼문화는 신랑신부가 자력으로 마련할 수 없다고 본다. 신랑신부들이 대부분 사회로 진출한 지 2~3년 차의 직장인들임을 감안하면 현실적으로 불가능하다고 할 수 있다. 결혼비용 마련에 대하여 (마이웨딩, 2004), 「본인이 전액 부담한다.」고 밝힌 남성 응답자는 20.6%에 불과한 반면 「부모님께 결혼비용을 의존한다.」고 밝힌 응답자는 남성 72.9%로 나타나 결혼비용과 관련하여 부모 의존 현상이 심화되어 있음을 볼 수 있다. 특히 「결혼비용을 부모님이 전액 부담한다.」고 밝힌 남성응답자도 13.3%에 이르렀고, 「50% 이상을 의존한다.」고 밝힌 것도 36%나 되어 부모의 경제적 지원 없이는 남성들의 결혼이 힘들 수밖에 없음을 시사하고 있다.

2. 결혼예식산업 시장의 확대

우리나라 결혼예식시장 구조는 문어발식으로 뻗어 있으며, 그에 따른 시너지효과도 매우 크다. 2002년 통계청에 따르면 전국에 전문예식장은 1,150여 개이며, 그 종사자 수는 8,280여 명으로 집계되고 있다.(통계청, 2002) 이는 호텔, 회관이나 기업 내 사내 강당 등은 제외된 경우이며, 이를 포함하면 그 수치는 3배가량 증가할 것으로 예상된다.

90년대 들어 예식관련 산업은 전문화, 고급화를 지향하며 급격히 팽창하고 있다. 전문예식장에서의 결혼식을 탈피하여 야외공원, 경기장, 선상 등에서 각종 이벤트를 겸한 예식이 최근 신세대들의 감각을 반영하며 다양화되고 있다. 더불어 예식관련 상품들도 소비자들의 취향과 경향을 고려하여 경쟁적으로 출시되고 있다. 웨딩 관련 산업에는 전문결혼식장(웨딩홀), 소위 3대 패키지 상품이라고 할 수 있는 드레스, 웨딩앨범, 메이크업이 포함되고, 혼수(예물, 예단, 가전·가구 등), 신혼여행상품 등으로 이루어진다.

1) 예식장소 - 웨딩홀

웨딩시즌이 되면 혼인을 앞둔 예비 신랑신부들은 먼저 예식장소 선택을 매우 심각하게 고려하게 된다. 우선 혼인 예정일과 맞아야 하고 자신들이 원하는 조건에 맞아야 한다.

전국 7대 도시에 거주하며 조사시점 당시 결혼식을 올린 당사자와 호주 343명을 대상으로 실태조사한 결과(한국소비자보호원, 2001), 일요일 12시~15시가 주말 피크타임(peak time)으로 나타났다. 다음으로 토요일 11시~12시로 나타나 주말 시간대에 예식을 하기 위해서는 몇 개월 전부터 예약을 해야 한다.(〈표 2〉 참조)

〈표 2〉 소비자의 결혼식 요일 및 시간

요 일	사례수(명)	구성비(%)	시 간	사례수(명)	구성비(%)
평 일	7	2.0	11시~12시	46	13.4
토요일	108	31.5	12시~15시	270	78.7
일요일	212	61.8	15시~18시	26	7.6
공휴일	16	4.7	18시 이후	1	0.3
계	343	100.0	계	343	100.0

예식장 예약이 이처럼 힘든 이유는 여러 가지 요인이 있겠지만 하객들이 많이 모일 수 있는 주말예식 집중현상이 가장 큰 원인이라고 할 수 있다.

주말 시간대만을 고집하는 우리나라의 독특한 예식문화가 웨딩시즌이면 예
식장 주변에 성황을 이루게 한다. 우리나라에서 1년에 결혼하는 커플은 지
난 2002년 30만 6천여 쌍(통계청, 2002)으로 나타났다. 이들이 봄·가을 웨
딩시즌에 그것도 주말에 몰려 예식이 이루어짐으로써 예식시간의 단축, 예
식비용 상승의 주원인이 되고 있다.

   이와 같은 예식문화는 〈표 3〉에 나타난 바와 같이(한국소비자보호원,
2001), 우리나라의 독특한 상조문화에서 비롯되었다고 볼 수 있다. 다른 집
안의 경조사에 참석하여 부조함으로써 목돈이 필요한 자신의 경조사 시 이
를 충당하고자 하는 형식으로 상조(相助)는 오랜 전통이 되어 왔다. 과거
많은 일손과 물질적 부조의 협동체제인 계(契)나 두레를 통해 가정의 의례
는 이루어져 왔다. 의례의 사회화로 모든 예식이 전문예식장에서 이루어지
고 서비스산업의 혁신으로 의례의 사회적 기본 시스템이 이루어져 있는 현
대사회에서 경제적 물질부조는 일반인들의 상식이 되고 있다.

〈표 3〉 축의금 평균금액

구 분	친척의 결혼식	친구의 결혼식	직장동료
축의금액	104,847원	47,057원	34,910원

   한편 수백 명이나 되는 하객들을 위한 피로연 장소를 겸한 공간이 현실
적으로 예식장으로 제한되어 있기 때문에 예식장 예약이 어려워지는 원인
이 되고 있다. 예식장 선호도에 관한 설문조사에 따르면(마이웨딩, 2002),
일반적으로 전문예식장이 「결혼하고 싶은 예식장소」 선호도로 54%이었는
데, 실제 「선택하게 될 예식장소」로서는 87%를 나타내고 있었다. 또한 결
혼준비와 관련하여 「예식장 선정을 가장 먼저 해야 한다.」고 응답한 사람
은 97%나 되고, 그 예약 시점에 대하여 3~4개월 전에 예약한 경우가
51%로 가장 많았고 이어 5~6개월 전(34%), 7~12개월 전(14%)으로 나타

났다. 짧은 시간 내에 진행시켜야 하는 예식장 결혼을 피해 여유롭고 낭만적인 예식공간을 희망하는 경향을 보였지만, 결국 예식 설비(setting)가 갖추어져 있고 피로연도 무리 없이 치를 수 있는 전문예식장을 선택하게 되는 것이다.

한편, 예식장을 이용하기 위해서 드레스, 웨딩앨범, 메이크업 등을 예식장 측이 제시하는 업체를 이용하거나, 예식장이 직영 형태의 상점을 이용해야 하는 소위 "끼워 팔기"는 우리나라 예식문화의 병폐 중 하나로 인식되어 온 지 오래다. 이와 같은 예식상품에 있어 다양한 선택의 기회 박탈, 독과점 형태의 고가 비용 지불 등의 소비자선택의 권리를 제한하는 불공평한 예식장 운영 행태에 대한 소비자들의 피해와 항의가 사회적인 문제로 확대되자, 지난 2001년 공정거래위원회는 "끼워 팔기" 관행에 대한 표준약관을 제정하기에 이르렀다.

예식 홀 상품은 보통 기본상품과 옵션상품으로 구분된다. 기본상품은 식장대여료, 폐백실 사용료, 피아노-혼수사용료, 드라이아이스, 본식원판 및 스냅사진, 비디오, 꽃 장식 등으로 구성되며, 옵션상품은 야외촬영, 드레스, 턱시도, 메이크업 등이 포함된다. 일반적으로 예식장에서 옵션상품을 구입하게 되면 기본상품을 무료로 이용할 수 있도록 한다. 〈표 4〉는 대전 시내 O 웨딩홀의 예식상품 조건이다. 기본적인 예식장 대여료 80여만 원에 혼구용품과 폐백실 사용료가 부가적으로 추가되며, 웨딩촬영 외에 드레스대여와 메이크업 등이 선택사양 상품이다. 여기에 피로연 비용은 제외된 상태이다. 약 300여 석 규모의 피로연장에서 음식값은 1인당 2만 원 내외에서 선택할 수 있도록 되어 있다.

한편 신세대 커플들 사이에서 큰 인기를 끌고 있지만 예식장에 비해 비용부담이 큰 호텔예식의 경우, 가장 큰 장점은 하루 2번 이상 예식을 받지 않기 때문에 최소한 식간 간격이 3~4시간은 되므로 예식진행이 비교적 여유롭고, 피로연이 동시에 이루어져 일반 예식장보다 품위 있는 분위기로

예식을 올릴 수 있다는 장점이 있다. 고품격 예식에 대한 관심이 높아지면
서 시간에 쫓기듯 결혼식을 올리지 않아도 되고 예식과 피로연을 한 공간
에서 할 수 있어 질적 서비스 면에서 단연 우수한 호텔예식을 선호하게 되
는 것이다. 그러나 이와 같은 호텔예식을 치르기 위해 높은 비용이 요구되
므로 일반 서민들에게는 부담이 된다.

〈표 4〉 예식장 사용 조건 표 (2005)

예식장 사용료	800,000원
혼구용품(방명록, 성혼선언문 외)	50,000원
폐백실 사용료	50,000원
폐백의상 사용료	50,000원
드레스 대여료(디자이너작품), 신상품 추가비용+@(별도)	800,000원
턱시도	100,000원
신랑미용(헤어, 메이크업)	50,000원
신부미용(헤어, 메이크업, 신부 마사지 1회서비스)	200,000원
비디오(원본 1개, VHS TAPE 1개)	200,000원
원판사진(11"×14") 10판 앨범 3권	500,000원
웨딩촬영(11"×14") 32p 앨범	1,200,000원
부케(부토니어, 코사지 6개 포함)	100,000원
특수연출(비누방울, 축포, 드라이아이스)	100,000원
3단 케익(상단 1단 현물)	100,000원
입퇴장음악(전자동시스템)	서비스
TOTAL	4,300,000원
①이벤트 할인가	2,700,000원
②이벤트 할인가(웨딩촬영 제외 시)	1,900,000원

(대전시 내 O 예식장의 예)

호텔예식비용이 전문예식장과 비교하여 차이가 큰 것은 피로연 시 음식
비용에 가격차가 두드러지기 때문이다. 실제로 반포의 M호텔예식 홀의 식

사가격은 5만 원대~8만 원대까지이고 음료와 주류는 별도로 계산하도록
되어 있다. 예식 홀 장식에 있어 필수사항인 꽃 장식은 320만 원대~420만
원대이고 폐백의상 대여료는 50만 원, 사진촬영은 120만 원 정도 지출되고
있다. 또한 비용 면에 있어 일반 예식장보다 비싸기는 하지만 호텔예식은
호텔상품과 연결되어 고품격의 서비스뿐 아니라 첫날밤 무료 숙박권, 호텔
이용 할인권 등 각종 부가서비스도 제공되고 있다.

2) 예식패키지상품(드레스, 웨딩앨범, 메이크업)

신부들에게 있어 순백색의 웨딩드레스와 면사포는 예식의 꽃이라 할 수
있다.

유럽에서는 16C 이후 신부의 처녀성을 상징하는 하얀색 드레스가 유행하
게 되었는데, 1884년 영국의 빅토리아 여왕이 흰색의 공단으로 만들어진
웨딩드레스를 입으면서 흰색의 드레스는 신부의 이미지로 굳어지게 되었
다.(웅진닷컴, 2002)

웨딩드레스를 구입할 수 있는 유통경로는 매우 다양하다. 예식장에서 일
괄 구매된 드레스 중에서 선택할 수도 있지만 직접 드레스 숍으로 찾아서
자신의 체형과 기호에 맞는 구매나 대여를 할 수도 있다. 또한 웨딩컨설팅
업체를 통해 자신에게 맞는 드레스패턴이나 가격대 면에서 적절한 정보를
얻을 수도 있다. 이들 웨딩드레스 가격은 작게는 수십만 원에서 크게는 수
천여만 원에 이르기까지 천차만별이다.

한 여성지(마이웨딩, 2003)가 예비신부 1천 명을 조사한 결과에서, 가장
선호하는 웨딩드레스 디자인에 대해 응답자의 48.7%가 「단아하면서 세련된
이미지가 돋보이는 심플 라인 스타일의 웨딩드레스」라고 하였다. 이와 같은
추세는 당분간 지속될 것으로 보인다. 드레스 비용은 일반 대여는 「70만 원
이하」를, 맞춤대여는 「1백만 원대」 이하를 가장 많이 선호하는 것으로 조사
되었다. 또한 드레스 선택과 관련하여 가장 고민되는 것은 「희망하는 웨딩

드레스의 비용이 너무 비싸다.」가 무려 57.7%이었고, 「자신과 어울리는 웨딩드레스를 좀처럼 찾아낼 수가 없다.」고 밝힌 응답자도 35.5%에 이른다. 이와 같은 결과는 전문 웨딩드레스 숍에서 구입할 경우 자신이 원하는 드레스를 찾을 수 있지만 그 비용에 대한 부담이 크고, 예식장에 구비되어 있는 것을 이용할 경우 그 만족도는 매우 낮을 수 있음을 시사한다.

한편 결혼하는 사람이라면 누구든 그 짧은 순간을 오래도록 간직하고자 고가(高價)의 사진과 비디오 촬영을 반드시 한다. 흔히 리허설 촬영으로 불리는 야외-스튜디오 사진과 예식 당일 날 촬영하는 본식 사진으로 구성된 웨딩앨범은 20~30만 원대 최저가 상품에서 4~5백만 원대의 최고급형 상품에 이르기까지 그 규모와 질이 매우 크고 다양하다.(C 웨딩스튜디오 홍보자료) 사실 서양식 결혼이 보편화되던 1960년만 해도 웨딩앨범이라는 것은 대중적인 상품이 아니었다. 당시 결혼사진은 예식 후 주례자와 신랑 신부 그리고 가족들과 사진 촬영하는 것이 전부로서 앨범의 형태를 갖지는 않았다. 최근 웨딩촬영의 패턴은 기념사진인 원판 사진은 그다지 큰 변화가 없고 소위 '리허설촬영'이라는 야외촬영과 스튜디오촬영은 신세대들의 높은 감각과 트랜드를 반영한 다양한 이미지 연출이 시도되고 있다.

인생에 있어 단 한번뿐인 결혼식을 위해 신부 당사자들은 자신의 결점을 최대한 보완해 줄 수 있는 이미지 변신에 관심을 갖게 된다. 웨딩헤어와 메이크업은 결혼 당일 날을 위해 피부마사지 관리라는 선행 작업이 요구되는 부분이다. 최근에는 웨딩메이크업과 헤어만을 전문으로 하는 사람들이 있을 정도로 소비자들의 다양한 요구들을 반영한 전문인들이 등장한다. 얼굴형태, 피부 톤, 피부 상태, 머리카락 형태 등을 연구하여 그 사람에게 가장 적합한 메이크업을 선택한다. 또한 결혼식 장소에 따라 조명의 밝기나 화려함, 자연채광 정도, 분위기가 모두 다르기 때문에 예식장소에 따라 어울리는 메이크업과 헤어스타일도 다를 수 있다.(한명숙, 2003)

3) 혼수관련상품

결혼을 앞둔 예비 신랑신부에게 있어 가장 민감하게 접근해야 하는 것이 바로 혼수문제일 것이다. 각종 신문과 방송을 통해 혼수로 인한 양가 어른들의 갈등이 당사자에게로까지 이어져 파혼하기도 하고 때로는 이혼으로 치닫는 경우도 종종 보게 된다. 혼수 중 예물, 예단, 폐백 등이 양가에서 서로 주고받는 품목들이라면 가전·가구는 신혼부부의 살림장만을 위한 것들이다.

과거 사대부가 신부는 혼수용반상기, 바느질용구(반짇고리, 실함, 골무), 혼수용 조각보, 신부의 사계절 저고리, 천담복(제사 옷), 효도버선 등이었다.(한국전통생활문화학회편, 2000) 60~70년대 경제개발로 높은 경제성장을 이루면서 예단의 품목은 변화하기 시작하였고 물질만능의 사회적 분위기가 고조되면서 오늘날 예단의 현금화로까지 이어지게 되었다. 현물보다는 현금으로 받아 원하는 물건을 직접 구입할 수 있다는 현실적인 대안으로 나온 것이 예단의 현금화이다.

예단은 새 며느리가 시가에 해 가지고 가야 할 최소한의 것으로 과거에는 「새 며느리는 시어머니의 혼수보다 넘쳐서는 안 된다.」(강신항, 정양완, 1990)는 말에서 볼 수 있듯이 혼인에서 현금이 오고가는 일은 상상할 수 없으며 혼인에 현금이 오고가는 것은 자식을 사고파는 매매혼이라 하여 매우 천하게 여겼다.

2003년 1월 이후 결혼한 새내기주부 1백 명을 대상으로 실시한 설문조사(마이웨딩, 2003) 결과, 예단의 형태는 현금과 현물을 함께하는 복합형이 87%로 압도적이었다. 예단 비용에 대해서는 「4백만 원~5백만 원 이하」로 지출한 응답자가 28%로 가장 많았고, 「3백~4백만 원 이하」가 21%, 「5백만 원~6백만 원 이상」이 16%, 「2백만 원~3백만 원 이하」가 9%, 「2백만 원 이하」 5%의 순이었다. 이들이 선택한 예단품목은 한복·양장 등 의류가 26%, 보료·이불 등 침구류 23%, 은수저·반상기 등 식기류 19%이었다.

한편 혼수 중 폐백(幣帛)이란 본래 혼례에 쓰이는 물품을 일컫는다. 시집 온 신부가 시부모와 시댁 식구들에게 처음으로 인사드리는 현구고례(見舅姑禮) 시 시아버지께 고기폐백을, 시어머니께는 대추폐백을 올리게 된다. 폐백 전문 업체에서 제시하고 있는 그 내용을 보면 닭(1마리) 폐백과 구절판, 대추, 술 등이 13만 원대부터 닭(2마리) 육포, 구절판, 대추폐백, 술, 수삼정과, 경단, 강정 등 60만 원대까지 있다. 여기에 엿, 약과, 강란, 율란, 조란, 모듬전, 오징어 오림, 곶감 오림, 다식 등 이바지 음식까지 포함하게 되면 그 가격대는 150만 원으로 상승하게 된다.(N폐백업체, K폐백업체 홍보자료) 이들 폐백업체들은 때에 따라 예식장과 협약상태에서 예식장 비용에 포함되어 제시될 수도 있다.

최근 가전, 가구회사까지 가세하여 혼수경쟁이 이루어지고 있다. 봄, 가을 웨딩시즌이면 각 가전사들과 가구회사들은 신혼집 평형별 적정 혼수플랜을 선보이며 홍보 전략에 힘을 기울인다. 대체로 동시에 가전제품이나 가구제품을 일괄 구입하는 경우는 일생에 단 한번인 결혼할 때이기 때문이다. 이때 혼수마련을 위해 일시적으로 많은 비용을 지출하게 된다.

4) 신혼여행상품

결혼을 앞둔 예비신랑, 신부에게 있어 결혼식 못지않게 관심을 갖는 것이 신혼여행지 선택일 것이다. 과거 혼례식을 치른 후 일정 기간 동안 신부의 집에서 묵고 시가(媤家)로 갔던 혼례형식인 우귀례(于歸禮)가, 오늘날 허니문 여행 후 양가를 찾아뵙는 것으로 대치되고 있다.

우리나라에서 각광받는 신혼여행지는 설악산, 경주, 제주도 등이 한창 인기를 누렸으나 80년대 들어 해외여행이 자유화되면서 동남아, 미주, 유럽 등으로 여행가는 신혼부부들이 늘고 있다. 그러나 최근 신혼여행이 관광여행에서 휴양여행으로 인식이 바뀌면서 사람들이 많이 모이는 유명 관광지보다 조용히 쉴 수 있는 휴양지를 선호하는 추세이다. 2003년 11월 28일부터 12월 5일까지 200명의 예비부부들에게 실시한 이메일 조사결과(마이웨딩, 2004), 해외로 신혼여행을 다녀오겠다는 신혼부부들이 무려 94%나 되었고 국내 지역은 불과 5%만이 응답하였다. 희망 허니문여행지는 몰디브가 21%로 1위를 차지하였고 호주 등 오세아니아권이 19%로 2위, 스위스 등 유럽권이 14%로 3위를 차지하였다. 그러나 실제 계획된 여행지는 필리핀이 17%로 1위, 태국은 16%로 2위, 괌, 사이판이 13%로 3위의 순이었다. 희망하는 여행지 1위인 몰디브를 실제 계획하는 경우는 응답자의 11%로 4위로 나타났다. 이와 같이 희망하는 여행지와 실제 계획된 여행지의 차이를 보이는 것은 그 가격 비용 면에서 차이가 크기 때문이다. 허니문 전문 여행사 자료(Y여행사 홍보자료)에 의하면, 몰디브의 6일 1인당 가격대가 200만 원대로, 태국 파타야 리조트(70여만 원/5일)의 3배, 필리핀의 보라카이 리조트(95만 원/5일)의 두 배 이상 가격대를 형성하기 때문이다. 이들 모두 휴양지로서 최근 신혼부부들에게 각광받고 있는 신혼여행지이다. 예상 신혼여행비용으로는 250만 원~300만 원이 21.6%였고, 200만 원~250만 원이 16.9%로 2위를 차지하여, 200만 원대 여행상품이 38.5%로 가장 높았다. 그 밖에 300만 원대는 19.6%, 400만 원대 이상도 6.7%를 차지하고 있었다. 또한 신혼여행비용 분담에 대해서는 신랑신부가 공동 분담이 74.1%로 대부분 공동 분담하는 것으로 나타났다. 그러나 신랑이 전액 부담하는 경우는 21%나 되었고, 신부가 일부 부담하는 경우는 6.8%에 불과하였다.

II. Wedding 형태의 다양화

현대의 소비자들은 각종 매체를 통해 매일 수없이 많은 정보의 홍수 속에서 산다고 해도 과언이 아니다. 따라서 결혼을 앞둔 예비신혼부부들은 자신이 원하는 스타일의 예식을 올리기 위해서 전문가들로부터 도움을 받게 된다.

최근 예식관련 신조어로서 '테마웨딩', '맞춤웨딩', '이벤트웨딩', '재혼웨딩', 'Re-Wedding' 등이 등장하고 있다. 테마웨딩(Theme Wedding)이란 주제가 있는 예식형태로서 시네마웨딩(cinema wedding), 플라워웨딩(flower wedding), 캔들웨딩(candle wed- ding) 등이 여기에 포함된다. 즉 예식 연출 전반에 걸쳐 주 소재가 의도적으로 세팅(setting)되고, 때로는 이벤트 형식으로 등장하게 되는 것이다. 맞춤웨딩이란 소비자의 욕구를 최대한 반영한 것으로 신세대들에게 원하는 스타일의 예식을 연출해 주는 것이다. 맞춤웨딩에는 항상 이벤트웨딩이 복합적으로 작용하게 되어 개성이 넘치는 독특한 예식을 표현할 수 있다. 맞춤 이벤트웨딩에는 선상웨딩, 카페웨딩, 경기장웨딩 등 전문예식장에서 탈피하여 장소와 형식에 제한을 두지 않고 결혼식이 이루어지는 경우이다. 재혼웨딩은 표현 그대로 재혼을 하는 경우로, 두 번째 결혼식에서는 많은 친지들에게 알리기보다 번거로움을 피하기 위해 해외웨딩을 하는 경우가 많다. 이는 결혼 매 주기(週期)마다 결혼식을 재현하는 Re-Wedding과는 다른 개념이다.

Re-Wedding은 Remind Wedding의 간략한 표기로, 결혼 1주년부터, 5주년, 10주년, 20주년에서 30, 40, 50, 60주년인 회혼례까지 부부의 결혼생활을 되돌아보고 그 의미를 부여하는 결혼이벤트이다. 이때에는 간단한 자축연에 웨딩촬영을 하거나, 부부가 결혼여행을 떠나거나 혹은 자손들에 의해 Re-Wedding 등을 하기도 한다. 실제로 1945년 2월에 결혼하여 결혼 60주년을 맞이한 노부부가(충남 서산) 자손들에 의해 회혼례의 의미로 Re-Wedding을 하였다.(연합뉴스, 2005.5.11일자) 60년 전에는 사모관대에 전통혼례형식으로 치렀으나, 회혼례를 맞이하여 일반 예식장에서 장남의 주례로 서양결혼식 형태로 진행되었다.

한편, 90년대 말 호텔 결혼식이 일반화되면서 예식 이벤트는 신세대들의 감각을 반영하여 더욱 다양해지고 과감한 부분들이 많아졌다는 것이 이채

롭다. 또한 독특한 아이템으로 자신들만의 개성 있는 예식을 연출하면서 예식비용도 줄이고 품격도 높이는 커플들이 많아지고 있다. 예컨대 부모님께 주례 부탁하기 혹은 주례 없는 결혼식, 축의금은 이메일뱅킹으로, 청첩장과 감사장 모두 이메일로, 피로연음식은 간단하게 하고 대신 그 답례품을 활용하기 등이다.(한국웨딩플래너협회, 2003) 따라서 비슷한 예식공간에 똑같은 예식순서에 맞추어서 제한된 시간 내에 치르는 예식에서 탈피한 새로운 이벤트를 추구하는 것이 최근 젊은이들에게서 자주 볼 수 있는 일이다.

서울의 J호텔에서 있었던 결혼식은 외국에서나 있을 법한 파티형식의 웨딩이 선보였다.(동아일보, 2005. 4. 13일자) 파티형 결혼식이란 하객과 신랑, 신부가 모두 함께 참여하는 결혼식을 말한다. 결혼식이 끝나자마자 식장 카펫 플로어가 깔리고, 그 위에 신부의 아버지가 입장할 때 잡았던 손을 다시 잡고 흥겨운 음악에 맞추어 왈츠를 추기 시작하였다. 이를 보던 하객들은 환호성을 지르며 손뼉을 친다. 춤을 출 수 있는 무대를 만들어 신랑, 신부와 하객들이 즐길 수 있도록 하거나 처음부터 음식을 차려놓아 식사도 하며 대화도 나눌 수 있도록 한다. 넓은 공간을 자유롭게 활용할 수 있는 호텔뿐 아니라 레스토랑, 갤러리, 야외 등 개방된 공간에서 파티형 결혼식이 선호되고 있다.

만약 본인과 양가 어른들이 엄숙하고 차분한 분위기의 종교적 결혼식을 원한다면 교회나 성당, 사찰에서의 결혼식도 가능하다. 특별한 결혼식을 생각한다면 결혼식장을 벗어난 다양한 장소에서의 독특한 예식연출로 결혼식을 할 수도 있을 것이다.

Ⅲ. 예식전문가 - Wedding Director

21세기 들어 예식문화산업의 선두주자 역할을 담당하게 될 주역이 바로 웨딩기획자들이다. 과거 혼인준비는 당사자나 양가 어머님들, 가족들이 전적으로 맡아서 해 왔었다. 그러나 최근 예식산업이 세분화되고 시장형성이 활발하다 보니 결혼식의 유행과 트랜드의 변화가 심하다. 즉 패션과 유행의 집합체로서 신세대 취향에 맞추어 변화에 민감하게 적응할 수 있는 웨딩전문인이 필요한 시대가 되었다.

결혼준비는 상견례 장소를 정하는 것에서부터 출발한다. 예식장선정, 신혼여행지 선정, 신혼집장만, 예물과 예단, 혼수마련 등 결혼날짜 택일 후 준비하고 체크해야 할 내용들도 매우 많다. 또한 결혼식 당일 날을 위한 웨딩드레스, 웨딩앨범, 메이크업, 연주자, 축가, 이벤트, 폐백이바지 등 세심한 부분까지 직접 당사자가 하기에는 어려움이 많다. 기존의 전문예식장에는 예식상담과 진행을 도와줄 컨설턴트들이 있지만 이들은 결혼식장 내 근무하는 직원으로서 일반적인 예식 안내자 내지 진행자일 뿐 예식전문가라고 보기는 어렵다. 흔히 전문가라고 하면 혼인에 대한 기본적이면서 전문성이 갖추어질 때를 일컫는다. 따라서 예식장 내 근무자들은 예식장을 찾아오는 손님들에게 상담안내 및 예약, 예식진행 등의 절차를 밟아주는 예식상담원의 역할만을 하고 있다. 〈그림 2〉는 결혼예식 전문가의 시대별 변천을 제시한 것이다.

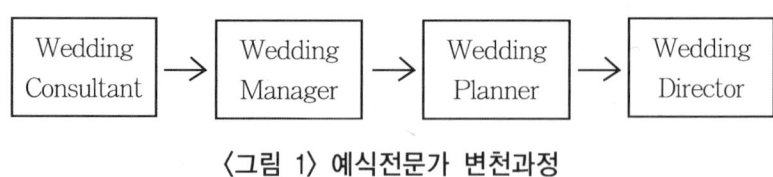

〈그림 1〉 예식전문가 변천과정

기존의 일반 예식장 내 예식상담원인 웨딩컨설턴트(Wedding Consultant)에서 예식전문가의 개념이 본격적으로 대두되기 시작한 것은 90년대 말부터 결혼예식관리자인 웨딩매니저(Wedding Manager)가 각종 매체를 통해 이색직업으로 소개되면서부터이다. 예식마케팅이 오는 손님을 받는 전문예식장 내 상담원(consultant) 역할에서 보다 적극적인 개념으로 개별적 마케팅을 한다는 차이점이 있다. 웨딩매니저는 1997년 등장한 신종직업으로 대부분 프리랜서의 신분으로 활동한다. 이들은 웨딩드레스 업체나 뷰티업체에서 오랜 기간 근무를 해왔다는 비슷한 경력을 갖고 있었고 기존에 갖고 있던 인맥을 활용해 예비신부들에게 드레스, 뷰티, 스튜디오업체 등을 소개해 주는 것을 주요 업무로 삼았다.(한국웨딩플래너협회, 2003) 따라서 결혼을 앞둔 사람들에게 다양한 예식관련 정보제공과 스케줄 관리 등을 해 주는 것이 이들의 주요 임무이다. 현대적인 감각과 풍부한 웨딩업체 정보를 두루 갖추고 있었던 웨딩매니저들은 유행에 맞는 감각적인 결혼준비를 할 수 있도록 설계를 해 주고, 신랑신부가 비용 때문에 갈등하지 않도록 합리적인 견적을 제시하거나 결혼준비의 많은 과정을 직접 동행해 주는 등 예비신부들의 해결사 역할을 하고 있었다.

초창기 주로 웨딩드레스 숍이나 웨딩 메이크업을 담당하였던 사람들이 개인적인 프리랜서로 활동을 하면서 웨딩매니저가 기업화되기에 이르렀다. 특히 결혼상품에 전반적인 유통구조의 병폐였던 예식장 내 일괄구매 옵션제가 2001년(공정거래위원회 표준약관 시행) 전면 금지되면서 웨딩컨설팅 시장은 활로를 맞게 된다. 2000년 들어 웨딩컨설팅업체나 토털 웨딩업체 등이 모두 본격적으로 웨딩시장에서 활동하기 시작하였다. 2001년 대기업까지 웨딩컨설팅 사업에 가세하게 되었고, 일부 대형백화점 내 웨딩센터들이 오픈하면서 웨딩 플래너들을 채용하여 상담하도록 하고 있다.

웨딩 플래너(wedding planner)는 고객들을 상대로 결혼상담을 해 주고 정보도 주며 결혼식의 진행 및 절차, 이벤트 등을 기획해 주는 역할을 한다. 결혼식을 직접 기획하여 진행시켜 준다는 면에서 웨딩매니저보다는 다소 발전된 개념이라 할 수 있다. 여성부에서는 21세기 여성 유망직종 중 하나로 웨딩 플래너를 꼽았다.(여성가족부, 2004)

주로 프리랜서로 활동하는 이들이 2003년 한국 웨딩 플래너 협회를 결성하면서 정보공유와 웨딩시장경제의 새로운 유통구조를 창출하고 있다. 웨딩 플래너 협회에서 제공한 자료에 의하면 현재 활동하고 있는 웨딩 플래너들은 전국에 약 5000명 이상으로 추정되고 있다. 그리고 웨딩컨설팅회사는 서울지역에만 500여 곳이 활동하는 것으로 파악되고 있으며 전국적으로 800여 곳이 영업 중인 것으로 잠정 집계되고 있다.(한국 웨딩 플래너 협회, 2003) 웨딩컨설팅회사는 예식장소 선정에서부터 결혼식 진행, 신혼여행까지 유관업체와 네트워크가 형성되어 있어, 소비자들의 취향과 감각을 반영한 예식기획과 정보를 제공하고 있다. 독자 200명을 대상으로 하여 웨딩컨설팅에 대한 예비신부들의 선호도 조사결과(마이웨딩, 2004), 결혼준비를 하면서 웨딩컨설팅 서비스를 이용한 적이 있거나 이용할 의향이 있다고 밝힌 예비신부는 전체의 66%로 10명의 신부 중 7명이 웨딩컨설팅에 대해 적극적인 선호도를 보인 것으로 나타났다. 이와 같은 결과는 동 매체에서 지난 2001년 같은 내용으로 실시했던 설문조사 때(34.2%)보다 두 배 가까이 상승한 것 이어서 웨딩컨설팅의 빠른 신장세가 나타나고 있음이 확인되었다. 예비신부들이 웨딩컨설팅을 이용하거나 선호하는 이유로는 「개인적으로 결혼상품을 구입하는 것보다 훨씬 저렴하기 때문에」가 37%로 1위를 차지한 가운데 「다양한 웨딩상품을 전문가로부터 추천받을 수 있기 때문」이라는 응답이 28%로 그 뒤를 따랐다. 그러나 「결혼준비과정의 지나친 발품을 줄이고 시간낭비를 하지 않을 수 있기 때문」이라는 응답과 「주변의 권고와 추천 때문」이라는 응답은 각각 9%와 6%를 차지하는 데 불과하였다.

　한편 결혼예식은 80년대 들어 예식장 간의 고객 유치 경쟁이 치열해지면서 이색적인 이벤트가 결합되는 등 다양화되었다. 축가와 연주가 예식순서에 나타나기 시작하였고 웨딩케이크 커팅과 샴페인 축배 등의 이벤트가 등장하기 시작하였다. 90년대 들어서 상상을 초월한 획기적인 기획력과 연출력이 동반된 예식 시나리오가 만들어지고 드라마틱한 예식이 진행된다. 남과 다른 개성 있고 독특한 예식으로 젊은 세대의 감각과 유행 트랜드에 발빠르게 호흡해야 하기 때문이다. 예식공간의 다양화, 신랑신부 동시입장, 여성 주례자의 파격적인 모습도 선보여졌고 호텔예식이 허가되면서 피로연과 결혼식을 동시에 할 수 있는 고품격 연회 스타일의 결혼예식이 성황을 이루고 있는 것도 예식에 있어 이제 절차와 진행을 넘어선 예술적 차원의 연출을 요구하고 있는 것이다. 웨딩디렉터(Wedding Director)는 예식상담 과정을 거쳐 이를 관리해 주고 기획해 주는 진행자로서의 가치를 지니며 또한 새로운 예식문화 창출이라는 예술적 경지의 전문인을 일컫는 것이다. 앞으로 우리의 결혼문화에서 웨딩디렉터는 한국인의 정서에 맞는 또한 변화하는 사회에 적합한 결혼문화의 선도자 역할을 하게 될 것이다.

Ⅳ. 예식산업의 발전방향

우리의 결혼예식은 서양식 결혼식이 처음 도입된 1930년 이후로 산업화과정을 겪으면서 급격하게 발전하여 오늘에 이르렀다. 1969년 국가 시책으로 가정의례준칙에 관한 법률을 제정 공포하고 확정한 이래 여러 차례의 개정과정을 거치면서 1999년 건전가정의례준칙으로 발전하게 된다. 건전가정의례준칙에 하객초청은 친인척중심으로 간소하게 하며 혼수는 검소하고 실용적인 것으로 하되 예단을 증여할 경우 혼인 당사자의 부모에 한정한다고 명시하고 있다. 이와 같은 국가시책에도 불구하고 부모를 비롯한 당사자들의 목돈이 모두 동반되어 의례로서 손색이 없는 예식을 치르는 것을 보면, 우리의 결혼문화는 인륜지대사(人倫之大事)로서 큰 잔치 이상의 의미를 지닌 것임에 틀림없다.

이와 같이 한국사회 결혼문화는 오늘날 특징적 변화를 맞이하고 있다.

첫째, 예식장소의 변화가 시도되고 있다.

90년대 말 정부의 호텔에서의 예식을 금지해 온 규정이 폐지되면서 각

호텔들은 고급스럽고 다양한 이벤트로 고품격 예식을 연출하고 고객확보를 위한 마케팅전략에 힘을 기울이고 있다. 호텔예식이 많은 사람들로부터 호응을 얻으면서 일반 예식장들도 긴장하며 호텔에 버금가는 예식장의 규모와 시설로서 탈바꿈을 시도하고 있다. 또한 공간의 제약을 받지 않는 야외결혼식, 시간의 제약을 받지 않는 회관이나 사내강당 등 결혼식 장소의 폭넓은 선택이 가능하게 되었다. 따라서 최근의 신세대들은 자신들만의 개성을 연출할 수 있는 다양한 장소들을 결혼식장으로 고려하고 있다. 예컨대, 카페나 선상, 비행기, 경기장 등 자신들의 취미와 기호를 표현할 수 있는 특색 있는 장소들을 긍정적으로 선호하는 경향이다.

둘째, 다양한 예식 연출이 창조되고 있다.

야외결혼식에서 가제보(gazebo)라고 하는 작은 단상이 결혼식의 세트로 이용되곤 한다. 꽃으로 장식된 단상에는 주례단이 마련되고, 신랑과 신부를 위한 꽃길과 꽃아치, 리본 등으로 세팅된다. 또한 피로연석의 테이블 데커레이션(table decoration)과 테이블 세팅(table setting)도 세심하게 준비해야 하는 부분이다. 준비과정이 복잡하고 신경 써야 하는 부분도 많이 있지만 시간과 공간을 최대한 활용할 수 있다는 장점 때문에 젊은층에서 선호되고 있는 것이다.

현대사회는 정보의 네트워크 시스템으로 글로벌 아이템이 창출되며, 문화적 다원화현상으로 일명 사이버 시대라고 일컫는다. 정보통신망을 연결한 정보의 공유와 국가 간 문화이동이 용이한 사이버 시대의 젊은층들을 사이버 세대(C세대)라고 한다. 이들은 탈 획일적 사고로 자신의 개성을 맘껏 분출할 수 있는 표현예술의 욕구가 강하여 끊임없이 새로운 것을 추구하며 변화를 즐긴다. 따라서 결혼예식에 있어서도 공간예술인 영상표현예술이 도입되기도 한다. 이른바 시네마 웨딩(cinema wedding)이 대표적인 예가 될 수 있다. 이메일을 통해 영상청첩장이 친지들에게 전해지고, 예식 후 다녀간 하객에게는 영상 감사장을 띄운다. 예식 전 행사로 신랑신부의 어린시절부터 성장하여 연인으로 만나기까지 한편의 드라마가 영화화되어 올려지고, 이들을 축복하는 양가 부모님과 친구들의 영상메세지가 이어진다. 영상매체에 익숙한 신세대들에게는 매우 호감이 가는 예식이 아닐 수 없다. 예식 연출의 한계는 무한대이고 창조적인 연출이 무궁무진하다고 할 수 있다.

이와 같은 이벤트 예식은 충분한 예식시간을 확보하고 당사자 중심의 예식이 될 수 있으며 개성 있는 예식분위기를 연출할 수 있다는 장점이 있지만, 자칫 흥미나 오락위주의 예식이 될 수 있고 예식비용이 과다해질 수 있음을 고려해야 한다.

셋째, 웨딩 전문가의 도움이 필요한 시대이다.

우리의 예식문화는 서구식의 결혼식과 전통혼례가 혼합된 형식을 취하고 있다.

양가에 사주단자, 연길단자, 함 등이 전해지고 그 과정 속에서 예물, 예단 등이 오고가며 마지막으로 시부모님께 폐백을 올리는 절차로서 전통혼례형식이 끝난다. 전통혼례의 대례에 해당되는 결혼식 본식과 신혼여행은 서구 결혼식의 전형이라 할 수 있다. 다만 전통혼례 중 예식 후 잔치가 현대의 피로연으로 그 내용이 변형될 뿐이다. 이와 같이 한국사회의 복합적인 결혼문화는 당사자 간의 혼인 이전에 양가부모님을 비롯한 친지 등 주변 사람들과 긴밀한 유대관계를 요구하게 한다. 때문에 양가 간 오해로 인해 결혼식이 연기되거나 파혼으로 이어지는 경우도 종종 보게 된다. 그리고 일정 시일 내에 신랑신부들이 준비해야 할 제반 사항들은 매우 많고 양측 중 한쪽이 소홀하게 되면 자칫 상대방의 감정을 상하게 하는 경우도 많이 있다. 이와 같은 결혼준비의 전 과정에 있어 스케줄에 맞추어 절차를 밟아주고 예식장과 신혼여행 예약, 웨딩패키지 상품의 정보제공과 가이드, 혼수용품의 경제적 플랜까지 제시해 줄 수 있는 결혼전문가의 도움이 절대적으로 필요하게 된다. 또한 결혼전문가들은 신랑신부가 원하는 스타일의 예식연출도 가능하게 한다. 축가, 연주, 공연이벤트 등 당사자들에게 요구하는 모든 사항들이 즉석에서 다 이루어지게 되는 원 스톱(one-stop) 형태의 시스템을 갖추고 있다는 점에서 결혼준비를 하는 예비부부들에게 매우 유용하다고 할 수 있다.

2003년 통계청 자료에 의하면 연간 결혼한 부부들은 30만 쌍이고, 이들의 예식비용은 주택구입비용을 포함하여 평균 1억 3천여만 원이라면, 한국사회 웨딩시장은 연간 39조 원의 시장을 형성하고 있다고 볼 수 있다. 웨딩시장이 호황을 이루면서 우리의 결혼문화는 21세기를 맞이하여 하나의 변화를 시도해야만 하는 정점에 서 있다고 할 수 있다. 따라서 현대 결혼예식산업이 나아가야 할 바람직한 방향에 대해 논의해 보고자 한다.

첫째, 혼인의 의미를 일깨우는 경건하고 엄숙한 예식진행이 이루어져야 할 것이다.

과거 전통혼례 대례의 과정을 보면 전안례(奠雁禮), 교배례(交拜禮), 합근례(合졸禮)의 형태로 이루어진다. 즉 신랑신부가 마주보며 배례로서 상견례한 후, 합환주(合歡酒)의 교환으로 부부로서 언약을 하는 당사자 간 혼인의 의미가 매우 크다. 그러나 오늘날의 결혼식에서는 주례를 향해 서약하는 자리일 뿐 상대방에 대한 약속의 의미는 전혀 지니고 있지 않다는 것이다. 일반적으로 예식장에서 진행되는 예식절차는 양가어머님 촛불점화 -〉신랑입장 -〉신부입장 -〉혼인서약 -〉성혼선언 -〉주례사 -〉결혼행진으로 주례를 비롯하여 친지들에게 혼인을 공표하고 약속하는 의미가 크다. 그렇다 보니 결혼식에 참석하는 친지들은 혼인하는 당사자들의 약속을 지켜보기보다는 가까운 친지가 아닌 경우에는 축의금을 낸 후 바로 피로연장으로 가게 된다. 그나마 짧은 시간 내에 치러야 하는 전문결혼식장에서는 일사천리로 예식이 끝난 후 본인, 가족, 친지의 순서로 사진촬영까지 총 40분만에 결혼식의 절차를 모두 마칠 수 있는 것이다. 이와 같은 상황에서 혼인의 의미를 지닌 엄숙하고 경건한 예식을 기대할 수는 없다. 따라서 우리

의 예식문화에 구조적 개편이 필요하다. 1부에서는 경건한 예식의 형태로
당사자 간 서약하고 다짐하는 절차가 반드시 있어야 하고, 2부에서는 예식
이벤트와 피로연으로 참석해 준 친지들에게 새로운 출발을 다짐하는 자리
를 마련해야 할 것이다.

둘째, 결혼예식의 경제적이고 합리적 계획이 수립되어야 할 것이다.

호텔예식이 성황을 이루고 우리나라 결혼예식문화의 고비용창출이라는
경제성의 논리가 적용되면서 많은 문제들이 야기되고 있다. 또한 예식장
이용 시 부대시설의 끼워 팔기로 소비자의 다양한 선택의 기회가 박탈되는
것은 어제 오늘의 일이 아니다. 혼수에서부터 살림장만, 결혼식, 신혼여행
에 이르기까지 단시간 내 많은 경제적 비용이 요구되는 것이 바로 결혼이
다. 따라서 유행과 남의 이목보다는 당사자들이 최우선으로 고려되는 내용
을 중점으로 하여 예식비용이 분배되도록 하고, 주어진 한도 내에서 예식
비용을 조절할 수 있는 경제적 플랜이 만들어져야 할 것이다.

셋째, 올바른 결혼문화 정착을 위해 결혼전문가인 웨딩디렉터(Wedding
Director)의 책임감 있는 역할이 요구된다. 〈(그림 2) 참조〉 웨딩디렉터들
이 다루어야 할 영역은 상견례장소, 예식장 및 피로연장소, 신혼여행지 등
의 가이드 및 예약과 웨딩패키지 상품인 웨딩드레스, 웨딩촬영, 웨딩메이크
업 가이드, 혼수와 살림장만 가이드, 결혼 예식 기획과 진행까지 스케줄 관
리와 절차를 밟아주어야 한다. 더불어 최근에는 부동산업체와 연계된 주택
정보 제공 서비스에 이르기까지 토탈 웨딩컨설팅이 가능하다. 또한 예식다
운 예식, 당사자 중심의 예식 진행을 위한 다양한 프로그램과 예식 공간
연출을 위한 기획과 아이디어도 전문가로서 웨딩디렉터(WD)에게 요구되
는 부분이다.

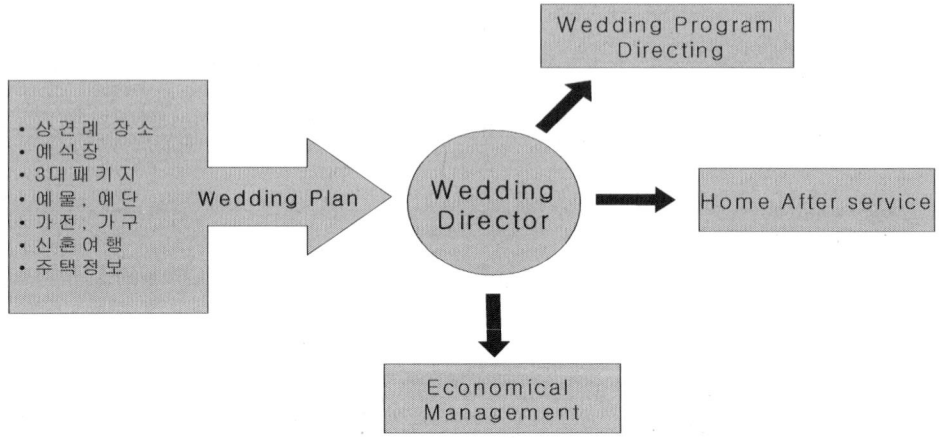

〈그림 2〉 Wedding Director의 역할

따라서 웨딩전문가라 함은 단순히 예식상품을 파는 사람이 아닌 한 쌍의 커플에게 적합한 결혼준비 과정을 진행시키고 최고의 예식을 기획해 줄 연출가가 되어야 할 것이다. 또한 이들은 건강한 가정의 전파자로서 사후관리까지 책임지는 전문가로서 역할을 다해야 할 것이다.

제13장 상장례 산업의 사례 연구

상례는 사람이 죽음에 이르는 순간부터 시신을 매장하여 묘지를 조성하고 그 자손들이 죽음을 슬퍼하며 일정한 형식의 의식절차를 행하는 예를 말한다. 과거 상례의 내용에는 죽음을 맞는 초상(初喪)과 주검을 마무리하는 치장(治葬)이었으므로 그 두 절차를 합쳐 상장례(喪葬禮)라 한다.

『예기』의 기록으로 보아 상례는 아득히 먼 옛날부터 시작되었다고 여겨지며 고래로부터 상례에 대한 기록은 많이 발견되고 있다. 우리나라는 주자가례 전래 이후 상례의 기록이 구체화되었고 주자가례에 의거하여 조선조 500여 년 동안 준수되어 왔다. 그러나 근세로 내려오면서 상례의 절차와 복식은 간소화되고 더욱이 기독교의 전래로 상례에서 일체의 제사의식이 폐지되는 경우도 있었다.

상기(喪期)에 있어서도 3년 복을 입는 경우가 거의 없고 백일에 탈상하는 것이 대부분이며 소상, 대상은 물론 담제, 길제 의식도 거의 없어진 상태이다.

바쁜 현대인들은 생활여건상 과거와 같은 엄격한 형식과 절차를 따르기 어렵다. 농경사회에서는 생업이 농업이었기 때문에 상복을 입는 기간인 2년여 동안 다른 일에 종사하지 않았으나 교통통신의 발달과 잦은 주거이동, 직업의 이동으로 상기가 자연스럽게 단축되었다.

또한 과거의 상례는 죽은 사람에 대한 지극한 슬픔이 그 절차와 형식에 내포되었던 반면 요즈음에는 산 사람 위주의 장례문화가 당연시되고 있다.

특히 부모의 죽음에 대해서는 과거에는 생업을 뒤로 하면서 상장례를 갖추었는데, 오늘날에는 슬픔보다는 형식이 앞선 상례문화가 두드러지게 나타나고 있다. 이와 같은 현상은 오늘날의 장의 예식장을 비롯한 상장례 서비스 관련 산업의 확산과 그 양상에서 쉽게 찾아볼 수 있다.

Ⅰ. 상장례의 본질과 변천

1. 상장례의 의미

한국인의 관혼상제(冠婚喪祭) 의례 중 가장 엄숙하고 장중하여 그 절차가 까다롭고 복잡한 것이 상장례이다. 상례(喪禮)란 사람이 운명하여 땅에 묻힌 다음 대상·길제를 지내고 탈상하기까지의 모든 의식을 말한다. 본래 '喪'은 죽었다는 말이나 '死'라 쓰지 않는 것은 효자의 마음에 차마 '死'를 쓸 수 없음을 고려했기 때문이다.

즉 육신이 썩는 것을 '사(死)'라 하고 사람 노릇이 끝나는 것을 '종(終)'이라 한다. 사(死)란 소인의 죽음을 뜻하고 종(終)은 군자의 죽음을 뜻한다.(『禮記』 檀弓 上, 君子曰終 小人曰死) 군자의 죽음을 終이라고 한 것은 하던 행동, 사람 노릇을 멈추었다 해서 그렇게 쓴 것이다. 같은 사람의 죽음을 두고 소인들은 사례(死禮)라 하고, 군자는 종례(終禮)라고 써야 하는 번거로움이 있다. 이러한 번거로움을 덜기 위해 '死'와 '終'의 중간의 의미를 택하여 '없어진다.'는 뜻이 담긴 '喪'자를 써서 상례라 한 것이다.

『설문해자(說文解字)』에 의하면 「장(葬)자의 형상이 시체를 땅이나 판자 위에 놓고 위아래를 풀섶으로 덮어놓은 형상을 가리킨 것이다.」 하였다. 또한 짐승으로부터 시신을 보호하기 위해 활을 가지고 지켰다는 내용으로 보아 상고시대에는 매장법이 없었던 것 같으며, 봉분은 물론이고 묘의 풀이나 나무도 베지 않고 치장도 하지 않은 그대로 방치하였던 것으로 여겨진다. 이는 묘(墓)자의 자의를 보더라도 알 수 있는데, 관구(棺柩)를 땅에 매장하고 봉분 없이 평지와 같이 해 놓은 것을 의미한다.(정종수, 2001) 즉 상고시대에는 시신을 산이나 들에 버리고 초목으로 덮어두었던 것이다. 맹자는 「상고에 부모가 죽어도 장사 지내지 않는 시대가 있었는데 부모가 죽자 시체를 들어다 구덩이에 버렸다. 뒷날 그곳을 지나다 보니 여우와 살쾡이가 시체를 뜯어먹고 파리와 모기가 엉켜서 빨아먹는 것을 보자 식은땀을 흘리며 눈길을 돌리고 바로 보지 못했다…… 그는 곧 집으로 돌아와 들것과 가래를 가지고 돌아와 흙으로 시체를 덮었다. 부모의 시체를 흙으로 덮는 것이 진실로 옳은 일이라면 효자나 어진 사람들이 자기 부모의 시체를 덮어 장사 지내는 데에도 반드시 법도가 있어야 한다.」(『孟子』藤文公章句, 蓋上世 嘗有不葬其親者 其親死 卽舉而委之於壑 他日過之 狐狸食之 蠅蚋姑嘬之 其顙有泚 睨而不視 蓋歸 反虆梩而掩之 掩之誠是也 卽孝子仁人之掩其親 亦必有道矣) 하였다.

한편, 상례(喪禮)와 관련하여 『예기』에는 「모든 살아 있는 동물은 자기 족속을 사랑하고, 심지어 금수도 제 살던 곳을 지날 때는 상회하고 울고 발을 멈칫거리며, 여우도 죽을 때는 자기 고향을 향해 머리를 둔다.」(『禮記』檀弓 上, 君子曰 狐死正丘首) 하였다. 금수도 자기 족속의 죽음에 슬픔을 나타낸다는 의미로 하물며 인간이야 자신을 낳아준 부모에게 어찌 예를 갖추지 않을 수 있겠는가. 즉 인간 본연의 표현으로 이미 돌아가신 부모를 다시 봉양할 수 없으므로 온갖 정성과 예를 갖추어 상례를 치렀던 것이다.

율곡 이이 『격몽요결(擊蒙要訣)』에서 「상중의 일과 제사지내는 일은 자식된 자로서 가장 정성을 다할 일이다. 이미 돌아가신 부모는 다시 봉양할 수 없으므로 상중에 그 예를 다하지 못하고 제사 때에 정성을 다하지 못한다면 하늘이 다하도록 슬픈 마음을 어디에서 풀겠는가. 자식된 도리로 그 정리를 어찌 하겠는가.」(『擊蒙要訣』 喪祭二禮 崔是人子致誠處也 已沒之親 不可追養 若非喪盡其禮 祭盡其誠 則終天之痛 無事可寓 無時可洩也. 於人子 之情 當如何哉) 하며 상례의 지극한 정성과 도(道)를 밝히고 있다.

2. 상장례의 변천

우리나라는 예의를 바탕으로 하고, 孝를 숭상하는 민족으로서 상례에 대한 기록은 오래전부터 나타나고 있다.

상고시대로 거슬러 올라가면 전통적 상례가 토착신앙과 결합되면서 지장제(遲葬制), 가매장제, 순장제, 후장제 등의 관습으로 나타나고 있다.(문광희, 2000)

지장제는 연장제(延葬制)라고도 한다. 이는 임종 후 오랜 기간 장례를 치르지 않는 것으로 『後漢書』나 『三國志』에 잘 나타나 있는데, 부여에서는 부모가 죽어 5개월이 지나서 상을 치렀다고도 하고, 동이(東夷)의 사람들은 100일 있다가 상을 성대하게 치렀다고도 한다.(後漢書, 東夷傳, 夫餘條) 이러한 풍습은 상주가 장례를 서두르지 않고 오랫동안 가까이 둠으로 해서 다시 환생할지도 모른다는 주술적 마음의 표현일 수 있다. 상고시대의 이러한 관습은 가매장제에서도 나타난다. 즉 동옥저에서는 죽은 사람을 가매장하여 피육(皮肉)이 다 썩은 후 다시 취골하여 곽에 넣는 선골장(先骨葬)의 풍습이 있었는데(三國志, 東夷傳, 東沃沮傳), 이것 역시 망인의 환생을 염두에 두었던 것으로 생각된다.

한편, 순장제의 풍습은 부여에서는 왕의 죽음에 하인을 100명이나 순장시키기도 했는데(三國志, 東夷傳, 夫餘條), 이는 물질적, 정신적으로 과잉된 효도의 발로에서 비롯되었다고 할 수 있다. 순장제에 대해서는 고구려 중천왕 1년(248년)에 이르러 금지령이 있었는데(三國史記, 高句麗本紀), 250여 년이 지난 신라 지증마립간 3년(502년)에 이르러서도 금지시킨 기록(三

國史記, 新羅本紀, 智證麻立干條)이 있는 것으로 보아, 순장제는 오랜 세월 지속되었음을 알 수 있다.

상고시대의 상례는 조상에게 효도하는 마음이 지극하였으며, 이 지극한 마음은 시신에 대한 위생적인 한계선도 극복하게 하였고, 정신적, 육체적, 경제적 노력을 모두 기울여 가면서 실천해 왔던 것을 알 수 있다. 따라서 외래 종교관에 의한 상례 도입 이전에 우리 민족은 예와 효의 측면에서 이미 동방예의지국으로서의 면모를 충분히 갖추고 있었던 것으로 생각된다. (문광희, 2000)

이후 상례는 4세기에 불교가 유입된 이후 통일신라에서 모든 생활면에 깊이 관여되었는데, 사찰에서 장례를 맡아 행하는 일도 있었지만 가장 큰 변화가 화장제(火葬制)의 실시였다. 화장법은 불교에서 불에 태운다는 뜻인 다비(茶毘)에서 영향받은 것인데, 문무왕, 효성왕, 선덕왕, 원성왕 등도 자신들의 유명(遺命)에 따라 사후 화장하였다.(三國史記, 新羅本紀 七, 九, 十) 이로써 볼 때 7~8세기를 즈음한 신라에서는 화장제가 매우 성행하였음을 알 수 있고, 또한 이것은 멀리 일본에까지도 그 습속을 한층 강화시켜 놓았고, 이후 3년 상 제도가 한반도의 상례로서 정착되었으니, 화장제는 승려를 중심으로 한 일부 계층에서 행해지는 상례문화로 남게 되었다.(문광희, 2000) 이전 토속신앙에 입각한 순장제, 지장제를 실천하면서 예와 효의 사상이 매우 강했던 우리 민족에게 3년 상은 잘 받아들여져 신라 때 사람 손시양이 부모상에 각각 3년을 묘 옆에 오두막을 짓고 살았다(三國史記, 新羅本紀) 한다.

불교가 국교였던 고려 시대에는 유교적 사상의 저변에 불교가 실생활에 깊이 관여하고 있었다. 고려 시대에는 초기부터 3년 상이 성행하였다. 그러나 고려 초기 경종(975~981) 때부터 상장(喪葬)을 간소화하고 상기(喪期)를 단축할 것을 명하고 있으며(高麗史, 世家 第二, 景宗), 성종(981~997) 때에는 관리들에게 오복급가식(五服給暇式)을 제정하여 상 기간(喪 期間)

에는 휴가를 주되 역시 상기를 하향조정하고 있으며(高麗史, 世家 第三, 成宗), 이후 상기 단축의 명은 순종, 숙종, 예종, 인종 때까지도 계속되고 있음을 볼 수 있다.(高麗史, 世家)

한편 신라 시대 일시적으로 매우 유행하였던 화장제는 승려들을 중심으로 일부 계층에서 계속되어 왔다. 특히 사찰에서 장례를 치르는 일들은 인종조(1122~1146)에서 사찰의 유골 안치에 대해 벌을 내리는 사실로 보아(高麗史 卷六, 世家 仁宗條), 고려 중기 매우 심했던 것을 알 수 있다.

몽고의 침략(1231)으로 혼란기를 겪으면서 도덕적, 윤리적 규범이 흐트러질 무렵 고려 말 『朱子家禮』가 도입되면서 상례는 유교적 방식으로 체계화되기 시작하였다.

조선 초기에는 유교를 국교로 정하고, 『朱子家禮』에 준한 상례를 엄하게 시행하고자 태조 때부터 3년 상제의 실행과 화장제를 국명으로 금지하는 등(太祖實錄 卷五) 불교적 상례법를 억제시켰다. 이것은 태종, 세조에 걸쳐서 성종 때까지도 계속적으로 실시하였는바 조선 초기 3년 상제는 다시 일반화되기 시작하였다.(文獻備考, 卷三十四) 그러나 연산군 이후 서서히 와해되다가 임진, 병자 등의 양란 이후에는 제대로 지켜지지 않았다.(文獻備考, 卷八十七) 이후 상례는 예송논쟁(禮訟論爭) 등 논란을 거듭하면서 17세기 무렵에는 예론(禮論)의 발전과 함께 상례를 비롯한 의례(儀禮) 지침서가 지속적으로 발간되었다. 조선 초기의 『國朝五禮儀』와 사계(沙溪) 김장생(金長生)의 『喪禮備要』, 『家禮輯覽』 그리고 도암(陶庵) 이재(李縡)의 『四禮便覽』이 조선조 상례문화의 근간으로서 널리 사용되었다. 이후 『四禮便覽』은 오늘날까지 가정의례의 지침서가 되고 있다.

II. 현대사회의 상장례문화

1. 상장례의 의식(儀式)

개인의 가치관이나 종교관에 따라 죽음의 의미는 서로 다를 수 있고 장례의 절차도 스스로 결정할 수 있다. 자신의 장래를 설계하는 사람에게 있어 장례는 다음과 같은 의미가 있다.

첫째, 자신의 인생을 회고하고 정리하는 회자정리의 기회를 마련하며, 둘째 조문객에 대해 생전에 진 신세의 보답과 이승과의 이별을 고하는 기회는 갖도록 하며, 셋째 고인에 대해서 조문객이 슬픔과 생각을 말할 수 있는 기회와, 넷째 유족이 서로 슬픔을 분담하는 기회를 갖도록 하고, 다섯째 조문객에 대해서「남겨진 유족을 앞으로도 잘 부탁한다.」는 의미와 여섯째 사후세계로 안심하게 여행할 수 있는 장소로 여기도록 한다.(박인외, 2000)

〈표 1〉 종교별 장례의식의 유형

관 행	건전가정의례준칙	불 교	개신교	천주교식
임종(臨終) 수시(收屍) 고복(皐復) 발상(發喪) 부고(訃告) 염습(殮襲) 입관(入棺) 성복(成服) 발인(發靷) 운구(運柩) 하관(下棺) 성분(成墳) 위령제(慰靈祭) 삼우(三虞) 탈상(脫喪)	① 발인제 　개식 　주상 및 상제의 분향 　헌주 　조사 　조객분향 　일동경례 　폐식 ② 위령제 　(매장의 경우) 　분향 　헌주 　축문읽기 　배례	개식선언 삼귀의례(三歸依禮) 약력보고 착어(着語) 창혼(唱魂) 헌화 독경(讀經) 추도사 분향 사홍서원(四弘誓願) 폐식선언	① 영결식순 　개식사 　찬송 　기도 　성경봉독 　시편낭독 　기도 　약력보고 　설교 　주기도문 　출관 ② 하관 식순 　기도 　성경낭독 　선고 　기도 　주기도문 　축도	종부성사 운명 초상 연미사 장례식

　　현대사회 상장례는 과거와 같은 장례절차나 기준에 따라 그 의식을 수행하기에 어려운 점이 있다. 많은 절차가 생략되고 의식의 간소화가 두드러진다. 또한 종교의 영향으로 각 종파 간 상이한 상례규범이 준행을 이룬다.(〈표 1〉 참조)

　　일반적으로 관행의 장례는 병원 절차에서 지정한 바대로 예식이 진행되는 것을 볼 수 있다. 장례식장에서는 장례지도사들은 상주를 대신해 모든 절차를 원활하게 절차를 밟아 준다. 장례는 임종에서부터 탈상까지의 절차로 진행되는데, 탈상은 100일로 하는 예가 많으며 소상, 대상을 지낸다. 건전가정의례준칙에서는 장의예식은 발인제와 위령제를 행하되, 그 외의 노제, 반우제 및 삼우제의 예식은 생략할 수 있다고 하였다. 또한 장일을 사망일로부터 3일이 되는 날로 하고 부모, 조부모, 배우자의 상기는 100일로 정하고 있다.

　　한편 종교에 따른 장례의 의식은 그 특색이 짙게 나타나고 있다. 불교의 장례는 임종에서 입관에 이르는 절차가 일반 재래식 절차와 비슷한데 「석문가례(釋文家禮)」에 따라 장례를 치른다. 그리고 이와 같은 장례를 다비식(茶毘式)이라고도 한다. 다비란 시신을 화장할 때 염불을 해 주는 것이다. 장례 후 49재, 100일재, 3년 상을 지낸다.

　　개신교의 장례는 목사의 집례로 진행되기 때문에 시신의 수시부터 염습과 입관 시에도 목사의 주관 아래 예배를 본다. 개신교에서는 분향을 하지 않고 헌화를 한다. 천주교의 장례는 「성교예규(聖敎禮規)」에 따라 진행한다. 고인이 의식이 있을 때 신부의 성사(聖事)를 받게 하고 깨끗이 씻기고 옷을 갈아입힌다. 천주교에서는 화장이 금지되어 있다. 장례 후 3일, 7일, 30일과 소상, 대상 때에는 성당에서 연미사를 지낸다.

2. 상장례 산업의 실태와 양상

　　1980년대 중반에 들어와 중산층 사이에서 급속도로 확산되기 시작한 병원 영안실의 장례관행은 그 당시까지 제도적 환경이 거의 마련되어 있지 않았던 상황에서 사회적 요구에 떠밀려서 편의적으로 전개되어 왔다.

과거 안방 외의 장소에서의 죽음은 객사(客死)로 여겨 이를 기피하였으나, 장례식장 출현 이후 장례장소가 자택에서 병원으로 이동하면서 병원뿐 아니라 전문 장례식장이 지속적으로 증가하고 이용객들도 해마다 늘고 있다.(〈표 2〉참조) 통계청의 사업체 기초통계자료에 의하면 2002년 현재 전국적으로 장례식장 및 장의업체는 1709업체이고, 종사자 수는 4740여 명으로 나타나고 있다.(통계청, 2002)

〈표 2〉 장례장소의 유형별 분류

장례장소	1985	1989	1992	1995
자 택	235(75.3)	294(60.4)	416(50.0)	297(37.5)
병 원	61(19.6)	172(35.3)	379(45.6)	480(60.6)
기 타	16(5.1)	21(4.3)	37(4.4)	15(1.9)
총 계	312(100.0)	487(100.0)	832(100.0)	792(100.0)

자료: 이현송·이필도, 「장의제도 현황과 발전방향」, 한국보건사회연구원 1995, p.33

이와 같이 병원장례식장이 증가하는 원인에 대해 이현송 외(1995)는 다음과 같이 들고 있다.

첫째로 의료시설 증가 및 의료 보험제도의 전면 확대로 병원에서 치료 중 사망 비율의 증가를 들 수 있다. 두 번째 증가요인으로 사회 전반에 걸쳐 집 밖에서 장례가 치러지기를 바라는 욕구의 증가이다. 여기에는 주거공간의 협소화(狹小化), 핵가족의 확산, 가족기능의 분절화, 편의주의 확산 등이 주원인이 되고 있다.

이와 관련하여 현대인들의 장례에 관한 의식조사(조남훈 외, 1993)에서 조사대상자의 62%가 화장보다 매장을 선호한다고 응답하였고, 장례식장에 대해서는 66%가 이용하겠다고 하였는데 특히 도시에서의 선호도가 높았다.

장례식장 이용에 대해서 아파트에 거주하고 연령이 낮을수록 장례식장 이용 의향이 높았다. 또한 집에서 장례를 치를 경우에 60%가량이 장의사를 이용하였는데 도시에서 그 이용률이 높았으며 이들의 약 20%가량이 비용 과다를 불편사항으로 지적하였다. 장례식과 관련된 낭비는 51%가 과거보다 늘었다고 응답하였고 38.5%는 앞으로도 낭비가 늘어날 것이란 반응을 보였다.

한편 1996년 도시근로자 월평균가계소득 215만 원을 기초로 전체 사망자 규모를 통하여 장의 수요를 파악하고 장의 절차에 따른 서비스 및 물품에 대한 비용을 산정하여 장묘와 관련된 직접 비용의 총규모를 추정한 결과 건당 장례비용은 610만 원 정도이며 연간 장묘비용의 총규모는 약 1조 5199억 원으로 산정된다. 장묘관련 세부항목의 추정비용은 〈표 3〉과 같다.

〈표 3〉 장묘관련 비용 구성내역

구성내역	건당비용(만 원)	총비용 (억원)
장의관련비용	370	9,213
장의용품비	174	4,326
조문객대접비	136	3,383
장의자동차비	40	996
장례식장비	60	508
묘지관련비용	304	5,675
공설공원묘지	160	227
사설공원묘지	450	1,972
개인묘지	270	3,476
화장관련비용	50	311

자료: 이필도 외 2인 「가정의례의 경제적 비용분석」 한국보건사회연구원 1997

1993년 이후부터 개방화라는 사회적인 변화의 흐름에 따라 장의관련 부조리를 없애기 위해 장의관련 용품들의 가격이 자율화되어 장의업체 스스로 장의용품과 서비스에 대해 가격을 정한 후 신고한 가격을 업소에 부착

하고 판매하도록 하였다. 그 결과 장의업소의 서비스 및 물품가격에 있어 업소 간의 격차가 점차 벌어지는 양상을 보이며 일부 업소 간의 치열한 경쟁으로 또 다른 부작용을 낳을 우려도 있다.

최근 몇몇 병원장례식장에서 합리적인 경영기법 및 영업시설을 도입하여 가격이 상대적으로 타 업소에 비하여 높음에도 소비자로부터 큰 호응을 받고 있다. 이는 지금까지의 소비자의 불만이 가격이 비쌌기 때문만이 아니라 사회가 전반적으로 근대화되어 가는 데 반하여 장의업자들은 전근대적인 거래행태로 소비자들을 대하는 점에 대한 불만임을 증명한다.(이현송 외, 1995)

3. 장례식장 사례조사

상장례 서비스산업이란 과거 가정에서 이루어졌던 의례가 산업화의 영향을 받으면서 제반 의식 및 절차가 사회에 의존하게 되는 현상을 일컫는다.(김인옥, 2002)

일반적으로 예식장하면 혼인예식장을 떠올렸으나 최근 대학병원장례식장의 새로운 변화는 과거 영안실의 이미지를 탈피하고 있으며, 전문 장례식장까지 등장하면서 오늘날의 장례문화는 새로운 계기를 마련하고 있다. 최신식 설비와 규모를 갖춘 전문 장례식장으로 각광받고 있는 삼성 서울병원, 고대 안암병원, 경기도 성남시에 소재한 분당 서울대학 병원과 전문 장례식장인 효성원을 사례로 하여 그 실태를 조사하였다. 이들은 서울과 경기권에서 최근에 지어진 초현대식 전문 장례식장의 대표적인 예로, 장례식장 안내자료 및 홍보자료를 중심으로 하여 조사하였다. 사례대상 장례식장 중 삼성 서울병원은 1994년 10월에 개장하여 가장 오래되었지만 규모는 매우 크다. 효성원은 1999년 12월에 개원한 전문 장례식장으로서 남서울 공원묘원과 연결되어 있다. 2000년 10월에 개장한 고대 안암병원장례식장의

초현대식 내부시설은 이미 명성이 나 있다. 분당 서울대학 병원장례식장은
2004년 11월에 개장하였다.

〈사례 1〉 삼성 서울병원장례식장

삼성 서울병원은 20호의 빈소와 안치실, 입관실, 영결식장 등 주요 시설과
함께 장의용품매장, 식당, 사진점, 장의차, 꽃집, 편의점, 수납창구, 샤워실,
세척실, 운영사무실, 환경사무실, 영상안내판 등의 부대시설을 갖추고 있다.
빈소의 이용요금은 분향실과 접객실을 포함하여 1일 25만 원에서 65만 원
정도이며, 안치료 4만 5천 원, 염습료는 30만 원, 영결식장 사용료는 8만 원
에서 15만 원 선 정도이다. 접객실을 추가로 사용할 경우에는 빈소 임대료
의 50% 요금을 추가로 부담해야 한다. 장례식장 내의 서비스로 식당에서는
장례에 필요한 일체의 음식을 즉석조리하여 제공하고 있으며 가문별, 종교
별, 지역별로 별도의 음식이 필요한 경우에는 맞춤식으로 제공된다. 또한 장
지에 필요한 제물, 식사, 도시락 등도 제공된다. 그리고 편의점에서는 분향
실에 필요한 조위록, 부위록, 향, 초, 완장, 두전, 행전 등을 갖추고 있고 발
인 시의 선도 차량, 리본과 문상객접대에 필요한 주류, 안주, 소모품 등이 갖
추어져 있다. 또한 수의나 관 같은 입관용품과 상복과 상주용품 등을 구입
할 수 있으며 원하면 영정사진과 장례비디오도 제작해 준다.

① 시　설

빈　소		부속시설	
평　형	현　황	종　류	현　황
31평	10실	안치실	1실 (28구)
34평	3실	염습실	2실
59평	2실	영결식장	1실
65평	2실	샤워실	남, 여 각 1실
76평	1실	휴게실	1실
		만남의 장소 (커피숍)	1개소
		주　방	2개소
		편의점	2개소
		장례용품 전시실, 상복	1실
		영구차	1실
		꽃　집	1실
		사진점	1실

② 식장 내부

〈사례 2〉고대 안암병원

고대 안암병원장례식장은 대리석 및 고급 체리목으로 고품격 내장을 갖춘 최고 시설을 갖추고 있다. 상가별로 독립된 좌식형태의 접객실이 있으며 마당의 개념을 연상하게 하는 넓은 복도, 그리고 특별한 손님들과 개별조문이 가능한 접견실 등을 구비하고 있다. 또한 장례식장 내에는 장례종합정보 서비스를 제공하는 무인 안내시스템이 설치되어 있으며 특실에는 상주 또는 유가족들이 잠시 피로를 풀 수 있는 침대와 독립된 화장실 및 샤워 룸을 설치하였다. 일반실에도 상주 가족들이 모여 추모의 정담을 나눌 수 있는 가족실이 갖추어져 있다.

한편 상주들이 조문객을 맞이하는 데 필요한 모든 음식류와 잡화류를 주문할 수 있도록 구내식당 및 매점을 운영하고 있다. 장례용품 전시판매장에서는 수의, 관, 유골함 등 장례용품 일체를 공급함은 물론 상복과 양복을 판매하거나 또는 대여하고 있다. 사진도 식장 내에 현상시설을 구비하여 준비해 주고, 생화를 이용하여 제단이나 영정사진을 장식해 준다.

분향소 비용은 1일 기준에 25만 원에서 65만 원 선이며 장례 예식비 1회 30만 원, 안치료 1일에 5만 원, 수시 초혼료 10만 원, 입관료 20만 원, 청소료 및 오물 수거비는 2만 원이다. 제단화는 크기에 따라 30~50만 원 정도이고, 영정사진은 5만 원에서 9만 5천 원까지 있다. 관은 나무재질에 따라 홍송 90만 원에서 적송이 80~90선, 향나무 130~170만 원 선이며, 서양식 관의 경우 300만 원 선이다.

(14실)	지상 1층	101, 102, 103, 105호 분향실 및 접객실, 영결식장
	지상 2층	201, 202, 203, 205, 206, 207호 분향실 및 접객실
	지상 3층	301, 302, 303, 305호 분향실 및 접객실
부대시설		운영사무실, 유가족 전용 접견실 및 가면실, 안내데스크, 장의용품 실, 매점, 주방, 입관실, 안치실, 발인실, 영결식장, 장애자용 승강기, 음식용 냉장고, 음료수 전용 냉장고, 냉온수기, 음료 자판기, 공중전화, 현금인출기, 휴대폰 충전기 등

〈사례 3〉 분당 서울대병원

최근 개장된 분당 서울대병원은 12개의 빈소가 마련되어 있고, 참관실, 안치실, 입관실 등의 부대시설이 있다. 서비스 시설로 식당과 장의용품매장, 매점, 영정사진, 장의차량 등이 있다. 식당에서는 S호텔을 협력업체로 지정하여 운영되고 있으며 식사류, 안주류, 떡류 등과 제사상 및 장지에서 필요한 제물, 식사, 도시락 등을 주문하여 이용할 수 있다. 장의용품 매장에서는 수의, 관 등 입관에 필요한 물품과 전통상복, 장지에서 필요한 납골함, 횡대, 예단 등을 준비해 놓고 있다.

매점에서는 분향실 및 발인에 필요한 물품을 판매하고 조문객 접대에 필요한 물품을 판매하고 있다. 사진점에서는 영정사진 확대 및 액자교체, 장례앨범 및 비디오를 제작해 준다. 장의차량은 대형버스, 중형버스, 캐딜락 등이 있다.

① 규 모

분향실 / 접객실				
35평형	47평형	49평형	54평형	80평형
2실	2실	2실	4실	2실

② 시 설

구 분		시 설 내 용
3층	분 향 실	7호~12호 (35평~80평)
	부대시설	로비, 화장실
2층	분 향 실	1호~6호 (35평~80평)
	부대시설	로비, 화장실
1층	장의용품전시실	1실 (수의. 목관 등)
	행사장(영결식장)	1실 (188석)
	매 점	1개소
	로 비	안내 Desk, 상가 안내판, 현금지급기
	부대시설	상담실, 사무실, 공중전화, 화장실, 부검실
	참 관 실	1실
	안 치 실	1실
	임 관 실	1실
지하1층	부대시설	공조실, 전기실

③ 식장 내부

로 비   중앙휴게실

빈 소   상주휴게실

〈사례 4〉 전문 장례식장 효성원

지금까지 장례식은 장례를 전문으로 하는 업체가 없었던 만큼 병원의 영안실이나 가정에서 치를 수밖에 없었다. 또한 기존의 장례 서비스 업체들은 형식적인 대행 업무만을 제공해 왔다. 효성원은 장례만을 전문으로 하는 예식장으로, 장례식장을 비롯하여 납골당, 공원묘원, 그리고 영구차까지 장례에 필요한 것들을 모두 직접 갖추고 토털 장례 대행 업무를 맡아서 하고 있다.

효성원에서는 영정사진만 앞에 두고 문상하는 일반 장례식장과는 달리 문상하는 빈소에 고인을 직접 모셔놓고 장례를 치를 수 있도록 첨단 냉동설비를 갖춘 특실까지 마련해 놓았다.

지상 2층에는 야외조각공원의 전경을 한눈에 볼 수 있는 테라스가 갖추어진 대형 영결식장과 대형 식당을 마련해 놓았다. 그리고 유가족과 친인척 및 조문객이 편안하게 이용하실 수 있도록 각 빈소마다 상주를 위한 휴게실, 세면장, 화장실이 마련되어 있다. 넓은 공간의 로비와 야외휴게실에는 미술품과 조각품을 설치하여 갤러리의 분위기를 연출하고 출입구 로비에 영상 안내판을 설치하여 조문객이 쉽게 이용할 수 있도록 하였다.

　이용요금은 빈소와 접객실 포함하여 1일에 일반실 30만 원, 특실은 40만 원이고, 안치료는 5만 원, 염습료 30만 원, 영결식장은 1시간에 10만 원 선이다. 식당에서 제사상과 손님접대음식을 제공해 주고 수의와 관 등 입관용품, 상주용품, 관 등 장의용품의 일체를 제공받을 수 있다. 관은 오동나무 15만 원에서 향나무 180만 원 선에서 제공되고 있다.

① 시　설

빈　소		안치실	입관실	영결식장	주　방	매　점	장의용품점
특　실	일반실	11실	1실	1실	1개소	1개소	1개소
40평형	35평형						

② 배　치

구　분		시 설 내 용
지상 2층	영결식장	영결식장 1실 (120석)
지상 1층	로　비	안내, 영상상가 안내판 상담실, 사무실 장의용품매장
	옥　외	주차장
지하 1층	빈　소 안치실 입관실 부대시설	식당, 매점, 공중전화, 휴게실, 화장실 자동판매기, 냉온수기, 세면실

③ 식장 내부

Ⅲ. 상장례 산업이 나아갈 방향

　　오늘날 병원장례식장과 전문 장례식장이 출현하면서 깨끗한 고품격 갤러
리 분위기의 장례식장을 종종 볼 수 있다. 최근에 지어진 분당 서울대병원
장례식장을 비롯하여 삼성 서울병원장례식장, 고대 안암병원장례식장, 효성
원 등 전문 장례식장은 규모와 시설 면에서 초현대식으로 과거와 같은 음
침한 분위기의 영안실과는 차이가 있다. 또한 부대시설로 입관용품(수의,
관 등), 상주용품(상복) 등 장의용품과 영정사진, 조화, 차량이용 등이 가
능하며, 음식은 전문음식업체에 위탁해 제사상과 조문객 접대음식뿐 아니
라 장지용 도시락까지 일체를 공급받을 수 있다. 유족을 대신해 사망 이후
발인까지 종합장례 서비스(운구, 안치, 부고, 빈소마련, 장례일정 등)로 모
든 장례문제를 처리해 준다. 그리고 상주를 위한 접객실, 수면실, 휴게실,
샤워시설도 이용할 수 있다. 그러나 이와 같은 '상제중심 장례문화'(동아일
보, 2000)에 대해 사회 일각에서는 편의주의로 흘러 통과 의례적 격식만
차리고 성의가 없다는 지적도 나오고 있다.
　　1993년 장의서비스 가격의 자율화 이후 식장이용 및 부대시설 서비스 이
용요금은 장례식장에 따라 자율적으로 시행되고 있다. 그리고 장례식장 내
빈소의 규모나 장의용품 품질과 규격, 차량 종류 및 수량에 따라 가격도

천차만별이다. 때에 따라서는 웃돈 강요의 관행이 이루어지는 경우도 있다.

사례조사를 통해 알아본 병원장례식장의 경우 가장 최근에 지어진 것으로 초현대식장의 서비스를 제공하고 있고, 장례식장 또한 최신식 건물로 깨끗하고 갤러리 분위기의 고품격을 강조하고 있다. 그러나 장례식장에서 제공하는 빈소를 비롯한 각종 부대시설 이용과 수의와 관 등 장의용품에 있어서 고가(高價)인 경우가 많다. 이와 같은 최고 수준의 장의서비스는 일부 계층을 위한 것으로 사회적 위화감을 조성할 수도 있다. 그러므로 장의관련 서비스에 대한 가격조사 내지 가격 고시제를 시행하여 합리적인 거래가 이루어지도록 하고, 장의관련 서비스에 대한 공정한 거래 관행을 위한 장의물품의 규격화와 표준화가 정착되어야 할 것이다.

한편 장의업의 비합리적 거래는 장의업계의 구조적 문제점뿐 아니라 소비자의 전 근대적 태도에서 비롯된 것으로 장의업자를 전문 직업인으로 대우하는 사회적 인식이 조성되어야 할 것이다. 또한 장의용품의 종류 및 질은 다양화된 반면 소비자들이 접할 수 있는 정보는 부족하여 장례식장을 이용하였을 때 과다한 비용이 강요될 가능성이 높다. 따라서 장의절차에 대한 안내와 장의관련 서비스 상품에 대한 소비자 교육 자료를 제작하여 장례식장에 배포하도록 하고 학계에서는 현대사회 적합한 장례문화 구축을 위한 프로그램을 개발하여 적극 참여하도록 해야 할 것이다.

제14장 제례에 대한 의식조사

세계화와 정보화 시대에 살고 있는 현대인들은 생활의 network로 누구든지 때와 장소를 가리지 않고 통신망을 이용한 정보를 공유할 수 있게 되었다. 또한 가정 안에서 가족은 생활의 변화를 피부로 느끼며 그에 적응하고자 한다.

현대사회 가족은 새로이 대두되고 있는 가족 간 갈등과 가족 문제를 풀어나가며 대안적이며 변화된 가족의 모습을 형성하고 있다. 또한 부부와 자녀로 구성된 핵가족은 현대사회 전형적인 가족의 모습이라고 볼 수 없게 되었으며, 개개의 가족 구성원은 개별성을 가진 존재로 받아들여지고 있다.

과거 전통사회에서는 일가(一家)가 한집 혹은 한마을에 살며, 자신의 가정과 가문을 위한 공동의 노력과 책임을 공유하며 집안 대소사를 의논하였다. 그 과정에서 개인에게 맡겨진 책임의식과 공동체의식은 가족 구성원으로서 강한 연대감을 갖게 하는 근원이 되었다. 특히 제례는 본래 자신의 뿌리이며 근본에 보답하고 돌아가신 선조의 뜻을 이어받는 조상숭배 사상이 기본이 된다. 제례를 통해 현재 자신의 가족과 가정뿐 아니라 위로는 조상을 받들며 아래로는 자손들에게 선조의 업적과 교훈을 전수시키며, 개인은 개인으로서 존재하는 것이 아니라 한 가정의 구성원으로서의 위치와 역할이 있음을 일깨우도록 하였다. 이는 곧 가도(家道)와 가풍(家風)을 마련하는 기틀이 되기도 하였다. 현대사회에서 긍정적으로 평가될 수 있는 이와 같은 가족 공동체의식은 오늘날 가족 및 친족 간 결속을 다지는 근간이 될 수 있었다고 본다. 따라서 변화하는 현대사회에서 고유한 전통적 가정문화를 이어가고 가족 및 친척 간 유대관계를 지속시켜 줄 제례에 관한 연구는 매우 의미 있다고 생각한다.

반면 오늘날의 대학생은 소위 M세대(moving 혹은 mobile)로 불리기도 한다. 유동적이고 변화가 심하여 예측불허의 행위들이 하나의 행동양상으로 나타나기 때문이다. 현실에 안주하지 않으며 이동이 잦은 대학생 집단에게 전통 가정의례인 제례에 대한 연구는 매우 흥미로울 수 있다. 본 연구를 통해서 차세대 가정을 이끌어갈 대학생의 전통생활문화에 대한 감각 혹은 의식을 엿볼 수 있을 것이다. 또한 미래 가정의 제례문화를 간접적으로 조명해 보는 토대가 되며, 가정 내 제례에 대한 변화를 예측해 볼 수 있는 자료가 되리라고 생각한다.

I. 제례에 관한 문헌분석

1. 문헌의 제례내용

1) 제례의 특징

전통제례에 대한 의식과 수행에 관한 내용은 조선조의 대표적 가례서라고 할 수 있는 『격몽요결』, 『가례집람』, 『사례편람』이 기초가 된다.

『격몽요결』(1577)은 율곡(栗谷) 이이(李珥)의 저서 율곡전서(栗谷全書) 속에 수록되어 있는 글이다. 율곡전서는 모두 38권으로 되어 있으며 격몽요결은 27권에 들어 있다. 그 내용은 전체 10장 89문단으로 구성되어 있으며, 부록 제의초(祭儀抄)에는 제례에 대한 내용을 알기 쉽게 상세히 설명하고 있다. 사계(沙溪) 김장생(金長生)의 『가례집람』(1599)은 10권 5책이고 책머리에 도설(圖說) 1책을 붙여 10권 6책으로 편집되었다. 사계는 서문에서 밝혔듯이 제가(諸家)의 설을 모아 이를 편집하여 『가례집람』이라 하였는데, 책머리의 가례총도(家禮總圖)는 제례에 대한 내용을 보충해 주고 있으며 1685년 송시열의 후서(後序)가 붙은 상태에서 목판본으로 간행되었다. 『사례편람』은 도암 이재가 주자(朱子)의 『家禮』를 준칙으로 하고 선현의 예설(禮設)을 참작하여 의례의 잘잘못을 바로잡아 편저로서 필사본으로 전하다가 그의 후손 문간공(1778~1828)과 문정공(1780~2849)이 각각 그 내용을 보강하고 도식까지 붙여 헌종 10년(1844)에 운석 조인영(1782~1850)의 발문을 덧붙여 목판으로 간행되었다. 이상의 고문헌 중 본 연구는 『격몽요결』의 상제장(喪制章)과 제사장(祭祀章), 부록 제의초와 『가례집람』의 제례장(祭禮章), 『사례편람』의 제례장(祭禮章)에서 관련 내용을 출처하여 기초 자료로 삼았다. 문헌에 나타난 제례의식과 수행의 내용을 정리하면 다음과 같다.(김인옥 외, 1998)

첫째, 제례의식과 관련하여 조선조 유학자들의 대표적 예서에서 제시된 바에 의하면 과거 전통사회에서 제례는 가정의 생활문화적 규범으로 자리 잡고 있었다. 예서(禮書)에 의하면 「제례는 살아 계실 때 못 다한 효도를 계속함이라.」 하여 돌아가신 선조에게 박하게 한다면 짐승만도 못하다고 경계하여 가르치고 있다. 『격몽요결』에 「무릇 제주는 사랑하고 공경하는 정성을 다할 뿐이니 집이 가난하면 집안 형편에 맞게 헤아려 제사지내고 그리고 병이 나면 근력을 짐작해서 제사지내고 재력이 있어 제사를 지낼 수 있으면 마땅히 그 의식에 따라야 한다.」 하였다. 즉 재력과 근력을 짐작하여 집안의 형편에 맞게 제사지내야 함을 지적하고 있다. 또한 기제(忌祭)를 행함에 있어 『격몽요결』『가례집람』『사례편람』에 「자손이 번갈아 돌려가며 제사지내는 것은 도리에 어긋나며, 비록 여행 중이라도 기일이 되면 그 예를 다하여야 한다.」고 공통적으로 강조하고 있다. 「혹 자손들이 많이 있어 서로 도움을 주고자 할 때에는 그 음식을 해 가지고 와서 장손이 제사를 지낸다.」하였으며 『사례편람』에는 종가의 종자(宗子)만이 사당을 모실 수 있고 제사를 주관하여야 함을 강조하였다. 이와 같은 제사의식의 내용에는 장자중심의 조상숭배의식이 짙게 내재되어 있었다.

둘째, 제례수행의 전반적인 내용은 금기와 절제, 청결해야 함을 강조하고 있다. 먼저 제주 이하 제사에 참석하는 사람은 제사 전에 목욕재계하여 제사에 임하도록 한다. 문헌에는 공통적으로 제사 당일이 되면 모두 변복(變服)을 하는데 제사 대상이나 제주의 관직 유무에 따라 제복(祭服)에 차이를 두고 있다. 부인의 경우에는 부모제사 시 화려하지 않은 옷에 특계거식(첩지에 민족두리)이 기본적인 차림으로 제시되고 있다.

『격몽요결』에는 「제사 전날 주인은 모든 남자 제관과 집사를 거느리고 정침에 물을 뿌리고 깨끗이 청소하고 의자와 탁자를 씻고 훔쳐 깨끗하게 마련토록 힘쓴다.」하였으며 기제 때 「제수에 있어서 음식을 갖추는 일은 시제 때와 같이 하되 과일과 탕은 세 가지를 넘지 않으며 형편에 따라 더 간략히 할 수도 있다.」하며 시제와 차이를 두고 있다. 또한 『사례편람』에 「주부는 식구를 인솔하여 배자를 입고 제기를 닦고 솥을 씻고 제수를 준비하되 정결하도록 한다. 제사지내기 전 먼저 먹거나 개나 고양이나 쥐 등이 더럽히는 일이 없게 한다.」하였다. 제사음식에 관하여 『가례집람』에는 「제사를 지낸 후 제사음식은 빈객을 대접하였는데 이것은 음식을 남기지 않는 까닭이다.」하였다. 이와 같이 문헌에 제시되어 있는 제례수행에 관한 내용을 정리하여 보면 제사지내는 장소는 정침(正寢: 안채내 제사지내는 방)으로 제사 전 미리 집 안과 밖, 정침을 청소하고 의자와 탁자를 닦아 정결히 한 후 제사에 임하도록 가르치고 있으며 제사음식에 대한 청결과 절제를 강조하고 있었다.

한편 기일(忌日)이 되면 공통적으로 제주(祭主)를 비롯하여 모든 사람이 금해야 할 것이 있었으니 『격몽요결』에는 「술과 고기를 먹지 않고 음악 듣지 않으며, 남자는 저녁에 사랑에서 지낸다.」하였고, 『가례집람』에 「기일

에 자손들은 술과 고기를 먹어서도 안 되고 먼 친척이라도 소식(蔬食)을
해야 한다.」하였다. 또한 『사례편람』에도 유사한 내용이 지적되고 있는데
기일이 되면 「술을 마시지 않고 고기를 먹지 않고 음악을 듣지 않으며 저
녁에 남자는 바깥채에서 잔다.」하였다. 이와 같은 내용들은 음식과 행동의
절제와 금기로 집약된다.

2) 제례에 대한 현대적 경향

제례의식과 수행에 관한 현대적 경향은 관련된 연구들에서 찾아볼 수 있
다. 일반적으로 많은 연구에서 제례에 대한 주 조사대상은 주부들이었다.

제사의식에 있어 임옥재(1981)의 연구에서는 주부의 연령에 따라 제사의
식에 차이가 있었는데 연령이 높을수록 의식이 높은 것으로 나타났다. 학
력에 있어서는 유의미한 차이를 보이지 않은 반면 종교별 차이가 나타나
불교와 무교일 때 제사의식이 높았다. 며느리 서열에 따라서는 큰며느리가
그 외의 며느리보다 전통적 의식이 강하게 나타났다. 이와 같은 내용은 이
길표(1982)의 연구와 한경순(1986)의 연구에서도 유사하여 주부들의 제례
의식이 연령과 종교에 따라 차이를 보이고 있다.

한편 홍현주(1986)의 연구에서는 전반적으로 종교, 사회경제적 지위가
제사에 대한 가치관에 영향을 미치는 변인으로 도시보다 농촌에서, 젊은
연령층보다 높은 연령층에서, 사회경제적 지위가 비교적 낮을수록, 그리고
불교신자인 경우 제사에 대해 보다 전통적 의식을 보였다. 박순천(1986)의
연구에서는 제례의식에 대한 주부의 학력, 종교가 중요 변인으로 나타났고,
박수정(1989)의 연구에서는 시대와 본인의 종교가 제례행례 의식에서 유의
미한 변인으로 나타났다. 한재숙 외(1989)의 대구지역을 중심으로 한 도시
주부들의 제례의식에 대해 조사한 바에 따르면 제례에 관한 기본의식과 연
령, 학력이 주요 변인으로 연령이 높고 학력이 낮은 집단의 경우가 그 의
식이 더 높게 나타났다.

전반적인 통과 의례의식에 대해 조사한 손유미(1990)의 연구결과 연령, 학력, 종교, 주거형태에서 유의미한 차이가 나타나고 있었다. 또한 이정우 외(1990)의 연구에서는 제례의식에 있어 주부들의 연령, 학력, 월평균 가계 소득, 자녀수, 결혼 지속연수, 종교, 기혼자녀 유무가 주요 변인이었다.

제례의식에 관한 연구는 1980년대 초부터 연구자들에 의해 지속적으로 전개되어 온 반면 제례의 수행에 대해서는 미진한 편이다. 제례수행과 관련하여 박수정(1989)의 연구에서는 종교가 유의성 있는 변인으로 나타났다. 이정우 외(1990)의 연구에서는 제례행동이 주부들의 연령, 자녀수, 결혼지 속연수, 종교에 따라 차이를 보이고 있었는데, 이들의 후속 연구(1993)에서 는 주부의 직업유무만이 유의성 있는 변인으로, 즉 취업한 주부들의 제사 수행 수준이 낮았다.

한편, 제례행례와 관련하여 조사된 김인옥(1997)의 연구에서는 제사형식 에 있어 전통식이나 불교식으로 제사를 모시는 경우 제례의식 및 수행 모 두 높게 나타났다. 그리고 본인의 제사 참석 여부와 관련하여 참석하는 봉 사범위가 높을 때 제례의식 및 수행도는 높았다.

주부들 중심의 제례의식과 수행에 관한 연구에서 연령, 학력, 며느리순위, 종교 그리고 취업여부가 중요한 변인으로 나타나고 있었다. 그러나 대학생 들을 대상으로 제례의식과 수행에 관한 연구는 이루어지지 않고 있어 관련 변인을 찾아볼 수 없었다.

2. 제례의 기능

제례의 기능이란 현대사회에서 제례가 갖는 고유한 역할 내지는 구실을 말한다. 전통제례의식에 대한 조사와 더불어 현대사회 제례의 기능을 조사 하기 위한 다음과 같은 연구 자료가 토대가 되었다.

제례의 기본의식에 대하여 조사한 이길표(1982)의 연구에서 제례의 현대적 필요성이나 중요성이 10항목으로 정리되고 있었다. 즉 「제사란 조상에 대한 종교의식이므로 필요하다.」「제사는 보다 나은 우리의 생활을 지향하는 데 도움이 된다.」 등과 함께 「제사는 가문에서 전통으로 계승해야 한다.」와 「제사를 지냄으로써 가문의 윤리적 질서가 지켜진다.」 등으로 가문중심의 윤리적 질서의 기능이 포함되었다. 또한 「제사는 조상에 대한 추모의 뜻과 아울러 이를 계기로 원근의 친척들이 모여 화목을 이룬다.」,「조상을 숭배하는 생활을 갖도록 하여 자녀들의 교육상 좋은 본보기가 된다.」 등의 내용은 친척 간 화목이나 교육의 기능을 다룬 내용이다.

제례의 기능을 5가지 차원에서 논의한 바 있는 이현숙(1983)의 연구에서는 ① 조상숭배의 기능 ② 친척 간 친목도모를 위한 혈연강화의 기능 ③ 회연의 기능 ④ 교육의 기능 ⑤ 조상신을 섬기는 종교적 기능으로 분류하였다. 홍현주(1986)는 제사에 대한 현대적 기능에 대하여 조상숭배, 협동, 회연, 교육, 종교, 의사소통, 혈연강화 등 7가지로 설명하였다. 선행연구들을 토대로 제례의 기능을 요인 분석한 김인옥(1997)의 연구에서는 제례의 기능요인이 ① 교육 및 효의 기능 ② 친목도모 및 회연의 기능 ③ 종교적 기능 ④ 생활철학의 기능으로 추출 분석되었다. 교육 및 효의 기능은 조상과 부모에게 제례를 행함으로써 그분들에 대한 교훈과 업적을 전하는 계기를 마련하여 효를 통한 인간의 근본을 깨우치게 하는 산교육으로서의 기능을 말한다. 친목도모 및 회연의 기능이란 가족이나 친척이 제례로 말미암아 함께 모여 음복을 하며 결속을 다지는 기회로 삼고 가족 간 유대와 화합을 도모함을 의미한다. 종교적 기능은 돌아가신 조상이 현세의 자손들을 항상 돌봐준다는 믿음으로 정신적 위안을 얻고자 함을 의미한다. 생활철학의 기능은 종교의 차원을 벗어난 현실적 의미에서 조상의 훌륭한 교훈이 삶을 살아가는 바탕이 되고 있다는 것이다.

Ⅱ. 연구방법

1. 연구방법 및 절차

1) 조사도구

본 연구는 고문헌과 선행연구를 근거로 전통제례에 대한 대학생의 의식 및 수행, 제례의 기능요인의 정도와 제 변인들 간의 관련성을 분석하였다.

본 연구에서 설정한 전통제례의식 및 수행 측정을 위한 조사도구로 율곡 이이의 『격몽요결』, 사계 김장생의 『가례집람』, 도암 이재의 『사례편람』 등 禮書의 내용을 기본으로 하고 선행연구(이길표 1982; 박수정 1989; 이정우 외 1990)를 참고로 구성하였다. 제례의식에 관한 문항에는 「제사지내는 일은 자식된 자로서 가장 정성을 다할 일이다.」「돌아가신 분을 제사지내는 것은 우리나라 미풍양속이므로 계승해야 한다.」 등이 포함되어 있으며, 제례수행에 관한 문항에는 「나는 목욕을 하고 제사에 임한다.」「나는 제사 시에는 평상시와 다른 옷으로 갈아입거나 제사 옷을 따로 준비하여 입는다.」 등의 내용으로 구성되어 있다.

제례의 기능에 관한 문항은 김인옥(1997)의 연구에서 요인 분석하여 분류된 효 및 교육의 기능, 친목 및 회연의 기능, 조상숭배의 기능, 생활철학의 기능을 조사도구로 사용하였다. 효 및 교육의 기능에는 「제사를 통해 조상의 영혼을 위로하고 또 고인을 기리는 추모의 정을 품는다.」와 「제사는 살아 계실 당시의 효의 연장이다.」「제사지낼 때 조상을 숭배하는 생활을 갖도록 하여 자녀들의 교육상 좋은 본보기가 된다.」「제사는 인간의 근본을 깨우치게 하는 산교육이 된다.」 등의 문항이 포함되어 있어 제례가 인간생활의 근본이 되는 효에 대한 윤리의식이 현대사회에서도 강하게 반영된 바를 강조하고 있다. 친목 및 회연의 기능에는 「우리 집안은 제사를

통해 친목을 도모할 수 있다.」, 「우리 집안은 제사지낸 후 음식을 함께 나
누어 먹을 때 더 화목해진다.」「제사지내는 날에는 친척 간에 서로의 일체
감이 생긴다.」「추석과 설과 같은 명절제사는 일가친척들이 모여 음식을
먹으면서 소박한 잔치를 한다.」 등의 내용이 포함되어 있는데, 한 조상의
후손으로서 일체감을 가지며 모일 수 있는 기회가 제사를 지낼 때로 특히
명절에는 일가친척이 모여 소박한 잔치와 친척 간 유대관계를 돈독히 할
수 있음을 강조하였다. 종교적 기능은 「조상이 보살펴 주기 때문에 우리
집안은 걱정이 없다.」「위급한 상황에서 조상이 나를 돌봐 줄 거라는 생각
을 한다.」「조상을 섬겼을 때 후손이 복을 받는다.」 등의 내용을 다루고 있
다. 즉 나와 우리 집안은 항상 조상의 보호하에 있기 때문에 제사를 잘 모
셔야 한다는 것이다. 생활철학의 기능은 「조상에 대한 정성을 다하지 않은
상태에서 지내는 제사는 미신이 될 수 있다.」「제사는 현실적으로 인생의
의미를 깨닫게 하는 생활철학이다.」 등을 포함하고 있다.

이와 같은 내용으로 구성된 본 조사에서 사용된 도구의 신뢰도 검증 결
과 제례의식은 .77, 제례수행은 .83, 현대적 기능은 .92로 나타났다.

한편, 본 연구에서는 설문조사 후 제시된 결과의 질적 보완과 실증적 분석
을 위하여 사례조사를 실시하였다. 사례조사 시 조사도구는 설문문항을 기초
로 하여 반 구조화된 면접도구(Semi- Structured Interview)를 이용하였다.

2) 자료의 수집 및 처리

본 조사는 서울 근교의 K대학, S대학, Y대학의 남녀대학생에게 500부의
설문지를 배부하여 438부가 회수되었고 회수된 설문지 중 부실 기재된 것
을 제외하여 401부가 본 연구의 조사도구로 사용되었다. 조사대상자는 비록
응답자의 가정에서 제례를 수행하지 않더라도 집안 내에서 어떠한 형식으
로든(각 종교의식 포함) 제사를 지내는 경우에는 응답할 수 있도록 하였다.

수집된 자료는 SAS program으로 통계 처리하여 백분율, one-way

ANOVA, 상관관계분석을 하고, 추후검증으로 DMR test를 실시하였다.

사례조사는 2002년 5월 20일부터 약 10일간 14명의 남녀대학생을 대상으로 연구자가 직접 면접하였다. 설문문항을 기초로 만들어진 면접도구에 의해 질문하였고 자유롭게 응답할 수 있도록 하였으며 녹음기를 이용하여 이를 정리하였다.

2. 연구대상

본 조사에 응답한 대학생의 일반적 사항을 사회 인구학적 변인과 제례행례 변인으로 분류하여 분석한 결과, 응답한 대학생의 성비는 남학생이 66.1%, 여학생이 33.9%로 남학생의 응답률이 높았다. 연령은 조사대상자가 대학생들이므로 20~23세(70.5%)에 집중되어 있고 휴학과 군 제대 후 복학 등 학생들의 유동적 활동으로 23세 이상인 집단이 25.1% 정도 되고 있다. 응답한 대학생은 2학년(42.2%), 3학년(23.1%), 1학년(17.8%), 4학년(16.8%)의 순이었다. 현재 본인의 종교는 무교(39.8%)와 기독교(25.6%)가 다소 높은 편이고, 다음으로 불교(15.1%)와 천주교(14.2%)의 순으로 나타났다. 가족의 종교는 불교(29.8%), 무교(26.8%), 기독교(25.6%) 등이 유사한 분포를 보이고 있다. 응답한 대학생들의 출생순위는 장남(장녀)이 46.2%이고, 차남(차녀)은 39.6%로 나타났다. 가족 형태는 부부와 자녀로 구성된 핵가족이 87.3%로 대부분을 차지하고 확대가족은 12.7%로 나타났다.

대학생들의 제례행례와 관련하여 그 가정의 제사형식에 대한 질문에서 소위 '전통식'이라 일컫는 유교형식으로 제사지내는 가정이 57.9%를 차지하고 있었다. 그 밖에 추도식은 10.0%, 불교식은 9.8%, 연미사는 2.5%, 기타 종교의식이 4.8%로 나타났다. 한편, 특정 형식을 따르지 않고 가정상황에 따라 제사는 지내는 경우가 15.0%나 되었다. 현재 지내고 있는 제사의 종류는 차례가 76.5%로 가장 많았고, 기제사는 67.5%나 되었다. 그러나 시제(7.0%)

와 불천위제(0.3%)를 지내는 경우는 매우 미약한 수준에 그쳤다. 제사주관자에 관한 질문에서 현재 그 가정의 제사를 맏아들이 지내는 경우가 54.3%, 종가의 종손이 지내는 경우는 31.3%로 약 85% 이상의 가정에서 장자(長子)가 제사를 모시는 것으로 나타났다. 그 밖에 기타(12.3%), 차남(3.3%)의 순으로 나타났다. 제사수행 여부와 관련하여 현재 본인 가정에서 제사가 있는 경우가 43.6%이고 그렇지 않은 경우는 57.4%였다. 그러나 본인의 가정에서 제사를 수행하지 않을 뿐 그 댁내 제사가 없음을 의미하는 것은 아니다. 응답한 대학생의 부(父)를 중심으로 제사수행범위는 「조부모까지」가 46.4%로 가장 많았고, 「증조부모까지」(27.8%), 「고조부모까지」(14.5%), 「부모」(11.3%)의 순으로 나타났다. 대학생 본인이 집안 제사에 참석하는 범위(父를 중심으로)는 「조부모까지」가 51.8%로 응답자의 절반을 차지하고 그 다음으로 「부모」(13.0%), 「고조부모까지」(12.4%)의 순으로 나타났다.

〈표 1〉 사례조사대상자의 특성

구 분	사례 1	사례 2	사례 3	사례 4	사례 5	사례 6	사례 7	사례 8	사례 9	사례 10	사례 11	사례 12	사례 13	사례 14
성 별	여	여	여	여	여	여	여	남	남	남	남	남	남	남
형제순위	장녀	장녀	차녀	차녀	장녀	장녀	외동	차남	차남	장남	장남	장남	장남	장남
집안종교	불교	불교	천주교	무교	불교	불교	불교	무교	무교	기독교	천주교	불교	무교	무교
본인종교	무교	불교	천주교	무교	불교	불교	무교	무교	기독교	기독교	천주교	무교	무교	무교
부(父)의 형제순위	장남	차남	차남	차남	장남	장남	장남	장남	장남	차남	차남	장남	외동	차남
제사형식	유교식	유교식	유교식	유교식	유교식	유교식	유교식	유교식	유교식	추도식	유교식	유교식	유교식	유교식
봉사대상 (父중심)	조부모	부	부모, 형님	조부모 부모 형님	고조부모 증조부모 조부모 부모	부모	고조부모 증조부모 조부모 부 처부모	증조부모 조부모 부	증조부모 조부모	조부모 조부모 부모	증조부모 부모	조부모	부	조부모
본인참석여부	모든 제사 참석	차례만 참석	자주참석하지 않음	차례만 가끔 참석	모든 제사 참석	모든 제사 참석	모든 제사 참석	모든 제사 참석	참석 하지 않음	모든 추도식 참석	모든 제사 참석	모든 제사 참석	모든 제사 참석	모든 제사 참석
제사수행 여부*	○	× (큰댁)	× (큰댁)	× (장손)	○	○	○	○	○	× (큰댁)	× (큰댁)	○	○	○

한편 사례조사대상자의 특성은 〈표 1〉과 같다. 여기에서 사례 10은 3대째 기독교 집안이기 때문에 목사이신 큰아버지의 주도로 추도식 형태의 제사가 이루어지고 있었다. 사례 5, 7의 경우 고조부모 이하 모든 선조들이 제사에 참석하고 있었고 사례 2, 3, 4는 큰댁에서 제사를 모시며 남자 형제들만 제사에 주로 참석하는 관계로 본인들은 거의 참석하지 않고 있었다. 사례 9는 본인의 가정에서 제사를 모시고 있으나 본인의 종교가 기독교이므로 제사 참여를 거부하고 있었다. 대부분의 사례가정에서는 종교와 상관없이 유교식의 제사를 따르고 있었다.

Ⅲ. 연구결과 분석

1. 전통제례의식 및 수행에 대한 전반적 경향

1) 전통제례의식과 수행의 정도

문헌을 토대로 작성된 전통제례의식과 수행에 관하여 조사한 결과 전반적인 대학생의 제례에 대한 의식정도는 전체평균 3.42로 전통제례의식의 긍정적 반응을 볼 수 있었다.(〈표 2〉참조). 각 문항의 내용을 분석해 보면 「부모님이 돌아가신 날은 잊지 않고 추모하는 것은 당연하다.」(M=4.27)에 대한 의식정도가 가장 높게 나타났고 「자식된 자로서 제사는 가장 정성을 다해야 한다.」(M=3.98)에서도 매우 긍정적인 결과를 볼 수 있었다. 반면 「집안에 우환이 있더라도 제사지낼 만하면 마땅히 예법에 따라야 한다.」(M=2.58)와 「제사는 언제나 장남(장손)이 지내야 한다.」(M=2.30)에서는 제례의식이 낮게 나타나고 있어 강제성을 띤 제례규범에 대해서는 부정적 반응을 보이고 있었다.

〈표 2〉 대학생의 전통제례의식정도

제 례 의 식	M(SD)
1. 자식된 자로서 제사는 가장 정성을 다해야 한다.	3.98(0.98)
2. 남자는 아버지를 따라 여자는 어머니를 따라 제사지내는 것으로 보고 배우며 도와야 한다.	3.45(1.11)
3. 돌아가신 분을 제사지내는 것은 우리나라의 미풍양속이므로 계승해야 한다.	3.62(0.98)
4. 돈을 꾸어서라도 제사는 잘 지내야 한다.	3.82(0.94)
5. 제사지내는 사람이 만일 병이 있거나 우환이 있더라도 제사지낼 만하면 마땅히 예법에 따라야 한다.	2.58(1.03)
6. 정성을 다해 제사지내고자 할 때 제상 차리는 법과 그 절차는 반드시 알아야 한다.	3.07(0.93)
7. 전통제례에 대해 바르게 앎으로서 조상의 지혜를 배울 수 있다.	3.50(0.95)
8. 제사는 언제나 장남(장손)이 지내야 한다.	2.30(1.00)
9. 나는 사후에 자손이 나를 잊지 않고 제사지내주길 바란다.	2.91(1.12)
10. 부모님이 돌아가신 날을 잊지 않고 추모하는 것은 당연하다.	4. 2(0.85)
전 체	3.42(0.56)

* 본인 가정에서 제사를 지내고 있는지의 여부

〈표 3〉 대학생의 전통제례수행정도

제 례 의 식	M(SD)
11. 나는 목욕을 하고 제사에 임한다.	2.59(1.13)
12. 나는 제사 시에는 평상시와 다른 옷으로 갈아입거나 제사 옷을 따로 준비하여 입는다.	2.74(1.15)
13. 나는 제사지내기 전 제사음식을 맛보거나 손대지 않는다.	3.07(1.28)
14. 제삿날에는 음악을 듣거나 TV를 보며 시끄럽게 하지 않는다.	3.11(1.23)
15. 나는 제사 전 배가 고프면 음식을 먼저 먹는다.	3.55(1.02)
16. 제사 시 집 안 청소나 부엌일 등 그 밖에 부모님을 도와 제사 준비에 참여한다.	3.52(1.09)
17. 제사지낸 후 남은 음식은 반드시 음복한다.	3.16(1.05)
18. 나는 제사 전 머리 빗고 정결한 몸가짐을 한다.	2.74(1.08)
19. 나는 제사지내는 날에 웃거나 떠들지 않으며 경건하게 보낸다.	2.59(1.11)
20. 나는 제사지내는 절차와 제상 차리는 법을 안다.	
전 체	3.04(0.71)

제례수행에 관한 〈표 3〉의 결과에 의하면, 대학생들의 제례수행정도는 평균 3.04로 제례의식과 비교하여 낮은 수준을 나타내고 있었다.

제례수행 내용 중 특히 「목욕을 하고 제사에 임한다.」(M=2.59)와 「제사 지내는 절차와 제상 차리는 법을 안다.」(M=2.59), 「제사 옷을 따로 준비하여 입는다.」(M=2.74) 「제삿날 웃거나 떠들지 않으며 경건하게 보낸다.」(M=2.74) 등에서 낮게 나타나 제사 절차와 의복 수행의무가 약화되고 있음을 볼 수 있었다.

그러나 제사음식에 대한 규범은 비교적 잘 지켜지고 있어 「제사지낸 후 남은 음식은 반드시 음복」을 하고(M=3.52) 「제사 전에는 배가 고파도 음식을 먼저 먹지 않았으며(M=3.21) 제사지내기 전 제사음식을 맛보거나 손대지 않는다.」(M=3.07)의 문항에는 비교적 긍정적인 반응을 보이고 있었다. 반면 「제사 시 집 안 청소나 부엌일 등 제사준비에 참여한다.」는 평균 3.55로 전체평균보다 높았다.

전체적으로 대학생들의 제례수행수준은 제례의식수준에 미치지 못하는 것을 볼 수 있었다. 반면 주부들을 대상으로 한 김인옥(1997)의 연구에서 제례의식은 3.36, 제례수행은 3.59로 의식에 비해 수행수준이 높게 나타나고 있어 젊은 세대와 기성세대 간의 상반된 결과를 보이고 있었다.

2) 사회 인구학적 변인별 전통제례의식과 수행

사회 인구학적 변인별 전통제례의식은 대학생의 연령, 학년, 본인과 가족의 종교, 성별에 따라 유의미한 차이가 있는 것으로 나타났다.(〈표 4〉참조)

본 조사에서 대학생의 연령과 학년이 높을수록 전통제례의식은 높게 나타났다. 종교에 있어서는 본인이 불교신자인 경우(M=3.60)와 가족의 종교가 불교인 경우(M=3.56) 모두 전통적 제례의식은 높아 주부들을 대상으로 한 선행연구(이길표: 1982, 박순천: 1986, 홍현주: 1986, 박수정: 1989)들과 일치된 결과를 보여주고 있다. 그러나 본인이나 가족의 종교가 기독교인 경우 전통제례의식이 낮게 나타나고 있었는데, 이는 조상제사를 우상숭배로 보는 기독교관과 무관하지 않다고 본다.

한편, 제례수행에 유의미한 차이를 보이는 사회 인구학적 변인은 연령, 학년, 본인의 종교, 가족의 종교, 성별이었다. 즉 연령과 학년이 높을수록 제례수행정도가 높게 나타났으며 개인과 가족의 종교가 불교인 집단이 타종교 집단보다 제례수행정도가 높은 것으로 나타났다. 성별에 있어서는 남학생이 여학생보다 전통적 제례수행정도가 높은 것으로 나타나 제례의식과 동일한 결과를 보이고 있다.

그러나 본 조사에서 대학생의 출생순위, 가족형태는 제례의식 및 수행의 유의한 변인으로 나타나지 않고 있었다.

〈표 4〉 사회 인구학적 변인별 전통제례의식 및 수행정도

변 인	집 단	제례의식		제례수행	
		M	D	M	D
연 령	19세 이하	3.17	B	2.65	B
	20세~23세	3.39	AB	3.00	A
	24세 이상	3.51	A	3.23	A
	F값	3.19*		8.25***	
학 년	1학년	3.29	B	2.89	B
	2학년	3.35	B	2.99	AB
	3학년	3.46	B	3.13	A
	4학년	3.63	A	3.19	A
	F값	5.18**		2.95*	
본인의 종교	기독교	3.21	B	2.78	BC
	천주교	3.47	AB	3.16	AB
	불 교	3.60	A	3.28	A
	무 교	3.47	AB	3.10	ABC
	기타종교	3.31	AB	2.74	C
	F값	6.23***		6.98***	

변 인	집 단	제례의식		제례수행	
		M	D	M	D
가족의 종교	기독교	3.22	B	2.80	BC
	천주교	3.46	A	3.12	AB
	불 교	3.56	AB	3.21	A
	무 교	3.41	AB	3.05	ABC
	기타종교	3.31	AB	2.74	C
	F값	6.28***		5.38***	
성 별	남	3.43		3.10	
	여	3.26		2.82	
	t값	3.36***		4.44***	

*P<.05 **P<.01 ***P<0.01

3) 제례행례 변인별 전통제례의식 및 수행

제례행례 변인별 전통제례의식은 제 영역에서 유의한 차이가 나타났다.(〈표 5〉참조) 제사형식에 있어 불교식으로 지내는 집단의 제례의식이 가장 높게 나타났고 제사종류 중에서는 기제사, 시제 및 차례를 지내는 집단의 제례의식이 높은 것으로 나타났다. 그리고 집안 내 제사주관자가 종가의 종손이나 맏아들인 가정의 대학생이 제례의식이 높은 것으로 나타났다. 또한 제사수행범위가 높을수록, 즉 고조부모까지 제사를 지내는 집단의 제례의식이 높은 것으로 나타났을 뿐만 아니라, 제사 참석범위에서도 참여범위가 높을수록 제례의식은 높게 나타났다.

제례수행에 관한 조사에서는 전체적으로 제례의식과 동일한 결과가 나타나 전 영역에서 유의한 차이를 보이고 있었다. 기제사를 비롯하여 가정 내 모든 제사를 지내는 집단이 그렇지 않은 집단보다 제례수행정도가 높고, 본인의 가정에서 제사지내는 경우 제례수행정도가 더 높았다. 제사수행범위와 제사 참석범위에서는 그 범위가 높을수록, 즉 고조부모까지 제사를 지내고 참석할 때 수행정도도 높게 나타났다. 이와 같은 결과는 제사 참석범위와 관련하여 그 범위가 낮을 때 주부들이 제례의식과 수행정도가 낮게 나타난 김인옥(1997)의 연구결과를 지지해 주고 있었다. 대학생들의 전반적인 제례의식과 수행에 있어서 전통적 제례규범이 일부 반영되고 있음을 볼 수 있었다.

〈표 5〉 제례행례 변인별 전통제례의식과 수행정도

변 인		집 단	제례의식		제례수행	
			M	D	M	D
제사형식		유교식	3.47	AB	3.12	AB
		불교식	3.52	A	3.29	A
		추도식	3.20	BC	2.72	BC
		연미사	3.19	C	2.70	C
		특정 형식 없음	3.42	ABC	2.96	ABC
		기타 종교식	3.20	C	2.68	C
		F값	2.69*		4.69*	
제사 종류	기제사	유	3.44		3.04	
		무	3.13		2.72	
		t값	3.86.***		3.25**	
	차 례	유	3.41		3.02	
		무	3.10		2.67	
		t값	2.56*		2.63**	
	시 제	유	3.41		3.10	
		무	3.34		2.94	
		t값	2.08*		2.06*	
	기 타	유	2.92		2.46	
		무	3.40		3.00	
		t값	-2.69**		-2.59*	
제사주관자		종가(종손)	3.49	A	3.08	A
		맏아들	3.45	AB	3.09	A
		둘째아들	3.40	AB	3.03	A
		기 타	3.18	B	2.68	B
		F값	3.89**		4.72**	

변 인	집 단	제례의식		제례수행	
		M	D	M	D
본인 가정의 제사수행여부	유	3.47		3.13	
	무	3.23		2.78	
	t값	4.15***		5.09***	
제사수행범위 (父를 중심)	부모까지	3.28	B	2.91	A
	조부모까지	3.37	B	3.02	A
	증조부모까지	3.58	A	3.12	A
	고조부모까지	3.56	A	3.25	B
	F값	5.07**		2.23*	
제사참석범위 (父를 중심)	부모까지	3.21	C	2.76	C
	조부모까지	3.44	B	3.01	B
	증조부모까지	3.56	AB	3.11	B
	고조부모까지	3.67	A	3.37	A
	F값	6.77***		6.06***	

*$P<.05$**$P<.01$***$P<.001$

2. 제례의 기능에 대한 전반적인 경향

1) 제례의 기능인지 정도

현대사회 제례에 대한 기능인지 정도를 측정한 결과 대학생들은 전체 영역(전체평균 3.29)에서 제례에 대한 제 기능을 긍정적으로 평가하고 있었다.(〈표 6〉참조) 대학생들에게 있어 제례는 친목 및 회연의 기능($M=3.65$)인지도가 가장 높게 나타나고 있었으며 다음으로 효 및 교육의 기능($M=3.43$), 생활철학의 기능($M=3.12$) 순이었다. 그러나 본 조사결과 조상숭배의 기능($M=2.92$)은 보다 낮게 평가되고 있었다.

〈표 6〉 제례의 기능정도

요 인	제례의 기능	
	M	D
효 및 교육기능	3.43	0.81
친목 및 회연	3.65	0.84
조상숭배	2.92	0.91
생활철학	3.12	0.75
전 체	3.29	0.71

2)사회 인구학적 변인별 제례의 기능

사회 인구학적 변인별 제례의 기능을 보면 대학생의 학년, 본인과 가족의 종교, 성별에서 유의한 차이를 보이고 있었다. 〈표 7〉에 의하면 하위영역 중, 효 및 교육의 기능, 친목 및 회연의 기능, 조상숭배의 기능, 생활철학의 기능 등 제 영역에서 학년이 높을수록 현대사회 제례의 기능인지도가 높음을 알 수 있다. 또한 본인이나 가정의 종교가 불교인 경우 타 집단에 비해 현대사회 제례의 기능인지도는 높았다.

이는 주부들 대상의 연구(김인옥, 1997)에서도 동일한 결과를 보이는 부분이었다.

성별에서는 친목도모 및 회연의 기능에서 남녀학생의 차이가 나타나지 않고 있으나, 효 및 교육의 기능, 조상숭배의 기능, 생활철학의 기능에서 유의한 차이를 보이며 남학생이 더 높았다. 이는 남학생들의 제례에 대한 인식이 보다 본질적이고 전통적 규범에 근접해 있음을 알 수 있게 하는 결과이다.

한편 제례의 기능과 연령, 출생순위, 가족형태는 전 영역에서 유의한 차이를 보이지 않고 있었다.

3)제례행례 변인별 제례의 기능

제례행례 변인별 제례의 기능은 부분적으로 유의한 차이를 보이고 있

다.(〈표 8〉 참조) 제사형식에서는 불교식으로 제사지내는 경우 전반적인
제례의 기능인지도는 높게 나타났다. 제사 종류에서는 기제사와 차례를 지
내는 경우, 효 및 교육의 기능, 친목 및 회연의 기능요인이 높게 나타났고,
그 댁의 제사 주관자가 종가의 종손일 때 친목 및 회연의 기능이 높았다.
본인 가정에서의 제사수행여부와 관련하여 친목 및 회연의 기능에서는 유
의한 차이가 나타나지 않고 있었다. 그러나 효 및 교육의 기능, 조상숭배
기능, 생활철학의 기능에서는 유의한 차이가 나타나 본인 가정에서 제사를
수행하는 경우 제 영역의 기능인지도는 높았다.

　제사수행범위에서는 조상숭배와 생활철학의 기능에서 유의한 차이가 나
타났는데, 즉 제사수행범위가 높을수록 유의한 차이가 나타나 제사수행범
위가 높을수록 조상숭배기능과 생활철학 기능인지도는 높게 나타났다. 제
사 참여범위에서는 기능요인 전 영역에서 집단 간 유의한 차이를 보이며
참여범위가 높을수록 기능인지도도 높았다. 이와 같은 결과에서 대학생들
이 제사에 참여하는 범위가 높을수록 현대사회 제례에 대한 의미를 긍정적
으로 받아들이고 있음을 알 수 있다.

〈표 7〉 사회 인구학적 변인별 제례의 기능

변 인	집 단	효 및 교육		친목 및 회연		조상숭배		생활철학	
		M	D	M	D	M	D	M	D
연 령	19세 이하	3.20		3.61		2.72		2.90	
	20세~23세	3.40		3.63		2.88		3.12	
	24세 이상	3.56		3.73		3.06		3.16	
	F값	2.06		0.65		1.87		0.90	
학 년	1학년	3.24	C	3.45	C	2.75	B	3.02	B
	2학년	3.35	BC	3.59	BC	2.79	B	3.02	B
	3학년	3.54	AB	3.76	AB	3.06	A	3.25	AB
	4학년	3.71	A	3.87	A	3.24	A	3.32	A
	F값	4.92***		3.84**		5.74***		4.03**	
본인의 종교	기독교	3.13	B	3.43	B	2.50	B	2.92	B
	천주교	3.46	AB	3.61	AB	3.12	A	3.27	A
	불 교	3.69	A	3.91	A	3.25	A	3.31	A
	무 교	3.55	AB	3.71	AB	3.01	A	3.15	A
	기타종교	3.42	AB	3.61	AB	3.47	A	3.19	A
	F값	6.32***		3.47**		10.82***		3.61**	
가족의 종교	기독교	3.13	B	3.42	B	2.50	B	2.96	C
	천주교	3.48	AB	3.65	AB	3.06	AB	3.22	AB
	불 교	3.68	A	3.87	A	3.18	AB	3.30	A
	무 교	3.43	AB	3.62	AB	2.92	BC	3.02	AB
	기타종교	3.38	AB	3.61	AB	3.47	A	3.09	A
	F값	6.42***		4.03**		9.57***		3.64**	
성 별	남	3.44		3.60		2.94		3.14	
	여	3.23		3.49		2.69		2.93	
	t값	2.99**		1.55		3.10**		3.07**	

*P<.05**P<.01***P<.001

〈표 8〉 제례행례 변인별 제례의 기능

변 인		집 단	효 및 교육		친목 및 회연		조상숭배		생활철학	
			M	D	M	D	M	D	M	D
제사형식		유교식	3.50	AB	3.69	A	2.96	ABC	3.16	AB
		불교식	3.68	A	4.03	AB	3.21	A	3.37	A
		추도식	3.17	BC	3.49	B	2.55	C	2.86	B
		연미사	3.43	AB	3.50	B	3.07	AB-	3.33	AB
		특정 형식 없음	3.40	AB	3.52	B	2.86	ABC	2.98	AB
		기타 종교식	2.80	C	3.20	B	2.61	BC	2.88	B
		F값	4.08**		3.18**		2.78*		2.69*	
제사 종류	기제사	유	3.46		3.68		2.85		3.09	
		무	3.02		3.22		2.63		2.84	
		t값	3.68***		3.98***		1.49		2.07*	
	차 례	유	3.42		3.63		2.84		3.09	
		무	2.98		3.20		2.44		2.73	
		t값	2.38*		2.58*		2.68**		2.21*	
	시 제	유	3.43		3.58		2.81		2.93	
		무	3.33		3.54		2.79		3.03	
		t값	1.82		1.85		1.54		0.68	
	기 타	유	2.76		2.84		2.37		2.59	
		무	3.40		3.63		2.84		3.07	
		t값	-2.18*		-3.00**		-1.44		-1.41	
제사주관자		종가(종손)	3.48		3.83	A	2.84		2.98	
		맏아들	3.49		3.67	A	2.94		3.16	
		둘째아들	3.46		3.66	A	2.79		3.28	
		기 타	3.16		3.24	B	2.71		2.91	
		F값	2.27		5.77***		1.19		1.74	
본인 가정에서 제사수행		유	3.47		3.62		2.92		3.13	
		무	3.20		3.47		2.69		2.93	
		t값	3.24**		1.72		2.68**		2.72**	
제사 수행범위 (父를 중심)		부모까지	3.31		3.48		2.80	B	2.93	B
		조부모까지	3.40		3.65		2.83	B	3.02	B
		증조부모까지	3.58		3.74		3.02	AB	3.31	A
		고조부모까지	3.63		3.89		3.18	A	3.34	A
		F값	2.39		2.28		2.72*		5.75***	
제사 참석범위 (父를 중심)		부모까지	3.22	B	3.41	C	2.56	B	2.89	C
		조부모까지	3.47	AB	3.73	AB	2.91	A	3.12	BC
		증조부모까지	3.52	A	3.63	BC	3.08	A	3.21	AB
		고조부모까지	3.75	A	4.00	A	3.22	A	3.43	A
		F값	3.45*		4.37**		5.10**		4.45**	

*P<.05 **P<.01 ***P<.001

3. 전통제례의식 및 수행과 제례의 기능과의 관계

전통제례의식 및 수행과 기능과의 관계를 알아보기 위하여 조사한 결과
는 〈표 9〉와 같다. 대학생의 전통제례의식과 수행에 따른 제례의 기능은
전 영역에서 집단 간 유의미한 상관관계를 보이고 있었다.

〈표 9〉 전통제례의식 및 수행과 기능의 관계

변인	집단	제례의 기능							
		효 및 교육		친목 및 회연		조상숭배		생활철학	
		M	D	M	D	M	D	M	D
의식	상	4.29	A	4.37	A	3.70	A	3.94	A
	중	3.53	B	3.70	B	2.98	B	3.15	B
	하	2.27	C	2.80	C	1.99	C	2.30	C
	F값	190.20***		73.97***		79.77***		111.92***	
수행	상	4.19	A	4.31	A	3.79	A	3.88	A
	중	3.66	B	3.82	B	3.15	B	3.29	B
	하	2.98	C	3.30	C	2.45	C	2.74	C
	F값	67.70***		63.17***		60.97***		63.44***	

***$P < .001$

즉 제례의식 및 수행의 정도가 높을수록 기능인지도는 전 영역에서 높게
나타났는데, 이는 전통제례에 대한 긍정적 의식을 갖고 참여하며 수행하는
집단에서 현대사회 제례의 중요성을 보다 의미 있게 지각하고 있음을 입증
해 주는 결과라 할 수 있다. 특히 친목 및 회연의 기능과 효 및 교육의 기
능인지도의 평균점수가 높게 나타나 이 영역에서의 긍정적 반응을 볼 수
있었다.

Ⅳ. 논 의

문헌을 중심으로 구성한 내용을 바탕으로 대학생들의 제례에 대한 의식과 수행을 알아보고 그 기능에 대하여 1차적으로 설문조사하였다. 후속 조사로 연구결과를 보충해 줄 수 있는 사례조사를 실시하였으며 반영된 결과를 요약하여 논의하고자 한다.

첫째, 본 조사의 연구결과 젊은 세대들이 제례에 대한 의식과 수행의 변화를 요구하며, 형식적인 제례 규범에 대해서는 부정적 견해를 가지고 있음을 읽을 수 있었다. 이와 관련한 사례조사에서 대학생들은 다음과 같이 응답하였다.

「돌아가신 할아버지에 대해 생각할 기회를 갖게 된다. 그러나 형식을 차리면서 할 필요는 없다. 추모의 의미만 있으면 된다.」(사례 3) 「부모님, 조부모님 제사는 지낼 만하고 그 윗대 어른은 기일에 묵념만 하면 된다고 생각한다.」(사례 5) 「정해진 형식보다 마음가짐이 중요하다고 생각한다. 정성을 다해 간소하게 하는 것이 좋다고 생각한다.」(사례 6)

대학생들의 전반적인 제례수행의 정도는 낮지만 제사음식에 관한 규범은 잘 지켜지고 있었다. 사례조사에서 학생들은 깨끗한 의복으로 갈아입고 양말을 갖추어 신는 정도의 제례수행이 이루어지고 있었으며 제사음식을 먼저 먹거나 손대지 말아야 하는 것 정도는 알고 있었다.

「제사 옷이 따로 준비되어 있거나 하지 않고 단지 세탁한 깨끗한 옷과 양말을 갖추어 신는다. 제사음식을 먼저 먹거나 하지 않는다.」(사례 3, 7, 8, 12) 「만약 제사지내기 전 저녁식사를 하게 되는 경우 제사음식에 손대지 않고 별도로 식사준비를 해서 먹는다.」(사례 6, 7, 13, 14) 「준비한 제수 중 제사에 쓰일 음식만 따로 담은 후 남은 음식을 먹는다.」(사례 1)

　사례에서 대학생들은 의복보다는 음식규범에 대한 지식을 가지고 있었으며 이를 실천하는 경향을 볼 수 있었다.

　그리고 제사 시 집안일을 돕거나 제사준비에 참여하는 정도는 높게 나타나고 있었는데, 제사 시 대학생들의 일손도움은 매우 적극적이었다.

　조사에서 대학생들은 제례 시 주로 청소와 잔심부름, 음식마련에 참여하고 있었다. 여학생들은 전 부치기, 잔심부름, 청소, 뒷정리(사례 2, 3)뿐만 아니라 상차리기, 나물 다듬기, 음식 담기, 시장보기(사례 5, 6, 7) 등에 참여하였고, 남학생들은 물건 나르기, 상 옮기기, 아이돌보기, 청소, 심부름(사례 8, 9, 10) 등을 주로 하였으며 시장보기(사례 13)에 참여하기도 하였다. 여자 형제가 없는 경우 어머니를 도와 전 부치기, 적 준비하기, 나물 다듬기, 밤 깎기(사례 11, 12) 등의 도움을 주는 사례도 있었다.

　둘째, 대학생 본인의 종교나 집안의 종교는 제례의식이나 수행, 그리고 제례의 기능에 있어 중요한 요인이 되고 있었다.

　「조상이 우리 가정 안에서 영향을 미치거나 하지는 않는다. 내가 섬기는 신은 하나님이다. 제사는 조상에 대한 예(禮)일 뿐이다. 술 따르고 절은 안 한다. 어른들께서 종교에 대한 이야기를 많이 하신다. 제삿날이 되면 불편하다.」(사례 9) 「큰아버지께서 목사이시니까 추도예배를 드린다. 예배에 참여하면서 조상에 대해 잊지는 않는다. 그러나 죽은 조상이 우리에게 복을 준다고 생각하지 않는다. 제사를 통해 조상을 신격화하는 것은 잘못이다. 돌아가신 분을 기억할 뿐이다.」(사례 10)

　본인의 종교가 기독교이거나 집안 내 종교가 기독교로 추모식을 행하는 경우 제례를 보는 시각과 의미는 달랐다. 그리고 그들이 받아들이는 제례는 종교관과 맞물려 나름대로 경계를 구분 짓고 있었다.

　셋째, 남학생과 여학생의 제례에 대한 의식과 수행, 그리고 제례의 기능인

지정도에 있어 그 반응은 서로 다르게 나타나고 있었다.

「제사는 당연히 지내야 한다. 종교적인 것을 떠나서 부모가 계시기 때문에 내가 있는 것이다. 부모의 소중함을 알고 제사를 통해서 이를 느낀다.」(사례 8)「나를 낳아주시고 키워 주신 부모님께 최소한의 예의로 제사를 지내드리고 싶다. 제사가 중요하다 제사를 지내면서 부모님은 자녀들에게 그 마음가짐에 대해 얘기해 주신다. 그리고 조상에 대해 생각하게 해 준다.」(사례 11)「부모님께 감사하는 마음으로 부모님이 하시던 대로 나도 제사를 지낼 것이다.」(사례 12)

사례조사에서 제사에 대한 남학생들의 반응은 매우 긍정적으로 나타나 미래 본인들이 직접 제사를 주관하여 지내게 되었을 때 보고들은 바대로 실천하는 것을 당연시 여기고 있었다. 그러나 여학생들의 반응에는 다소 차이가 있었다.

「제사를 지낼 상황이면 지낸다. 친정 부모님 제사도 지내고 싶다. 종교 때문에 제사를 안 지내는 친구 집을 보면 이해가 안 간다. 종교를 떠나 자기 조상을 섬기는 것이 좋다고 생각한다.」(사례 7)「제사음식준비가 번거롭다. 안 먹는 음식준비는 과소비라고 생각한다. 바꾸었으면 좋겠다. 어머니께서 힘들다고 하신다. 제사는 너무 많고 일할 사람은 없고……」(사례 5)

4대 봉사(奉祀)를 하여 제사가 연중 10회 이상인 두 집안의 사례에서 상반된 견해를 읽을 수 있었다. 사례 5의 경우 제사음식준비에 대한 번거로움과 고충을 이해하는 딸로서 또한 여성으로서 여학생이 느끼는 제사수행은 남학생보다 현실적이었다.

넷째, 제례의 기능에 관한 조사에서 대학생들은 현대사회에서 제례가 친척 간의 친목 및 회연의 기능에 크게 기여한다고 평가하였다.

「친척들이 모일 기회가 없는데, 제사로 인해서 만날 수 있어서 좋고 또한 자주 만날수록 편하고 유대감이 형성된다.」(사례 1, 2, 5, 6, 7, 8, 9, 12, 13, 14)

사례에서 대부분의 대학생들이 오늘날 제례가 가족 및 친척 간 친목과 유대감 형성에 기여한다고 믿고 있으며, 제례의 친목 및 회연 기능의 중요성을 설명하고 있었다.

다섯째, 본인 가정에서 직접 많은 제사를 수행하고 있으며, 본인이 제사에 참여하고 있는 경우, 자녀로서 제례를 보는 반응은 보다 긍정적으로 나타났다.

「제사를 지내면서 조상에 대해 기억하게 한다. 그리고 자손에게 교육적으로 도움이 된다고 생각한다.」(사례 6) 「제사가 필요하다고 느낀다. 할아버지, 아버지 모두 가족이니까 기일을 기억하는 의미에서 필요하다.」(사례 7) 「부모가 계시기 때문에 내가 있다고 생각한다. 제사를 통해 부모님의 소중함을 느낀다. 그래서 제사가 필요하다.」(사례 8)

본인 가정에서 제사를 지내는 대학생들은 사례에서 제례의 교육적 기능이 강조되었고 조상숭배의식이 내재되어 있음을 확인할 수 있었다. 이들은 먼 조상보다도 생존 시 뵈었던 부모나 조부모에 대한 기일을 기억하고 제사지내는 것에 매우 호의적이었다.

그러나 아들들만이 큰집 제사에 참여하기 때문에 근래 들어 제사 참여의 기회가 없었던 여학생들의 사례와 본인의 종교가 기독교이기 때문에 집안의 제사 참석을 거부하는 사례 등에서는 제례에 대한 부정적 견해를 볼 수 있었다.

「제사가 꼭 필요하지는 않다. 형식을 차리면서 절을 하거나 할 필요는 없다고 생각한다. 별다른 의미를 느끼지 않는다.」(사례 3, 4)와 「조상에 대

한 예(禮)이지만 제사가 꼭 필요하다고 생각하지는 않는다.」(사례 9)

이와 같은 결과들은 젊은 세대들의 제례에 대한 의식과 그 변화를 반영하고 입증하는 내용들로서 차세대 제례의 경향을 미루어 파악할 수 있는 토대와 자료가 될 수 있다고 본다.

V. 결 론

연구결과를 바탕으로 몇 가지 내용을 지적하여 결론을 내리면 다음과 같다.

첫째. 전체적으로 제례에 대한 의식보다 수행의 정도는 낮았는데, 특히 일부 제사형식과 절차에 있어 간소화를 요구하였다. 그러나 제사음식마련에 대한 규범은 지켜지고 있었다. 제례에 대한 전체적 반응은 여학생보다 남학생이 긍정적이었다. 이는 아직까지도 부계중심의 제례관이 현대사회에서도 크게 반영되고 있음을 볼 수 있는 결과이다. 조상숭배의식과 뿌리의식을 근간으로 하고 있는 제례에 대한 기본적 가치와 관념은 그 수행의무를 강하게 부여하는 남학생들에 대한 어른들의 지도 및 교육, 그리고 보다 많은 참여의 기회를 가진 그들의 태도는 다를 수 있다. 여학생들의 제례에 대한 태도가 부정적으로 나타나지는 않았지만 때로는 제수마련 시 경제적, 물질적, 신체적 부담이 심리적으로 작용하고 있음을 사례조사에서 볼 수 있었다. 특히 연중 10회 이상의 많은 제사가 있는 가정의 제사수행에 많은 참여를 하고 있는 여학생은 제수마련뿐 아니라 손님접대 시 여성의 노동력이 요구됨을 인식하고 있었다.

둘째. 자녀로서 대학생들이 집안 내 제사 참여의 기회가 많을수록 전반적인 제례의식은 긍정적으로 나타났고, 제례수행의 동기요인이 되고 있음을 알 수 있었다. 또한 사례조사에서 부모나 조부모 등 생존 시 자신이 뵌 분들에 대한 제사에는 매우 긍정적인 반응을 보였다. 이와 같은 결과들은 제례의 교육적 기능이 매우 중요함을 보여주는 결과로, 그 교육은 참여하여 보고 들을 수 있는 기회를 많이 갖는 실천 교육에 의미를 두고 있다.

셋째, 제례의식이나 수행에서는 본인이나 가정의 종교가 큰 변수로 작용하고 있었다. 대체로 기독교인의 경우 제례에 대한 거부와 부정적 반응이 두드러지게 나타나고 있었다. 기독교 집안에서는 유교식 제례가 추도식의 형태로 수행되고 있어, 헌수(獻壽)와 배례(拜禮), 제수마련을 추모예배와 친척들을 대접할 음식마련으로 대신하고 있었다.

한국사회 기독교 전래와 포교는 유교적 형태의 제례에 큰 영향을 끼쳤다. 종교가 아닌 한국인의 문화적 코드에서 제례를 논의하고 고증하여 본다면 '한국적 기독교식 제례'라는 대안이 나올 수도 있을 것이다.

넷째, 현대사회 제례에 대하여 대학생들은 친목 및 회연의 기능에 매우 긍정적 평가를 하고 있었다.

긴박한 일상생활 속에서 현대인들은 집안 내 대소사 행사참석이 부담스러워졌다. 자녀가 입시 기간인 경우 친척 간 왕래는 단절되기도 한다. 친척 간의 모임이 바쁜 일상을 환기시켜주는 편안함보다는 그들 사이의 위계와 질서는 유대관계를 지속시키는 데 한계를 느끼게 하며 경직된 인간관계로 오히려 친척 간 결속력을 약화시키는 계기가 되기도 한다. 이른바 '명절 스트레스'는 이러한 내용을 증명해 주는 예라 할 수 있다.

가족이라는 울타리에서조차 고립감을 느끼고 소외되어 있는 대학생 자녀 세대에게 제례는 보이지 않는 먼 조상에 대한 추모의 기회보다 오히려 가까운 가족과 친척 속에서 자신의 존재와 의미를 찾아가는 것에 더 많은 가치를 두고 있음을 알 수 있었다.

차세대 가정의 주인이 될 대학생들의 제례에 대한 연구를 토대로 미래 한국사회 제례에 대한 전망을 해 보고자 한다.

제례는 어떠한 형태로든 지속될 것으로 본다. 특히 가까운 조상에 대한 제례는 봉사자가 누가 되었든 제사형식에 구애받지 않고 지속적으로 수행될 것으로 전망한다. 최근 출산율이 감소하고 있으며 남아에 대한 사회적 기대가 낮아지고 있는 분위기 속에서 장·차남, 딸·아들의 구분은 무색해질 것이다. 그리고 제사형식이나 음식은 가정에 따라 간소하고 다양해지며, 형식적이고 강제성을 띤 의무적 제례수행은 점차 약화되면서 조상을 기억하고 친척 간 모임의 기회를 갖는 것에 더 많은 의미를 부여하게 될 것이다.

그러나 제사수행 시 제사음식과 손님접대로 신체적, 심리적 스트레스를 경험하게 되는 여성들의 태도가 관건이다. 조사에서 여학생들의 제례에 대한 의식이나 수행태도는 남학생들보다 낮았고, 미래 제사수행여부에 관한 사례조사에서 그들의 응답은 일관성 있게 나타나지 않고 있었다. 따라서 최근 성행하고 있는 제수 전문 업체의 사회적 요구도 점차 늘 것으로 본다. 아직까지 제수마련은 자손들이 직접 손수 마련해야 한다는 의식이 팽배해 일반 가정에서의 호응도는 낮지만 여성들의 제수마련에 대한 심리적 부담을 덜어 주며 그 산업화 양상이 급진전될 것으로 본다.

참고문헌

■ 참고문헌

家禮　　　　　三國史記
輯覽　　　　　三國遺事
經國大典　　　四禮便覽
擊蒙要訣　　　喪禮備要
戒女書　　　　小學
內訓　　　　　禮記
論語　　　　　疑禮問解
高麗國經　　　增補文獻備考
高麗史　　　　增補山林經濟
東國李相國集　지봉유설
孟子　　　　　太宗實錄
百禮祝輯　　　後漢書
四禮祝式

■ 참고자료

강신표 外(1982) 전통적 생활양식 연구(中), 한국정신문화연구원
_____(1986) 조상숭배와 전통문화, 한국문화인류학 18집, 한국문화인류학회
강신항, 정양완(1990) 어느 가정의 예의범절, 정일출판사
강인희(1986) 한국식생활사, 삼영사
강인희·이경복(1984) 한국식생활풍속, 삼영사
고려대학교 안암병원장례식장 안내자료
고려대학교 민족문화연구소(1982) 한국민속대관
고영진(1995) 조선중기 예학 사상사, 신한국사상사 2, 한길사
공정거래위원회(2001) 보도자료
구범모 外(1992) 한국 산업사회의 구조와 가치관의 제 문제, 한국정신문화연구원
국립민속박물관(1995) 한국복식 2000년 전시자료
권규식 외(1993) 현대 한국 종교 변동 연구, 한국정신문화연구원
금장태(1986) 현대사회와 유교의례의 해체, 정신문화연구, 한국정신문화연구원, 여

름호

김득중(1997) 실천예절개론, 교문사

김문숙(1975) 제례의 사상과 제복에 관한 연구, 성신여자대학교 대학원 석사학위
논문

김상보(1989) 한국 전통관례의 연구, 영남대 교육대학원 석사학위논문

김선풍(1983) 역사로 본 제례와 한국인의 의식 「전통문화」 2, 3호, 전통문화사

김성배(1980) 한국의 민속, 집문당.

김용덕(1994) 한국의 풍속사 Ⅰ. 밀알.

김용덕(1994) 한국의 풍속사 Ⅱ. 밀알.

金義淑(1993) 한국민속제의와 음양오행, 집문당.

김인옥(1990) 제사 시 제수에 관한 일 연구 -경기도 지방을 중심으로- 성신여자대
학교 대학원 석사학위논문

_____(1997) 전통제례에 관한 생활문화적 고찰과 현행제례의 실태연구, 성신여자
대학교 대학원 박사학위논문

김인옥(2002) 가족자원경영전공자의 진로탐색을 위한 활성화방안 -가정의례 서비
스산업을 중심으로-한국전통생활문화학회지, 5권 1호

김종서(1990) 전통사상의 현대적 의미, 한국정신문화연구원, 연구논총 90-8

김형석(1981) 禮의 本質과 機能, 인문과학, 연세대학교 인문과학연구소 45집

남상민(1996) 예절학 -이론과 실제- 박영사

동아일보기사 2005. 4. 13 일자

동아일보(2000) 달라지는 장례문화 (上)·(下) 10월 19일~20일자

두산동아대백과사전(1999) (주)두산동아.

마이웨딩 2003년, 2004년, 1~12월호

문광희(2000) 한국의 상례복(喪禮服), 사례복(관혼상제)의 변화와 전망 -한복 입
는 날 선포 3주년 기념학술세미나- 한복사랑운동협의회

박명숙(2002) 회갑의례와 그 의식에 관한 인지도 연구, 세종대학교 대학원 석사학
위 논문.

박선웅(1999) 혼례의 문화적 모순과 상품화, 「가족과 문화Ⅱ」(1)

박수정(1989) 도시주부의 제례행례의식과 제례 행동에 관한 연구, 성신여자대학교
대학원 석사학위논문

박순천(1986) 도시주부의 가정생활관과 제사행례의식에 관한 연구, 성신여자대학
교 대학원 석사학위논문

박인외4인(2000) 장사정보센터 운영방안, 보건복지부 한국보건사회연구원 용역보
고서 2000-06

배용광, 변시민(1991) 한국사회의 규범문화, 정신문화문고, 한국정신문화연구원
보건복지부(1999) 건전가정의례준칙
분당 서울대병원 안내자료
삼성 서울병원 안내자료
常用 佛敎儀範(1977), 보련각
서울특별시 성년의 날 기념행사(1995). 청년은 우리 미래의 희망.
선우 부설 한국결혼문화연구소 http://www.marriage.re.kr
성균관 전례 연구위원회(1992). 우리의 생활예절, 성균관.
성병희(1983) 제례에 있어서 여성의 역할, 숙대 여성문제연구 12집
손유미(1991) 서울 거주 주부의 통과 의례에 대한 의식과 의례음식의 이용실태에
　　　대한 연구, 한양대학교 교육대학원 석사학위논문.
손인수(1983) 한국인의 전통적 윤리의식, 정신문화연구 가을호, 한국정신문화연구원
＿＿＿(1991) 한국인의 가정교육, 문음사
송석구(1986) 기독교와 조상숭배, 한국문화인류학 18집
안혜숙(1993) 석기시대 신앙 및 제의와 가정생활문화, 성신여자대학교 대학원 박
　　　사학위논문
＿＿＿, 김인옥(2000) "대학생의 의식과 생활에 관한 연구" 상지대논문집
＿＿＿, 주영애, 김인옥(2002) 한국 가정의 의례와 세시풍속, 도서출판 신정.
Edward Shills, 김병서·신현순 옮김(1992), 전통 －변하는 것과 변하지 않는 것,
　　　민음사
A van Gennep, 전경수 역(1992) 통과 의례, 을유문화사
여성가족부 http://www.mogef.go.kr
연합뉴스기사 2005. 5. 11일자
웨딩플래너(2003) 한국웨딩플래너협회 자료집
Wedding(2002) (주)웅진닷컴
유동식(1986) 불교와 조상숭배, 한국문화인류학 18집
유덕선(1996) 관혼상제대백과, 동반인 도서출판
유안진(1992) 한국전통사회의 유아교육, 서울대학교 출판부
윤사순(1992) 韓國儒學思想論, 열음사
＿＿＿(2001)한국 민속의 세계2. 고려대학교 민속문화연구원.
윤서석(1982) 식생활의 전통양식, 전통적 생활양식(中) 한국정신문화연구원 연구
　　　논총 82-6
＿＿＿(1986) 식생활과 조상숭배, 한국문화인류학 18집
윤서석(1997) 한국음식, 수학사.

윤태림(1995) 한국인의 성격, 동방도서

윤택림(2003) 한국학 연구방법의 모색 : 문화기술지적(ethnographic method)을 중심으로, 정신문화연구 26권 1호. 한국정신문화연구원

이광규(1985) 한국가족의 구조분석, 일지사

_____(1994) 한국 전통문화의 구조적 이해, 서울대출판부

이길표(1975) 李朝時代 祭饌考. 성신연구 논문집 8집.

_____(1982) 가례를 통해 본 한국인의 의식구조 연구, 고려대학교 대학원 박사학위논문

_____(1987) 祭需와 祭祀順序를 중심으로 본 제사풍습, 한배움 청년유도회지

_____(1989) 도시주부의 가정 경영관과 가정의례와 상관연구, 대한가정학회지 27(1), 141-164

_____·주영애(1995) 전통가정생활문화연구, 신광출판사

이길표 외(1998) 전통예절, 서울시민대학

_____(2000) 전통가례, 한국문화재 보호재단

이선재(1992) 유교사상과 의례복, 아세아 문화사.

이동인(1986) 禮의 本質과 그 現代的 意義, 정신문화연구 여름호, 한국정신문화연구원

이민수 편역(1987) 관혼상제, 을유문고, 을유문화사

이선재(1992) 儒敎思想과 儀禮服, 아세아 문화사

이선희(1992) 제복의 기원과 변천에 관한 연구, 성신여자대학교 대학원 박사학위논문

이순형(1990). 서울의 친족생활에 대한 고찰, 서울특별시 사 편찬위원회.

이수은(1981) 영남지방 제례에 관한 조사연구, 계명대학교 대학원 석사학위논문.

이을호(1967) 예개념의 변천과정, 대동문화연구 4집

이정덕·전미경(1995) 가족 내 종교 갈등에 관한 연구, 한국가정관리학회지 13(4), 199-213

이정우·김명나(1990) 도시주부의 혼·제례에 대한 의식과 행동에 관한 연구, 대한가정학회지 28(1), 105-124

_____·_____(1993) 주부의 가정의례에 대한 의식·행동 및 만족도에 관한 연구, 숙대 생활과학연구소, 생활과학연구 8, 23-48

이종항(1975) 우리 민족의 상례와 제사에 대한연구, 국민대논문집, 인문과학편 9

이영미(1987) 제례의 의의와 행례에 관한 연구. 성신여자대학교 연구논문집 25집

이영인(1993) 우리나라 전통의례음식과 그 의식에 관한 연구. 세종대학교 대학원 석사학위논문.

이이화(2001) 한국사이야기 14. 한길사.

이은주(1995) 전통의례복식의 변천, 한국복식 2천년. 국립민속박물관

이태진(1995) 朝鮮儒敎社會史論, 지식산업사

이차숙(1993) 한국가정생활사. 교문사

이현송·이필도(1995) 장의제도 현황과 발전방향 −장례식장을 중심으로− 한국보
　　건사회연구원 연구보고서

이현숙(1983) 제사를 통한 당내친 협동에 관한 연구. 영남대 대학원 석사학위논문

이필도 외 2인(1997) 가정의례의 경제적 비용분석, 한국보건사회연구원 연구보고서

임양순(1984) 의례음식에 대한 주부의 의식조사연구, 사회과학연구 20집

임옥재(1981) 제사에 대한 부녀자의 의식구조 조사 연구. 숙대 아세아 여성연구

장철수(1977) 한국 민속 종합조사보고서 −강원도편−

_____(1995) 한국의 관혼상제, 집문당

장기근(1970) 예와 예교의 본질, 서울대학교 동아문화 제9집

장수근(1986) 무속의 조상숭배, 한국문화인류학 18집

전례연구위원회 편저(1996) 우리의 생활예절, 성균관 전례연구위원회.

정영숙 外(1994) 전통적 가정생활문화에 관한 의식, 충북가정학회지 3(1), 43-51

정옥자(1993) 조선 후기 지성사, 일지사

정종수(2001) 상례, 한국 민속의 세계 2, 고려대학교 민족문화연구원

조남훈 외 4인(1993) 가정의례에 관한 의식행태 조사결과, 한국보건사회연구원 연
　　구보고서

조남국(1991), 한국사상과 현대사조, 교육과학사

조선일보사(1997) 사진과 그림으로 보는 올바른 가정의례

조풍연해설(1999) 조선 시대 −생활과 풍속− 서문당

조희진, 김정신(1998) 집단 성년례의 바람직한 방향 모색에 관한 연구, 한국 여성
　　교양학회지 제5집, 한국 여성교양학회.

주영애(1992) 조선조 상류주택의 살림공간에 관한 생활문화적 고찰, 성신여자대학
　　교 대학원 박사학위논문

_____(1996) 전통사회 여성의 생활예절 규범과 가사관에 관한 현대적 조명, 「여
　　주전문대학 논문집」 제4호

_____(2002) 경노연(敬老宴)에 관한 현대적 재조명. 한국여성교양학회지 10집.

지교헌 외(1989) 전통윤리의 현대적 조명. 한국 정신문화연구원.

최길성(1986) 한국의 조상숭배, 예전사

최근덕(1986) 조상숭배와 의례, 한국 문화인류학 18집

최남선(1947) 朝鮮風俗制度史. 東明社

최유환(1995) 목회와 가정의례, 소망사

최완기(1989) 한국 성리학의 맥, 느티나무

최종호(1988) 한국인의 회갑의례연구, 충남대학교 대학원 석사학위논문

표갑수(2000) 아동 청소년 복지론, 나남출판.

한국 민속대사전 Ⅰ(1991) 민족문화사

한국 민족문화대백과사전(1997) 한국 정신문화연구원.

한국전통생활문화학회(2000) 조선 후기 서울반가의 혼례 전시자료

한국효행실록(1999) 사단법인 保社同友會. 노인 복지센터

한경순(1986) 혼·상·제례의식에 관한 연구, 전남대학교 대학원 석사학위논문.

한명숙(2003) 웨딩보떼, 청구문화사

한복진(1998) 우리음식 100가지 Ⅱ 현암사

한재숙 外(1989) 제례에 대한 도시주부들의 의식구조에 관한 연구, 영남대 자원문
　　　　제연구소, 자원문제연구 8, 143-153

혼례소비문화의 문제점 및 개선방안(2001) 한국소비자보호원 보고서

홍달아기(1993) 율곡의 가정교육관 연구, 성신여자대학교 박사학위논문

홍일식(1997) 한국민속대관 1, 고려대학교 민속문화연구원

홍현주(1986) 조상제사에 대한 가치관 연구, 계명대학교 대학원 석사학위논문

황경환(1967) 조선왕조의 제사, 문화재관리국

황의동(1995) 한국의 유학사상, 서광사

황혜성 외(1998) 한국의 전통음식, 교문사

효성원 안내자료

통계청 www.nso.go.kr

R. L. Janelli, D. Y. Janelli(1982) Ancestor Worship and Korean Society, Stanford
　　　　University, Press Stanford, California

· 저자 ·

김인옥   ·약 력·
(金仁玉)   성신여자대학교 가정관리학과 졸업
            성신여자대학교 대학원 가정학 석사
            성신여자대학교 대학원 이학박사

            건국대학교, 상지대학교, 여주대학교 강사역임
            건양대학교 조교수역임
            한국전통생활문화학회 편집위원역임
            前 성신여자대학교 생활문화소비자학과 교수
            前 한국웨딩학회 회장

            ·주요논저·
            「가족자원경영학 전공자의 진로탐색을 위한 전통가정생활 분야의 활성화 방안
              -가정의례 서비스산업을 중심으로-」
            「남녀대학생의 이성교제단계에서 경험하는 폭력행위에 관한 실태」
            「예식서비스 정보와 예식전문가에 대한 소비자요구」
            「예식업 종사자의 전통혼례에 대한 의식과 태도연구」
            『결혼과 가족』
            『한국가정의 의례와 세시풍속』
            외 다수

● 가정의례연구

· 초판 인쇄   2007년 4월 30일
· 초판 발행   2007년 4월 30일

· 지 은 이   김인옥
· 펴 낸 이   채종준
· 펴 낸 곳   한국학술정보㈜
              경기도 파주시 교하읍 문발리 526-2
              파주출판문화정보산업단지
              전화 031) 908-3181(대표) · 팩스 031) 908-3189
              홈페이지 http://www.kstudy.com
              e-mail(출판사업부) publish@kstudy.com
· 등   록   제일산-115호.(2000. 6. 19)
· 가   격   28,000원

ISBN   978-89-534-6615-9 93590 (Paper Book)
       978-89-534-6616-6 98590 (e-Book)